装饰装修材料图解手册

筑美设计 编

中国电力出版社
CHINA ELECTRIC POWER PRESS

内 容 提 要

本书以图文混排的方式全面讲解装修选材的方法，使消费者能直观了解装修选材的技巧。全书按照装修的工作流程介绍了市场上能买到的上百种材料，并且详细地介绍了各种材料的特性、分类、价格以及实用的选购技巧，适合正在装修或准备装修的业主阅读，同时也可以作为装修设计师、项目经理、施工员、材料经销商的必备参考读物。

图书在版编目（CIP）数据

装饰装修材料图解手册 / 筑美设计编. — 北京 ：中国电力出版社，2022.6

ISBN 978-7-5198-6618-1

Ⅰ. ①装… Ⅱ. ①筑… Ⅲ. ①建筑材料－装饰材料－图解 Ⅳ. ① TU56-64

中国版本图书馆 CIP 数据核字 (2022) 第 045396 号

出版发行：中国电力出版社
地　　址：北京市东城区北京站西街 19 号（邮政编码 100005）
网　　址：http://www.cepp.sgcc.com.cn
责任编辑：乐　苑（010-63412380）
责任校对：王小鹏
装帧设计：王红柳
责任印制：杨晓东

印　　刷：三河市航远印刷有限公司
版　　次：2022 年 6 月第 1 版
印　　次：2022 年 6 月北京第 1 次印刷
开　　本：710mm×1000mm　16 开本
印　　张：16.75
字　　数：302 千字
定　　价：88.00 元

前 言

装修需要比较专业的技术，而且全程选用的材料多种多样，工序复杂，全套装修下来需要花费的时间长、费用高，并且难以保证质量。装修对于很多人来说可能是一个很模糊的概念，大部分人都会请专业的装修公司来装修。虽然装修公司会提供专业的设计方案供参考，但是要想不花冤枉钱，并且在装修完成后能达到自己想要的效果，我们需要快速且深入地掌握各种材料的选购，这样不仅可以监督选材，也可以将个人喜好与专业设计相结合。

在装修中，普通业主可能对于其他方面很难快速掌握，但是现代装饰材料品种丰富多样，我们应该熟悉基本材料的名称、特性、用途、规格、价格以及鉴别方法等几个方面的内容。同一种用途的材料可能针对不同空间有对应的不同的材料，同一种材料又会有多种不同规格，同一种规格材料又有不同类型。了解清楚各类材料就可以根据需要选购适合自己的材料，避免买到不适合的材料耽误工程进度；也可以根据本书提供的参考价格挑选不同档次的材料，且能避免上当受骗。

本书按照装修的进程细致全面地讲解了装修过程中所需的材料，包括基础材料、水电管线、墙地面砖、板材、家具油漆、饰品甚至是灯具、洁具等，并且各类材料都配以多幅图片以及图解文字辅助讲解。全书分类细致，讲解全面，图文并茂，适合准备装修或正在装修的业主阅读，同时也可以作为装修施工员和项目经理的参考资料。

本书对于常用的装修材料的选购与鉴别进行细致地讲解，主要包括各类材料的特性，优缺点以及选购方法，确保读者能轻松选材料，安心做装修。

编者

2022.6

目 录

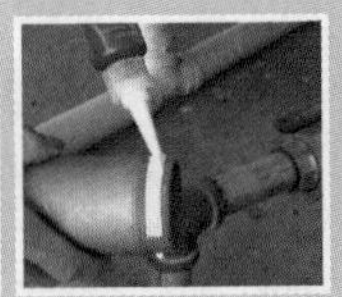

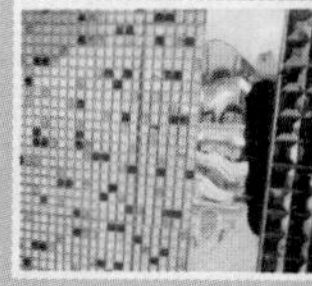

Chapter 1

基础材料：放首位

章节导读： 全套装修都是从基础工程开始的，我们需要充分地了解基础工程所包含的内容，对于基础材料也应该有一个具体的了解。装修中基础工程包括安装防盗门窗、封阳台、墙体砌筑以及墙地面处理等，其中所需的基础材料主要有砖材、铝合金、塑钢、水泥、砂石以及混凝土等。由于这些基础材料品种多样，质量参差不齐，我们在选购的时候一定要仔细辨别，要特别注意材料的品质，不要被低廉的价格所迷惑，避免买到质量差的材料而影响了整个装修进程。

1.1 墙体砌筑材料：安全、耐用最重要

识别难度： ★★★☆☆

核心概念： 轻质砖、水泥、砂石、混凝土

墙体砌筑是装修的第一步，而最坚固的筑墙方式便是逐块搭砌，筑墙时，大多数业主依旧会选择常规的砌体建筑方法，使用这种方式建造出来的建筑墙壁能起到气温缓冲的作用，从而可以保证室内温度、湿度适中，创造一个良好的室内环境。此外，厚重的砖墙也保证了良好的隔声效果。

墙体砌筑需要选择具备承压能力较强的材料，但大多数承压能力较强的材料，隔热功能一般都比较差，而隔热功能比较好的建筑材料，基本是气体含量较高的轻质材料，因此在选择筑墙材料时，建议因地制宜，根据不同环境选择合适的材料。

1.1.1 轻质砖

轻质砖一般是指发泡砖，正常室内隔墙都是用这种砖，不会增加楼面负重，隔声效果也不错。

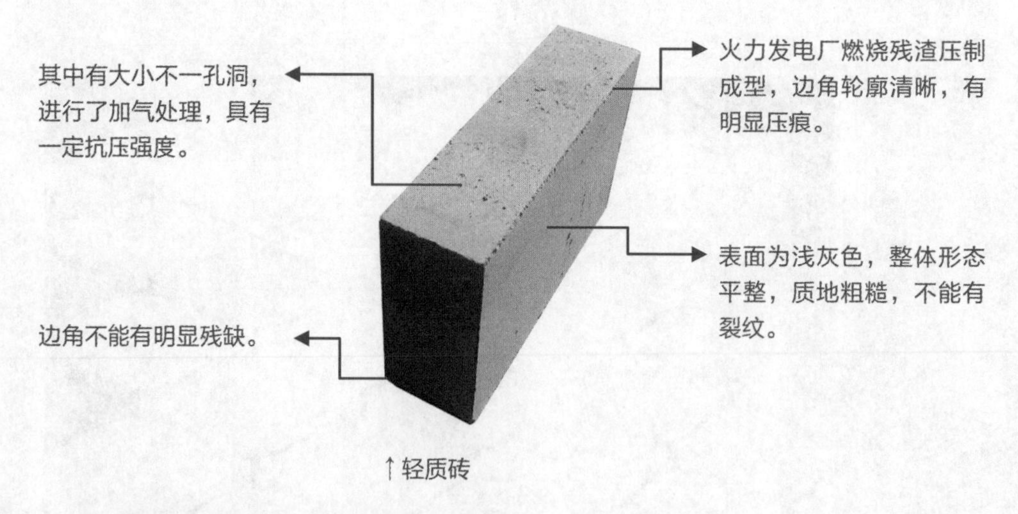

其中有大小不一孔洞，进行了加气处理，具有一定抗压强度。
火力发电厂燃烧残渣压制成型，边角轮廓清晰，有明显压痕。
表面为浅灰色，整体形态平整，质地粗糙，不能有裂纹。
边角不能有明显残缺。

↑轻质砖

1. 轻质砖特性

（1）经济性。可以降低基础工程的造价，设计使用轻质砖比采用普通砖实惠，综合造价可降低5%以上，同时还能减小框架的截面，节约钢筋混凝土，同时也能节约综合造价。

↑墙体砌筑

用于墙体砌筑的砂浆一定要饱满，砖体之间要横平竖直，水平灰缝厚度要控制在8～12mm之间，垂直度的偏差也应小于10mm。

↑轻质砖

轻质砖的规格：600mm×300mm×100mm、600mm×300mm×120mm、600mm×300mm×150mm以及600mm×300mm×200mm，一般600mm×300mm×150mm的使用频率较多。

（2）实用性。使用轻质砖可增大使用面积，由于轻质砖隔热，保温效果好，即使是在炎热的夏天，室内温度也比采用实心普通砖要低2～3℃，轻质砖也能减少空调的使用，降低电量消耗。

（3）施工性。轻质砖具有良好的施工性，由于块大、质轻，可以很好地减轻劳动强度，提高施工效率，缩短建设工期。

（4）保温、隔热。由于轻质砖在制造过程中，内部形成了微小的气孔，这些气孔在材料中形成空气层，可以大大提高保温隔热效果。

大块的轻质砖在目前装饰工程中会更多地使用到，这种轻质砖也能减少工程造价，减少施工难度。

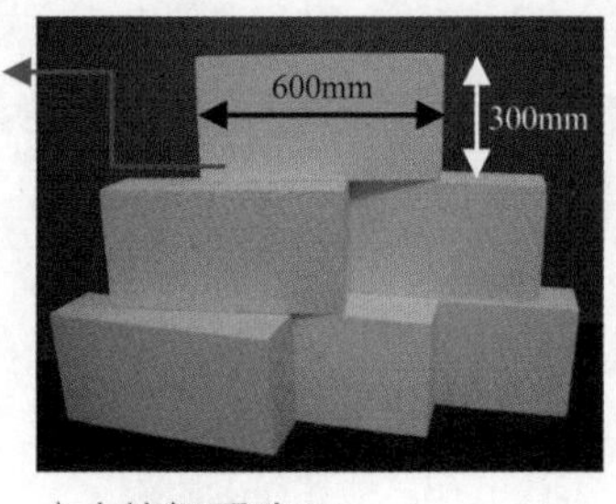

↑大块轻质砖

↑轻质砖气孔

轻质砖独特的气孔造就了良好的保温性，轻质砖的保温效果是普通砖的5倍，是普通混凝土的10倍。

（5）可加工性。轻质砖重量很轻，规格大小多样，非常便于钉、钻、砍、锯、刨、镂、敷设管线，在墙面上还可以使用膨胀管，可以直接固定吊橱、空调、油烟机等，也方便安装水电。

（6）不渗透性。轻质砖的气孔结构，使其毛细管作用差，吸水导湿缓慢，同体积吸水至饱和所需时间是普通砖的5倍。

（7）轻质量。轻质砖的容量仅为500～700kg/m^3，是普通混凝土的1/4，普通砖的1/3，空心砖的1/2，可以很好地减轻建筑物的自重，轻质砖容重比水小，也被称为浮在水面上的轻质砖。

（8）环保、抗震。轻质砖制造、运输和使用过程中都没有污染，可以很好地保护耕地，也比较节能降耗，属于绿色环保建材，而同样的建筑结构使用轻质砖也比使用普通砖抗震性要好。

（9）耐久性。轻质砖具备很好的耐久性，使用轻质砖建造而成的建筑可以长期稳定地存在，而在对试件进行大气暴露一年后测试，会发现强度提高了25%，即使十年后也可以保持稳定。

（10）吸声、隔声。轻质砖的多孔结构使其具备了良好的吸声和隔声性能，可以创造出高气密性的室内空间，也有利于营造宁静舒适的生活环境。

（11）收缩值小。由于采用了优质河砂和粉煤作为硅质材料，轻质砖的收缩值仅为0.1～0.5mm/m，收缩值偏小的优良材料也能确保墙体不会开裂。

（12）耐火性。轻质砖的耐火度为700℃，为一级耐火材料，100mm厚的砌块耐火性能达225min，200mm厚的砌块耐火性能达480min。

2. 选购方法

（1）查看外观。最简单的方法就是查看轻质砖的外观色泽是否统一，边角处是否有缺角，砖体表面是否有裂缝等。

（2）检查尺寸。可以用卷尺测量轻质砖的尺寸，看同类型的两块轻质砖尺寸是否一致，相对应的两边尺寸是否一致等。

（3）看质量。轻质砖一般质量都比较轻，用手掂量一下两块砖的重量是否一致，以此来判断轻质砖的质量是否统一。

←听、挤压轻质砖

左：可掀起上面的轻质砖再放下去，质量好的声音尖脆，也不会被打破，还可用大拇指甲用力压轻质砖的外表，如指甲进去表明太松软，质量不好。

1.1.2 水泥

水泥是一种粉状水硬性无机胶凝材料，加水搅拌成浆体后能在空气中或水中硬化，能与砂、石胶结形成具有强度的固体砂浆或混凝土，适用于黏结各种墙体砌筑材料，墙地面铺贴材料以及浇筑各种梁、柱等实体构造。

干燥粉末状，无潮湿感，灰粉颗粒细腻松散，无结块或团组现象。

无任何杂质、颗粒。

颜色为深灰色，部分厂商生产的水泥在深浅上有一定差异，不影响使用。

↑水泥

1. 普通水泥

普通水泥是由硅酸盐水泥熟料、石膏以及10%～15%混合材料等磨细制成的水硬性胶凝材料，又被称为普通硅酸盐水泥。

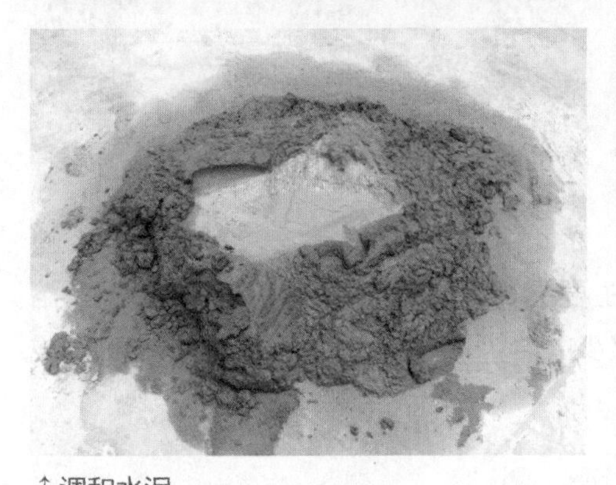

↑调和水泥

水泥、水以及砂子的比例要协调好，吸附性能强的水泥才是比例合适的。

↑素水泥凝固

水泥凝固需要一定的时间，一般是12小时，凝固后还要浇水养护。

（1）规格与价格。普通硅酸盐水泥的用量很大，主要用于墙体构造砌筑、墙地砖铺贴等基础工程，一般都采用编织袋或牛皮纸袋包装，包装规格为25kg/袋，而强度为32.5级水泥的价格则为20～25元/袋。

（2）鉴别方法

1）了解当地知名品牌，避免选购假冒伪劣产品。在购买水泥时可以通过查看包装，从外观上识别产品质量，查看水泥是否采用了防潮性能好、不易破损的编织袋，查看标识是否清楚、齐全。

2）打开包装观察水泥。水泥的正常颜色应呈现蓝灰色，颜色过深或发生变化则有可能是其他杂质过多。

3）询问并观察厂商的存放时间。一般而言，水泥超过出厂日期30天后强度就会下降，储存3个月后的水泥强度会下降15%～25%，1年后会降低30%以上，这种水泥不建议购买。

用手握捏水泥粉末，手感会有冰凉感，且粉末较重，比较细腻。

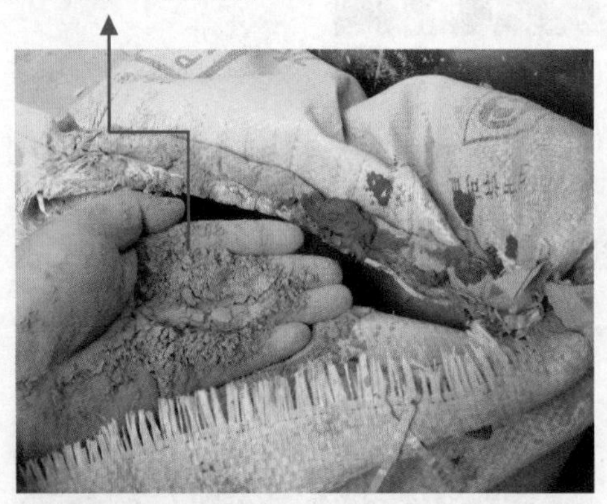

↑水泥粉末手感

要存放于干燥的室内环境中，不要随意堆放，建议整齐摆放，可以在水泥上方覆盖一层无纺布，防尘、防水。

↑水泥存放

2. 白水泥

白水泥的全称是白色硅酸盐水泥，主要是将适当成分的水泥生料烧至部分熔融，加入以硅酸钙为主要成分且铁质含量少的熟料，并掺入适量的石膏，磨细制成的白色水硬性胶凝材料。

干燥粉末状，粉状颗粒细腻，无结块现象。

无任何杂质、颗粒。

颜色为白色，部分厂商生产的水泥在深浅上有一定差异，不影响使用。但是颜色偏灰会影响装饰效果。

↑白水泥

（1）规格与价格。白水泥在建材市场或装饰材料商店都有售卖，传统包装规格为50kg/袋，现代装修用量不大，一般为2.5～10kg/袋，2～3元/kg，掺有特殊添加剂的白水泥价格会达到5元/kg。

↑白水泥

白水泥具备比较好的装饰性，而且制造工艺也比普通水泥要好，主要用于勾勒白瓷片间的缝隙，一般不用于墙面。

↑白水泥存放

存放白水泥时建议隔绝空气通道，防止水汽入侵，可以在其表面搭上一层遮雨布，建议白水泥底部放2层木板。

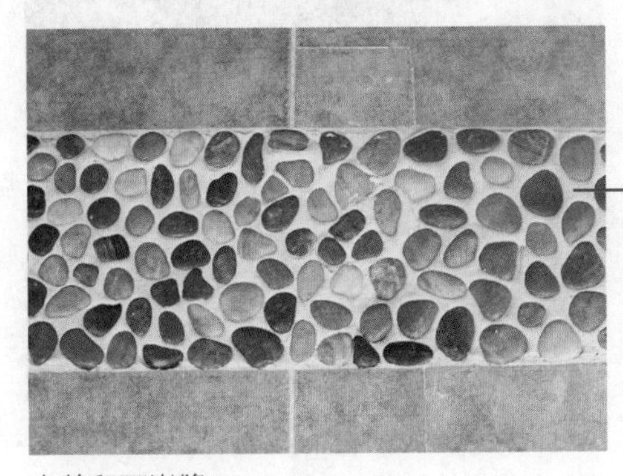

白色是中性色，使用白水泥嵌缝可以很好地搭配各种色彩的鹅卵石，并且能搭配出不错的视觉效果。

↑鹅卵石嵌缝

（2）鉴别与选购。

1）注意包装袋上的名称、强度等级、白度等级以及生产时间等信息；

2）最好选购近1个月内新近生产的新鲜小包装产品，而且要特别注意包装的密封性；

3）注意查看白水泥贮存的周边环境是否有水渍，确保白水泥不会受潮或混入杂物；

4）注意查看不同强度等级与白度的水泥是否是分别储存和分别运输，二者没有混杂售卖。

1.1.3 砂石

砂石主要是指河砂与碎石，这些都是水泥、混凝土调配的重要配料。此外，具有一定形态的卵石、岩石也具有装饰性，可以直接用于砌筑构造或铺装，能营造出奇妙的装修风格。

1. 河砂

砂是指在湖、海、河等天然水域中堆积形成的岩石碎屑，例如河砂、海砂、湖砂以及山砂等，一般粒径小于4.7mm的岩石碎屑都可以称之为建筑、装修用砂，砂的粗细程度是指不同粒径的砂粒混合在一起的平均粗细程度，通常有粗砂、中砂、细砂以及特细砂等，用于装修的多为中砂。河砂质量稳地，一般含有少量泥土，水泥砂浆、混凝土中的砂用量约占30%～60%，河砂的密度为2500kg/m^3。

色泽偏黄，颗粒棱角丰富，其中含有淤泥。

↑河砂

河砂是指在河水中自然石经自然力的作用，通过河水的冲击和侵蚀而形成的有一定质量标准的建筑材料，常用于制备混凝土。

色泽偏褐，颗粒轮廓圆滑，其中含有海螺、贝壳等海生物。

↑海砂

海砂是海中的砂石，可以作为工程建设的原材料，但海砂中的盐分氯离子会侵蚀钢筋，因而在建筑中使用海砂时一定要遵守相关规定。

（1）规格与价格。运输成本是影响河砂价格的唯一因素，在大中城市中，河砂的价格为200元/t左右，也有经销商将河砂过筛后装袋出售的，每袋约20kg，价格为5～8元/袋。

（2）鉴别与选购。

1）观察外表色彩。建议在选购河砂时，注意观察砂的外观色彩，表面呈现土黄色的为河砂，呈现土灰色的为海砂。

2）查看含有物。一般河沙中都会含有少量泥块，而海砂中则有各种海洋生物，例如小贝壳、小海螺等。

3）味觉查验。可以用指尖蘸取少量的砂，用舌尖查验味道，通过咸味来判断是否是海砂。

2. 石料

石料又称石头，石料泛指所有能作为建筑、装修材料的石头，一般是指粒径大于4.7mm的岩石颗粒，常规的石料密度约为2700kg/m^3。

天然岩石还可以分为岩浆岩、沉积岩以及变质岩，常用的花岗岩就属于岩浆岩。

岩石表面有皱褶但无裂缝。

↑天然岩石

（1）砌体石。主要用于墙体砌筑，一般采用石材与水泥砂浆或混凝土砌筑，石材就地取材，在产石地区多用石材砌体，这种形式也比较经济、实用。砌体石主要用作受压构件，还可以用于底层室内的景观砌筑、户外庭院围墙以及挡土墙砌筑。

↑砌体石

砌体石应该选用质地坚实，无风化剥落和裂纹的石材，而对于清水墙、柱等区域，所选用的砌体石表面色泽应均匀。

↑砌体石墙体

使用砌体石砌墙之前，要保证连接基层干净，无泥垢、水锈等杂质残留，这些杂质会影响最后的砌墙效果。

（2）鹅卵石。它是开采河砂的附属产品，因为形状似鹅卵而得名，作为一种纯天然的石材，表面光滑圆整，颜色多种多样，可以呈现出浓淡、深浅变化万千的色彩，比较常见的有黑、白、黄、红、墨绿、青灰等多种色彩。鹅卵石在施工时一般是竖向插入水泥砂浆界面中，石料之间镶嵌紧密，无明显空隙，这样也能保证长久不脱落。

形态较为完整的鹅卵石可以用于住宅庭院或阳台地面铺装，也可以用于室内墙、地面的局部铺装点缀。鹅卵石粒径规格一般为25～50mm，价格为3～4元/kg，还可以根据各地装饰材料市场的供应条件，选购长江中下游地区开采的雨花石，以此来提升装修品质，雨花石的装饰效果非常有特色，只是价格较鹅卵石要贵5倍以上。

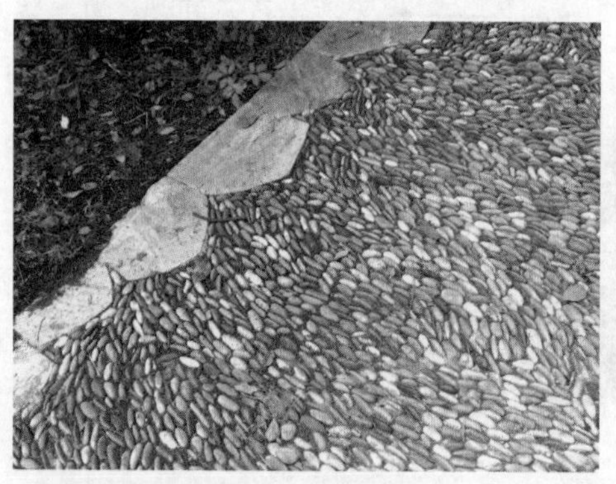

↑鹅卵石铺地

鹅卵石铺地时要将尖锐部分放在砂浆中，不要朝上，鹅卵石的三分之一以上部位都要在水泥砂浆中。铺设结束后要用木板压平，并用湿布将鹅卵石上方多余水泥砂浆清除掉，并注意养护。

↑雨花石

雨花石是一种天然玛瑙石，也称为文石和观赏石，主要产于南京市六合区以及仪征市月塘镇一带。雨花石具有绚丽的色彩和独特的花纹，观赏价值极高。

★小贴士★

鹅卵石的识别与选购

（1）观察形态和色泽。具有装饰特色的鹅卵石表面一般都比较光滑，色彩也都比较统一、丰富，表面有纹理但不会出现裂缝。

（2）根据铺设方式选购。用于零散铺撒的鹅卵石应该选择黑色、灰色以及白色等色系，且表面需要非常光滑、晶莹，这样才能体现出鹅卵石的装饰效果；而用于镶嵌铺装的鹅卵石则建议选择花纹和色彩都比较丰富的彩花系列，但要注意不要选择表面过于光滑的石头，太过光滑的鹅卵石与水泥砂浆的结合度比较低，在镶嵌过程中会很容易脱落，影响铺设和装饰效果。

1.1.4 混凝土

混凝土是由胶凝材料（如水泥）、水以及骨料等按适当比例配制，经混合搅拌、硬化而成的一种人工石材。在装修中使用的混凝土是指采用水泥作胶凝材料，用砂、石作骨料，与水按一定比例配合，经搅拌、成型、养护而成的水泥混凝土，也称为普通混凝土。此外，还有用于户外墙、地面铺装的装饰混凝土，见表1-1。

1. 普通混凝土

普通混凝土具有原料丰富，价格低廉，生产工艺简单的特点，同时，混凝土还具有抗压强度高，耐久性好，强度范围广等特点。

自流性能好，其中石头的颗粒均衡。

↑混凝土

混凝土一般会用专用的混凝土车运输，在运输过程中要注意保持混凝土的匀质性，运送混凝土的容器应该严密、不漏浆，容器内部要平整、光洁、不吸水。

浇筑干燥后存在一定细小孔洞与缝隙属于正常。

↑混凝土浇筑楼梯

混凝土浇筑楼梯要自下而上浇筑，先振实底板混凝土，再一起浇捣踏步混凝土，不断连续向上推进，并随时用木抹子将踏步上表面抹平。

（1）混凝土用途。主要用于浇筑室内增加的地面、楼板、梁柱等构造，也可以用于成品墙板或粗糙墙面找平，在户外庭院中还可以用于浇筑各种小品、景观、构造等物件。用于装修的普通混凝土密度一般为2500kg/m^3，且施工成本较高，以室内浇筑架空楼板为例，配合钢筋、模板等施工费用，一般为800～1000元/m^2。

（2）混凝土规格。混凝土强度等级是指按标准方法制作、养护的边长为200mm的立方体标准试件，在28天龄期内用标准试验方法所测得的抗压极限强度，以MPa（N/mm^2）计，同时也是标志混凝土的抗压强度、抗冻、抗渗等物理力学性能的科学指标。用于住宅装修的混凝土强度通常采用C15、C20、C25、C30，数据越大说明混凝土的强度越高。

（3）混凝土养护。混凝土配置搅拌后要在2h内浇筑使用，浇筑梁、柱、板时，初凝时间为8～12h，大体积混凝土为12～15h。混凝土浇筑后要注意养护，这样有利于创造适当的温湿度条件，保证或加速混凝土的正常硬化，我国的标准养护条件是温度为20℃，湿度大于95%。

使用混凝土砌筑立柱时要将立柱的钢筋先捆绑起来，再做模板，然后浇筑混凝土进行封模。

↑立柱钢筋与模板

使用混凝土浇筑楼板时要先做好模板，再做钢筋，然后浇筑混凝土进行封模工作。

↑楼板钢筋与模板

确保钢筋位于混凝土浇筑构造的中央。

↑混凝土浇筑

使用混凝土浇筑时，注意混凝土的自由高度不宜超过2m，浇筑所用的水泥、砂、石以及外加剂等必须经过检验合格才能使用，确保建筑体的稳定性。

尽量购买成品混凝土，不要自主调配，以免比例存在误差。

↑成品混凝土厂

成品混凝土厂供应各种类型的混凝土，根据所需量和种类的不同，价格也会有所不同。

2. 装饰混凝土

装饰混凝土是近年来一种流行国外的绿色环保地面材料，通过使用特种水泥、颜料或颜色骨料，在一定的工艺条件下制得的混凝土。

（1）特性。装饰混凝土既可以在混凝土中掺入适量颜料或采用彩色水泥，使整个混凝土结构或构件具有色彩，又可以只将混凝土的表面部分设计成彩色的，这两种方法各具特点，前者质量较好，但成本较高；后者价格较低，但耐久性较差。

（2）用途。装饰混凝土能在原本普通的新旧混凝土的表层，通过色彩、色调、质感、款式、纹理的创意设计，对图案与颜色进行有机组合，能设计出各种天然大理石、花岗岩、砖、瓦、木地板等铺设效果，具有美观自然、色彩真实、质地坚固等特点。

模具采用聚氯乙烯制作，纹理丰富。

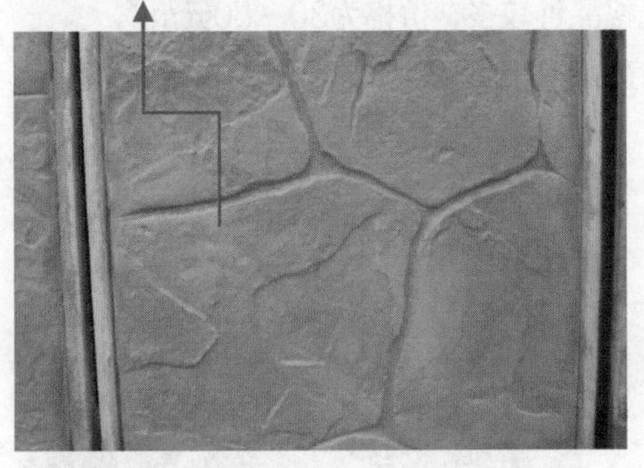

↑装饰混凝土模具

装饰混凝土模具拥有各种造型，主要用于户外需要有特色图案装饰的地面区域。

对地面压制成型后要及时着色。

↑装饰混凝土着色

利用着色剂可以帮助装饰混凝土具备各种色彩，也能更好地丰富装饰效果。

（3）规格。装饰混凝土用的水泥强度等级一般为42.5级，细骨料应采用粒径小于1mm的石粉，也可以用洁净的河砂代替。颜料可以用氧化铁或有机颜料，颜料要求分散性好、着色性强。骨料在使用前应该用清水冲洗干净，防止杂质干扰色彩的呈现效果。此外，为了提高饰面层的耐磨性、强度及耐候性，还可以在面层混合料中掺入适量的胶黏剂。在生产中为了改善施工成型性能，也可以掺入少量的外加剂，如缓凝剂、促凝剂、早强剂、减水剂等。目前，采用装饰混凝土制作的地面，具有不同的几何、动物、植物、人物图形，产品外形美观、色泽鲜艳、成本低廉、施工方便。

彩色沥青混凝土属于装饰混凝土的一种，本身是深褐色，主要通过着色剂来改变本身色彩，用于绿道、自行车道、步行道以及景观园林道路等慢行系统及景观道路铺装。

↑彩色沥青混凝土

3. 混凝土彩瓦

混凝土彩瓦又称为彩色混凝土瓦或彩瓦，是近年来出现的新型庭院、屋面装饰材料。

（1）特性、价格。混凝土彩瓦是将水泥、砂等合理配比后，通过金属模具，经压制而成，具有抗压力强，承载力高等优点，生产效率较高，生产过程中能耗低，无烟尘污染，不占用土地、农田资源。彩色混凝土瓦价格低廉，适用于中式传统风格的庭院围墙、门楼、建筑的屋檐表面装饰，规格品种较多，价格为30~50元/m^2。

混凝土彩瓦的外形多种多样，彩瓦颜色几乎可以随心所欲，不仅有单色、多色叠加，还有通体单色与通体混合色。

采用氧化铁颜料与水泥混合配成的色彩可以保持20年基本不变。

↑混凝土彩瓦运用

彩色混凝土瓦比传统黏土瓦与琉璃瓦的抗渗性、承载力更强，且具备吸水率低、密度大、重量轻、瓦型丰富美观等优点。

在混凝土彩瓦表面喷1层密封剂，可以防止混凝土表面产生二次泛碱，可以使彩瓦表面长期不发黑、不长苔。

↑混凝土彩瓦运用

混凝土彩瓦可以用于门楼、古风住宅等的顶面装饰，色彩丰富的彩瓦可以起到很好的装饰作用。

（2）识别选购方法。

1）查看产品外观。优质的混凝土彩瓦外观十分规整、平直，正反面也没有缺损和裂纹等现象。

2）查看边角处。可以将彩瓦放在平整面上，用手平按一下边角，查看是否有翘曲现象，边角平整的为优质产品。

3）查看彩瓦表面。混凝土彩瓦的表面着色应该是油漆喷涂，且喷涂着色也十分鲜艳，能经久不变色，表面也不会剥落，还可以观察混凝土彩瓦的侧面与后部，从侧面和后部可以很清楚地看到油漆的喷涂点。优质的混凝土彩瓦的瓦面着色层一定均匀一致且为麻面，没有任何流痕及色差。

表1-1 混凝土材料一览

品种	性能特点	用途	价格（元/m²）
普通混凝土	质地浑厚，强度高，与钢筋配合浇筑具有很强的承载力	地面、楼板、立柱等承载构造浇筑	1000～1200
装饰混凝土	装饰效果多样，强度一般，能连续纹理图样	庭院地面、水池底等界面装饰	200～250
沥青混凝土	价格低廉，强度高，地面基层必须经过夯实	庭院行车、停车地面铺装	100～150
混凝土彩瓦	价格低廉，色彩丰富，强度一般，整体效果较好	中式古典风格建筑屋檐、门楼铺装	30～40

★小贴士★

水泥、河砂注意事项

（1）水泥要避免暴晒。水泥要存放于阴凉、干燥处，水泥在存放时如果遇到暴晒，水分会迅速蒸发，强度会大幅降低，甚至完全丧失。

（2）水泥比例要协调。有很多业主认为，抹灰用水泥砂浆中的水泥越多，抹灰层就越坚固，这种说法是错误的，实际上水泥用量越多，砂浆就越稠，抹灰层体积的收缩量就越大，从而产生的裂缝就越多，并且需要注意的是调配的水泥砂浆应在2.5h内使用完毕。

（3）河砂使用要过网。在施工过程中，河砂需要用网筛过才能使用，网孔的内径边长一般为10mm左右。

1.2 防盗门窗：为使用安全加码

识别难度： ★★☆☆☆

核心概念： 栅栏式防盗门、实体门、复合式防盗门、防盗门材质、防盗网

防盗门窗是在建筑物原来的基础上，加一层具有防盗防护功能的网状门窗，它的原有门窗的作用就是防盗防护功能，但是因为防盗门窗也直接影响着建筑外部的美观，所以对于防盗门窗的选择需要有比较专业的知识，所选购的防盗门窗既要保证其安全性，也要保证观赏性。

1.2.1 防盗门

选购防盗门最重要的因素是不锈钢管材材质，管材决定了防盗门的坚固程度，优质的不锈钢管材不仅需要符合国家标准，也需要达到一定厚度。

防盗门表面钢板平整厚实。
门锁精致，无明显缝隙。
侧锁与门板表面无高差。

↑防盗门

防盗门钢板，在检验钢板时，可以按压门扇里的钢板，如果钢板被按下去，表明防盗门的质量不过关。

1. 防盗门种类

（1）栅栏式防盗门。是由钢管焊接而成的防盗门，它造型美观、价格低廉、通风且轻便。栅栏式防盗门的上半部为栅栏式钢管或钢盘，下半部为冷轧钢板，采用多锁点锁定，保证了防盗门的防撬能力。

（2）实体防盗门。采用冷轧钢板挤压而成，门板全部为钢板，钢板的厚度多为1.2mm，耐冲击力强。门扇双层钢板内填充有岩棉保温防火材料，具有防盗、防火、绝热、隔声等功能。

（3）复合式防盗门。由实体门与栅栏式防盗门组合而成，具有防盗和夏季防蝇蚊等功能。

↑栅栏式防盗门　↑实体防盗门　↑复合式防盗门

左：栅栏式防盗门在防盗效果上不如封闭式防盗门，在门框与门扇之间或其他部位注意安装防盗装置。

中：一般实体式防盗门都安装有猫眼、门铃等设施，防盗系数相对较高，外观也好看，使用频率较高。

右：复合式防盗门也称一框两门，前门为栅栏门，后门为封闭式平开门，除防盗功能外，还具有通风乘凉和冬季保暖等优点。

不锈钢板表面光洁，有较高的可塑性、韧性和机械强度，不容易生锈。

↑不锈钢板

冲压不锈钢板是指经过冲压技术，形成一定造型，可用于做防盗门表面的造型。

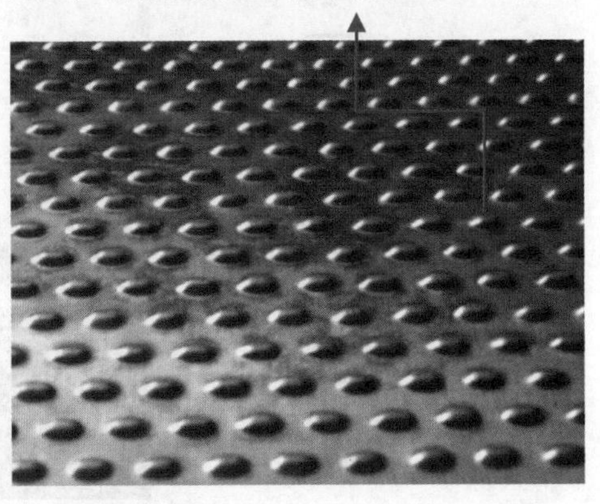

↑冲压不锈钢板

2. 防盗门选购方法

（1）确定防破坏功能是否无误。防破坏功能是防盗安全门最重要的功能，在购买时可以要求销售商出示有关部门的检测合格证明，产品质量应符合GB 17565—2007《防盗安全门通用技术条件》的技术要求。

（2）钢板厚度符合规定。合格的防盗安全门门框的钢板厚度应在1.5mm以上，门体厚度一般在20mm以上，门体的钢板厚度应在1.2mm以上。

（3）检查门体各组成部分是否无误。检查门体重量，一般应在40kg以上，并可通过拆下猫眼、门铃盒或锁把手等方式检查门体内部结构，门体内有数根加强钢筋骨架，使门体前后面板有机地连接在一起，这些骨架也能增强门体的整体强度。门内一般有聚氨酯或者蜂窝纸填充物，具有保温、隔声功能，其中防火门应该要填充有石棉或防火棉等具有防火功能的材料作为填充物，还可以用手敲击门体发出“咚咚”的响声，并用手开启和关闭门查看门体是否灵活。

（4）检查工艺质量。注意检查门体是否有焊接缺陷，诸如开焊、未焊、漏焊等现象，查看门扇与门框的配合是否密实，间隙是否均匀一致，开启是否灵活，所有接头是否密实等。门板的表面应进行防腐处理，一般应为喷漆和喷塑，漆层表面应无气泡，色泽均匀，大多数门在门框上还嵌有橡胶密封条，关闭门时不会发出刺耳的金属碰撞声。

（5）锁具检查。合格的防盗门一般会采用经公安部门检测合格的防盗专用锁，同时，在锁具处应有3mm以上厚度的钢板进行保护。现在防盗专用锁有许多是多方位锁具，不仅可以将门锁锁定，上下横杆都可插入锁定，以此来对门加以固定，这种锁具也能大大增加门的防撬性能。锁芯应轻松灵活，无卡滞现象；门在开启90°过程中，应灵活自如，无卡阻、异响等。

识别度与保密性的要求很高，输入指纹后，轻轻触碰是无法开锁的，更换手指也无法开锁。

↑防盗门锁具

可以将吸铁石放在下踏上，如果吸铁石吸住很难拿开，表明下踏材料不合格。

↑查验下踏

（6）品牌保证。最好到正规的大型建材城购买，购买时还应该注意防盗门的“FAM”标志、企业名称、执行标准等内容，符合标准的门才能既安全又可靠。安装好防盗门后，用户首先要检查钥匙、保险单、发票和售后服务单等配件和资料与防盗门生产厂家提供的配件和资料等是否一致，千万不能出现少钥匙的情况。

1.2.2 防盗网

防盗网是起防护作用的金属网，多为网状，安装于门、窗、通风口等可能被侵入的地方。同时也能防止室内人、物从窗户跌出。

1. 铁质防盗网

铁质防盗网可以称之为铁艺、铁花等，是完全采用铁弯曲焊接而成的一种网状防盗网，一般采用的是铁条或者是铁片，可以根据消费者的个人喜爱来选择。

2. 不锈钢防盗网

虽然不锈钢防盗网解决了铁质防盗网生锈的烦恼，但在艺术造型上不太美观，一般采用圆管与方通相互的交错，所以被命名为鸟笼式的防盗网。

铁质防盗网容易生锈，需要在其表层涂上防锈漆，以防止快速生锈。

↑铁质防盗网

不锈钢防盗网防盗系数较铁质防盗网较高，但价格较贵。

↑不锈钢防盗网

3. 铝合金防盗网

继承了铁质防盗网与不锈钢防盗网两种产品的优点，具有非常好的防盗性能，同时具有不生锈、款式多样、颜色丰富等特点，是使用较多的防盗网之一。

4. 隐形防盗网

隐形防盗网是为了解决小区不允许安装传统防盗网而发明的一种替补产品，采用钢丝环绕结构，使得防盗网进入隐形的时代。

铝合金防盗网装饰性较好，表面处理有木纹、电泳、喷涂、仿钢等多种选择。

↑铝合金防盗网

隐形防盗网是采用50mm的标准间距，单根拉力承受能力在110Kg以上的钢丝。

↑隐形防盗网

1.3 阳台改造：给你一个更大的无尘空间

识别难度： ★★★☆☆

核心概念： 铝合金、塑钢

阳台改造实际就是封阳台，封阳台不仅美观，可以防盗、防风、防尘、防雨和保温，还扩大了使用范围，在居住条件比较紧张的情况下，封闭后的阳台可以作为写字读书、物品储存、健身锻炼的空间，也可作为居住的空间，较未封阳台时，利用的形式更为多样，很大程度增加了居室的使用面积。封阳台后，可以给犯罪分子设置一道障碍，起到防范的作用，同时也多了一层阻挡窗户，有利于阻挡风沙、灰尘、雨水的侵袭，室内的卫生状况也会优于未封闭阳台的房间。封阳台的材料主要包括彩色铝合金和塑钢，在封阳台时要考虑到采光以及通风等问题。

双层中空玻璃是标配。

在不规则房间中，应采取封阳台的形式，对不规则空间进行总体的设计。

↑不规则封阳台设计

1.3.1　铝合金

↑铝合金板

铝合金板可用于做房间隔断、挡板等，铝合金封阳台牢固性较高。

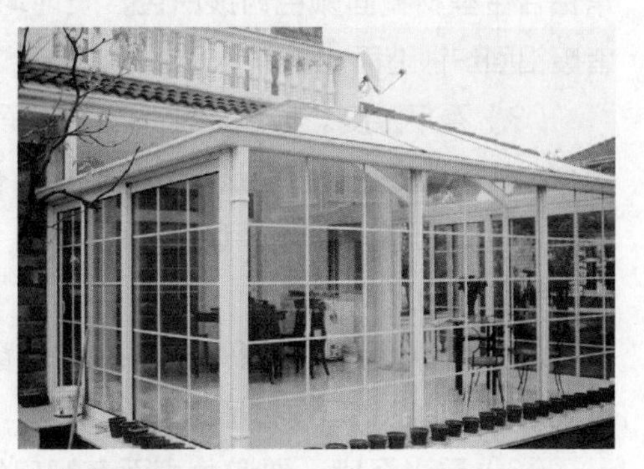

↑铝合金窗

铝合金窗采用铝合金材料制作，表面会喷涂烤漆遮盖，起到装饰效果，同时防止铝材氧化。

1. 铝合金型材

铝合金龙骨是一种常用的封阳台、吊顶装饰材料，可以起到支架、固定、美观的作用。铝合金龙骨应用广泛，主要用于受力构件，如轻质隔墙龙骨、吊顶主龙骨，各种窗、门、管、盖、壳构造以及装饰或绝热材料。

↑平整铝合金

小作坊由于机器或者原材料的原因，型材表面会出现轻微凹凸状，这样的铝合金型材合成的阳台窗后期会因为氧化而变形。

↑多变的铝合金

铝合金型材的强度不是越硬越好，铝具有一定韧性，非硬质材料，利用这一特性才能锻造成不同形状，在选购时要认准品牌，仔细观察。

2. 铝合金型材鉴别、选购

（1）看氧化度。可在型材表面轻划一下，看其表面的氧化膜是否可以擦掉，当然这个不要直接在样窗上进行，可以在商家展示的材料上操作。

（2）看色度。同一根铝合金型材色泽应一致，色差明显的不建议选购。一般正常铝合金型材截面颜色为银白色，质地均匀，如果颜色暗黑，可以断定为回收铝或者废铝回炉锻造而成。

（3）看平整度。检查铝合金型材表面，表面平整、光亮无凹陷或鼓出的为优质铝合金，建议去正规厂家选择，质量相对有保障。

（4）看强度。可用手适度弯曲型材，如果不费力气就将型材折弯，那么可以认定，铝型材强度不达标。

（5）看厚度。常用70、90系列的铝窗型材，其壁厚应为1.2～2.0mm，国家标准规定的阳台窗铝型材壁厚为1.2mm。

（6）看光泽度。要避免表面有开口气泡和灰渣，并拒绝选购有裂纹、毛刺以及起皮等明显缺陷的型材。如果有以上现象，可以断定为回收铝或废铝二次加工成型，这样的材料由于质地不均，合金配比杂乱，后期容易出现开裂氧化现象。

1.3.2 塑钢

塑钢也称作塑钢型材，是被广泛应用的一种新型建筑材料，不仅重量轻，而且韧性好，具有钢的优良性质，有时候也被称作合金塑钢。由于其具备良好的刚性、弹性、耐腐蚀性等物理性能，抗老化性能优异，通常是铜、锌、铝等有色金属的替代用品。

↑塑钢

塑钢是以聚氯乙烯树脂即PVC为主要原料，加上一定比例的稳定剂、着色剂、填充剂以及紫外线吸收剂等，经挤压形成的一种型材。

↑塑钢封阳台

在房屋建筑中经常会运用塑钢封阳台，同时塑钢也是平开门窗、护栏、管材和吊顶的常用材料。

塑钢型材的多腔结构以及独立的排水腔可以使水无法进入增强型钢腔，避免了型钢腐蚀，门窗的使用寿命也得到了提高。

↑塑钢结构

绝大部分劣质型材使用了铅盐稳定剂，成品含铅量在0.6%～1.2%之间，铅是一种对人体有害的物质，当劣质型材老化时，会析出含铅粉尘，长期接触后会使血液中铅含量超标，甚至铅中毒。引进的钙锌以及有机锡配方虽然解决了产品含铅的问题，不过由于价格原因和技术的不成熟，并没有得到大规模的应用。

1. 塑钢封阳台种类

（1）平开窗。依据其开合方式可以分为内开式和外开式两种，内开式平开窗擦窗方便，但要占去室内的部分空间，开窗时使用纱窗、窗帘等也不方便，如果质量不过关，还可能渗雨；外开式平开窗开启时不占室内空间，但要占用墙外的一块空间，刮大风时易受损。

（2）推拉窗。具有不占据室内空间的优点，外观美丽、价格经济、密封性较好，使用也十分灵活，安全可靠，使用寿命长，在一个平面内开启，占用空间少，安装纱窗也很方便，窗扇的受力状态也十分不错，不易损坏。目前采用最多的就是推拉窗，但推拉窗通风性相对平开窗差一些，按照开合方式可分为左右、上下推拉两种，主要是采用高档滑轨，轻轻一推，开启灵活，配上大块的玻璃，既能有效增加室内的采光，也能改善建筑物的整体形貌。

（3）下悬窗。是在平开窗的基础上发展出来的新形式，它有两种开启方式，既可平开，又可从上部推开。平开窗关闭时，向内拉窗户的上部，可以打开一条100mm左右的缝隙，打开的部分悬在空中，通过铰链等与窗框连接固定，因此称为下悬式。

↑塑钢平开窗

↑塑钢推拉窗

↑塑钢下悬窗

左：平开窗优点是开启面积大、通风好、密封性好、隔声、保温以及抗渗性能优良，缺点是窗幅小，视野不开阔。

中：推拉窗优点是简洁、美观、窗幅大、玻璃块大、视野开阔、采光率高以及擦玻璃方便等，缺点是两扇窗户不能同时打开，最多只能打开一半。

右：下悬窗通风性和安全性能都比较好，由于有铰链，窗户只能打开100mm的缝，从外面手伸不进来，特别适合家中无人时使用。

2. 塑钢鉴别

（1）查看型材包装。查看型材上所贴保护膜或者商标是否平整光滑，有无气泡，从一头到另一头是否处于同一直线上。假冒型材的商标都是手工贴上去的，会有很多气泡，且歪歪斜斜，商标的质量也很差，仔细观察就能看出。

（2）查看型材表面。撕掉保护膜查看型材的表面是否洁净无污点，再查看型材的壁厚，好的型材主壁厚度能达到2mm以上，还可以查看型材的韧性，可以用老虎钳夹住型材壁面，来回掰，好型材是不会轻易断的，但这种鉴别情况不适用于冬季，因为冬天气温比较低，塑料会变得很脆，一般严格按照国家有关规定来讲，10℃以下的环境不允许加工塑钢窗。

（3）查看防伪喷码。型材上都会有防伪喷码，一般情况不用打查询电话就能分辨出真假来，一根6m长的型材上会有4～6个喷码组。首先查看喷码组的字迹是否清晰完整，冒牌型材都是出厂后用很简单的转印机手工刷上去的，会模糊不清，真型材的喷码组都是唯一的，而假型材的喷码组都是一样的，也可以打查询电话核对一下喷码。

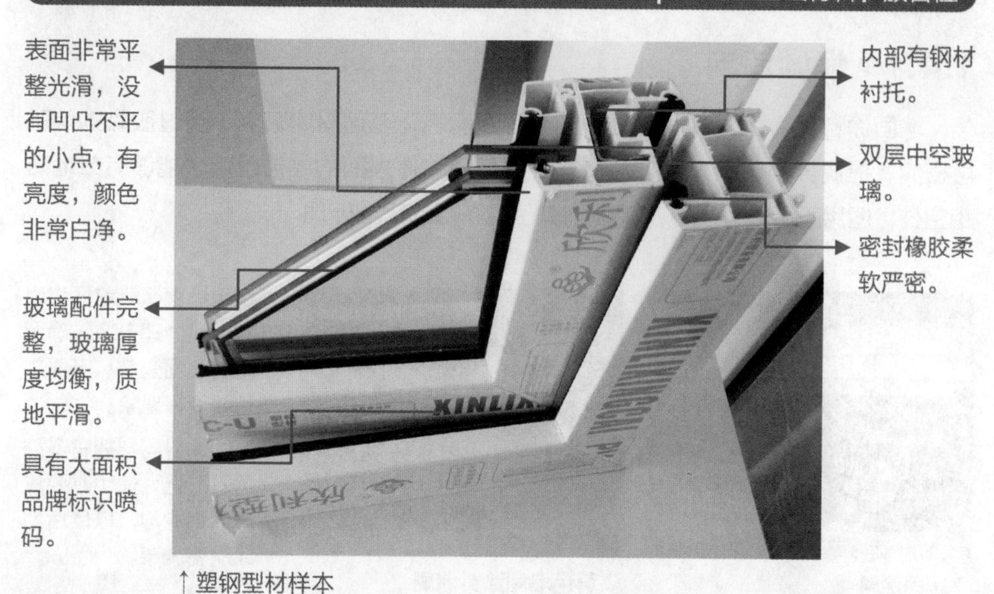

表面非常平整光滑，没有凹凸不平的小点，有亮度，颜色非常白净。
玻璃配件完整，玻璃厚度均衡，质地平滑。
具有大面积品牌标识喷码。
内部有钢材衬托。
双层中空玻璃。
密封橡胶柔软严密。
XINLI

↑塑钢型材样本

1.4 墙地面处理：防水、防潮得靠它

识别难度： ★★★★☆

核心概念： 地固涂料、墙固涂料

在不少消费者心中，墙面和地面装修就是刷漆、贴壁纸、贴瓷砖和铺地板这几项工作。但是，在装修公司的报价单上，除了上述几个项目外，还有一大堆关于墙、地面基层处理的条目，例如墙面找平、阴阳角找直、地面找平等，而这些都是必须的墙、地面基层处理项目。在进行装修或工程装修初期水泥地面的封闭处理时，为了保证后期施工顺利开展以及工程质量，一般也都会对墙地面进行专业处理。

地面开始铺贴地砖或地板前，一般都会进行地面找平工作，主要是利用水平仪找平角度，然后再铺设水泥砂浆找平层，找平层的厚度一般为20～40mm。

←地面找平

1.4.1 墙固涂料

墙固涂料具有优异的渗透性，能充分浸润墙体基层材料表面，通过胶黏剂使基层密实，提高界面附着力，提高灰浆或腻子和墙体表面的黏洁强度，能够有效地防止空鼓，适用于砖混墙面抹灰或批刮腻子前基层的密实处理。

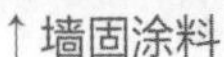
↑墙固涂料

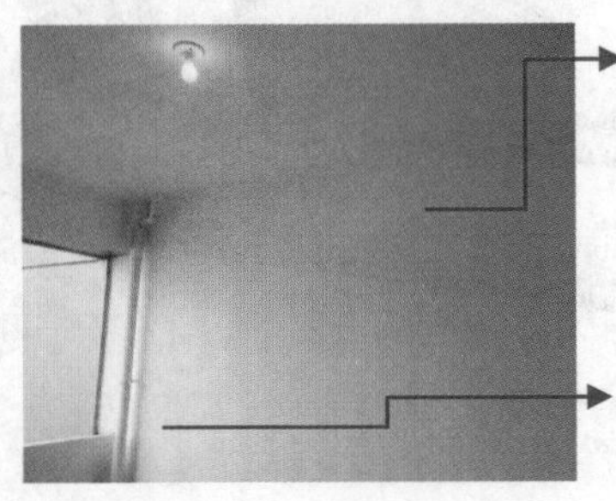

使用墙固涂料前要将基层表面处理干净，确保基层表面坚实、无浮灰和油渍等现象。

墙固涂料同样拥有多种色彩可选，使用时要注意涂刷均匀，以便后期涂刷乳胶漆。

↑黄色墙固涂料涂刷

1. 注意事项

（1）用法、用量。待墙固涂抹干透或造毛养护干燥后即可开始抹灰或批刮腻子，用1:1水泥砂浆加入水泥胶浆，将其抹在瓷砖背面找平压实，砂浆自上而下涂刷，并随时用靠尺检查平整度。黏洁墙布和壁纸时如觉黏度高可加少量水稀释，用墙固造毛不得加水使用。理论上，1公斤墙固可涂布10m^{2}一遍，实际用量由施工中多种因素影响而定。

（2）贮存和运输。墙固贮存在5～40℃阴凉通风处，严禁曝晒和受冻，保质期12个月，产品无毒不燃，贮存运输可按《非危险品规则》办理。施工温度在5℃以上，未用完的墙固涂料要注意密封。

2. 选购方法

（1）查看固含量。通常高固含量的墙固涂料更适合应用于墙面水泥造毛，凝固后的水泥毛面坚实，有利于瓷砖的铺贴。

（2）选用浅彩色墙固。彩色墙固涂料上墙后的着色效果比较明显，可以查看有无漏刷漏涂的现象，还能依据着色后的色泽深浅来判断墙固涂料的施工涂刷是否完全以及是否均匀等问题。

（3）查看黏稠度。墙固涂料不是越黏稠越好，太过黏稠的可能掺杂了增稠剂，黏结力和渗透性较差。

1.4.2　地固涂料

地固是一种专门作用于水泥地面上的涂料，适用于装修工程初期水泥地面的封闭处理，防止跑砂现象。

↑地固涂料

地固涂料由基料、填料以及助剂复配而成，基料为高分子胶原剂、着色粒子，填料为聚合物微粉，助剂为润湿分散剂、流平剂等。

1. 注意事项

（1）使用前要先将水泥地面清扫干净，可以洒少量清水润湿地面，滚刷或涂刷均可，间隔1小时涂第二次。施工温度要控制在5℃以上，理论干燥时间为8小时，严禁与其他制剂混合使用。

（2）地固涂料要贮存在5～40℃阴凉通风处，严禁曝晒和受冻，保质期一般为12个月。产品无毒不燃，贮存运输可按《非危险品规则》办理。

2. 地固选购

（1）查看品牌。选择好评度比较高的品牌，售后服务也会相对较好，产品的质量也会有所保障。

（2）查看储存环境。地固涂料是不可以和其他制剂混合使用的，储存需要分号存放，且要处于一个阴凉的环境下。

（3）查看色泽。地固涂料有多种颜色，查看各颜色是否纯净，是否有掺杂其他色彩等。

（4）查看环保指数。优质的地固涂料应该具备良好的环保性，可以查看产品表面的参数，确保所选产品为环保、绿色产品。

↑彩色地固涂料

地固涂料和墙固涂料一样具有丰富的色彩，可以有效地增强空间色彩。

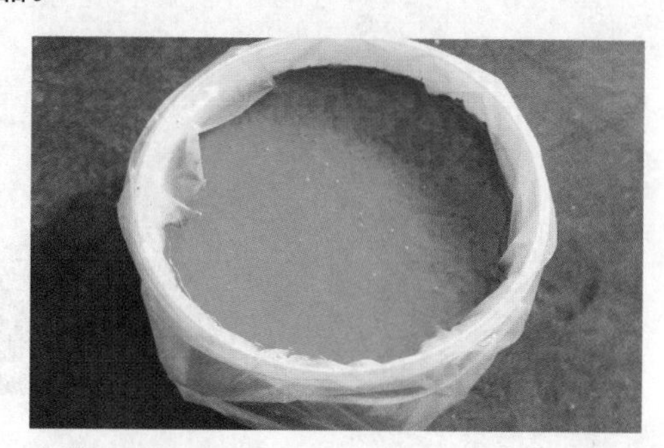
↑地固涂料混合

地固涂料混合时会有小气泡产生，可用商家的样品进行混合，气泡均匀，经搅拌后可沉静的为优质地固。

Chapter 2

水电管线品质最重要

章节导读：水路管材需要各种不同型号、规格的管件、转角、接头，在选购时要根据设计图纸以及建筑空间精确计算，按需购买；而电路线材不仅需要优质的材料，更需要精湛的施工工艺，才能保证建筑空间的安全性，电路线材重在使用功能，外观、色彩与质感是其次，要以少用、精用为原则，尽量选购中高档产品，内在质量才是选购的唯一标准。

2.1 水路管材：千选，万选，适用最好

识别难度：★★★★☆

核心概念：PP-R 管、PVC 管、铝塑复合管、铜塑复合管

水路施工属于装修的基础工程，一旦完成对水路管材的填埋后，再要修复是很麻烦的工程，如果是在整个装修全部完成后进行返修，还会破坏已经完成的装修效果，费时费钱，因此在完工时一定要按照严格的标准进行验收。

管材是用于做管件的材料，不论是大型的建筑工程还是个人的住宅都需要用到各类型的管件，水路中常用到的管材主要有PP-R管、PVC管、铝塑复合管以及铜塑复合管等，见表2-1。

2.1.1 PP-R管

PP-R管是一种绿色环保管材，主要用于自来水供给管道，其工作温度只能达到70℃，而PP-R热水管可以达到130℃。在装修中，PP-R管不仅是厨房、卫生间冷、热水给水管的首选，还能够用作全套空间的中央空调、小型锅炉地暖的给水管，以及直接饮用的纯净水的供水管。

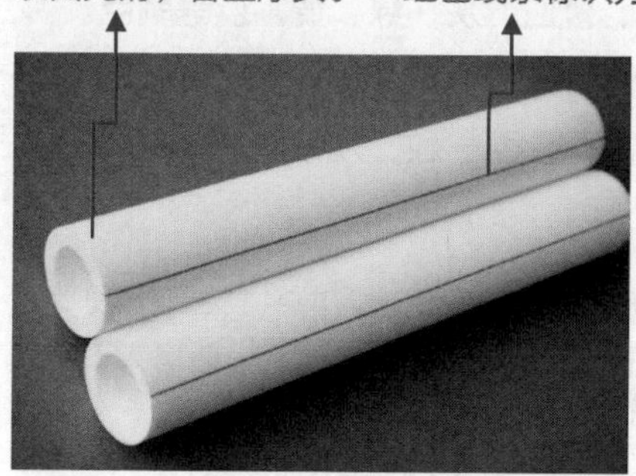

表面光滑，管壁厚实。
红色线条标识为热水管。

↑PP-R管

为了防止热水器中的热水回流，装修中一般全部采用PP-R热水管，安全性能较高，而PP-R冷水管一般只用于阳台、庭院的洗涤以及灌溉的给水管。

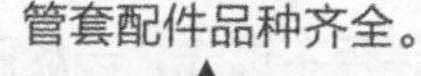

管套配件品种齐全。

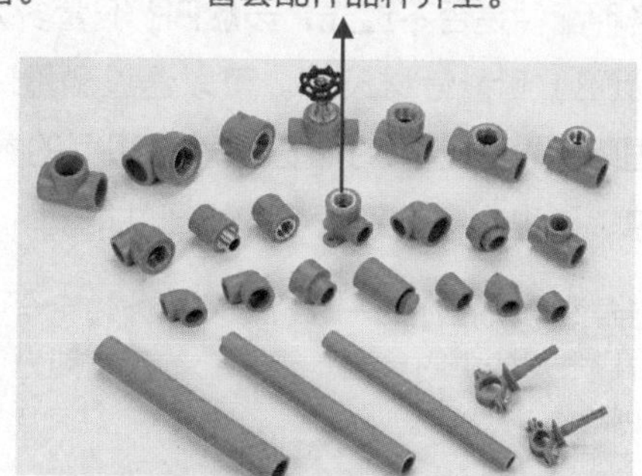

↑PP-R管与配套管件

PP-R管的配件要能与PP-R管相匹配，螺口大小要与PP-R管的管径一致，配套管件也要选择高品质的。

1. PP-R 管规格与价格

大部分企业生产的PP-R管材有S5、S4、S3.2、S2.5以及S2等级别，如果经

济条件允许，可以选用S3.2级与S2.5级的产品。其中S5级管材能够承载1.25MPa（12.5kg）的水压，因为常规水压为0.3～0.5MPa。以 25mm的S5型PP-R管为例，外部 25mm，管壁厚2.5mm，长度为3m或4m，也可以自由定制，价格为6～8元/m。此外，PP-R管还有各种规格接头配件，价格相对较高，是一套复杂的产品体系。

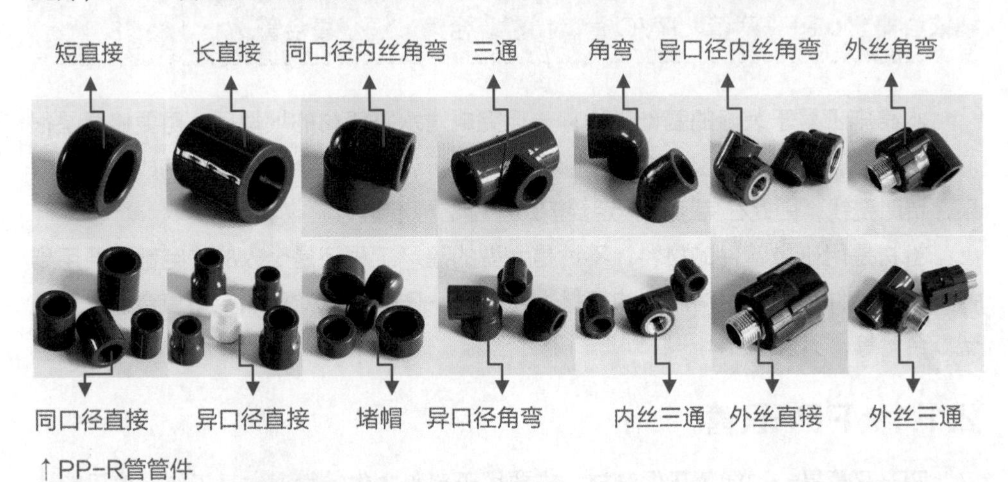

↑PP-R管管件

2. PP-R 管鉴别方法

（1）查看PP-R管的外观。观察管材、管件的外观，查看管材与配件的颜色是否基本一致，内外表面是否光滑、平整、无凹凸、无气泡，是否含有可见的杂质。管材与各种配件是否不透光，一般PP-R管多为苯白、瓷白、灰、绿、黄、蓝等颜色。

（2）测量管材尺寸。可以通过测量PP-R管材的外径与壁厚，来确定其是否符合国际标准，可以对照管材表面印刷的参数，看看是否一致，观察管材的壁厚是否均匀，这也会影响到管材的抗压性能。

使用游标卡尺钳住PP-R管，使其外管完全与游标卡尺的卡钳贴合，卡尺上的尺寸即为PP-R管管径大小。

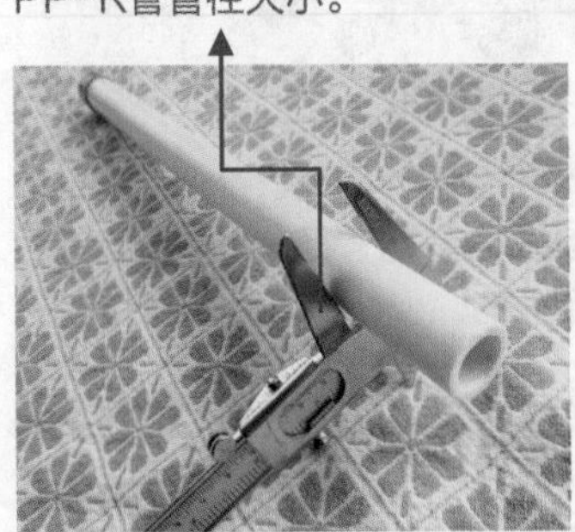

↑测量管径

将游标卡尺的卡钳深入PP-R管中，夹紧至无缝隙，并得出相应尺寸，一般需人工读取尺寸，精确度较高。

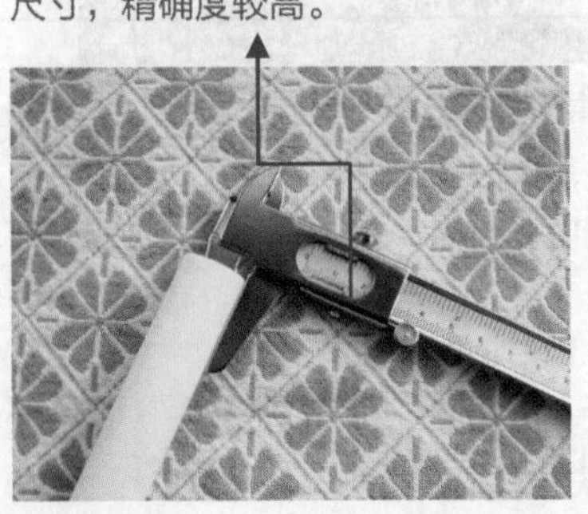

↑测量管壁

（3）观察PP-R管的外部包装。优质品牌的PP-R管材的两端应该有塑料盖封闭，可以有效防止灰尘、污垢污染管壁内侧，且每根管材的外部均具有塑料膜包装，优质的PP-R管材也不会有任何气味。

（4）观察配套接头配件。仔细观察PP-R管配套的接头配件，尤其是带有金属内螺的接头，优质PP-R管的内螺应该是不锈钢或铜材。

（5）取样品试验。如果对管材的质量有所怀疑，可以先购买1根让施工员安装，或用打火机燃烧管壁，检查PP-R管材质量是否达标。

用手触摸PP-R管的金属配件，金属与外围管壁的接触应当紧密、均匀，不会存在任何细微的裂缝或歪斜。

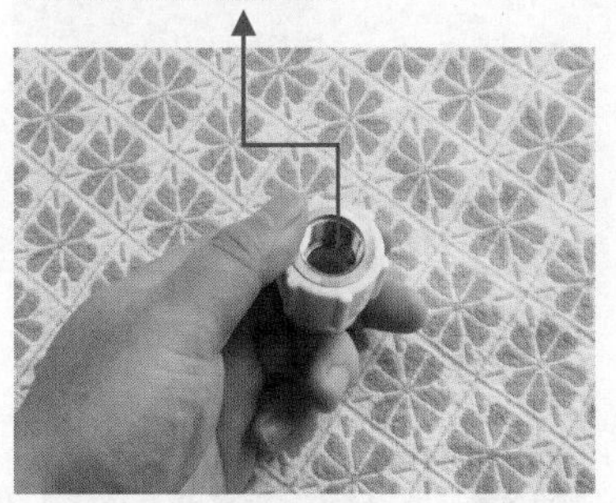

↑触摸接缝

用打火机沿着PP-R管的外管壁进行加热，观察管壁是否有掉渣现象或产生刺激性的气味，如果没有则说明PP-R管质量不错。

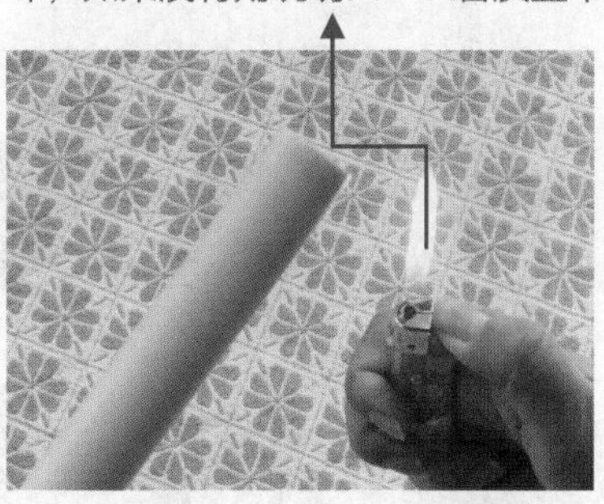

↑火烧

2.1.2 PVC管

PVC管全称为聚氯乙烯管，抗腐蚀能力很强，且易于黏结、质地坚硬、价格低，适用于输送温度小于45℃的排水管道，是当今最流行且也被广泛应用的一种合成管道材料。PVC管主要用于生活用水的排放管道，安装在厨房、卫生间、阳台、庭院的地面下，由地面向上垂直预留100～300mm，待后期安装洁具完毕再根据需要裁切。

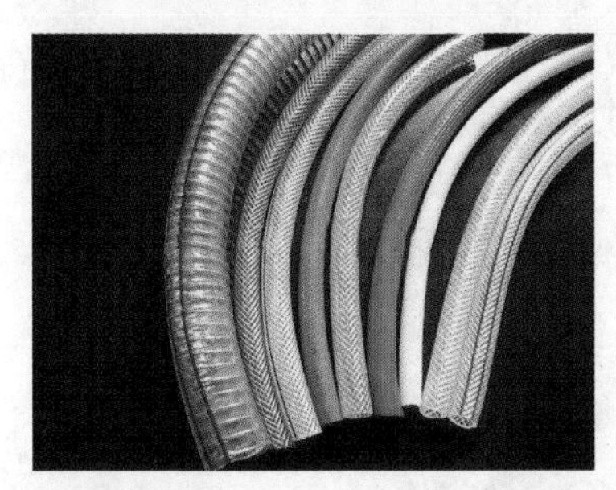

↑软PVC管

软PVC管具备良好的电绝缘性能、柔软性能和良好的着色性能。

↑硬PVC管

硬PVC管抗老化性能好，内壁光滑阻力小，不结垢，无毒、无污染。

1. PVC 管的规格与用途

（1）ϕ40～ϕ90的PVC管主要用于连接洗面台、浴缸、淋浴房、拖布池、洗衣机、厨房水槽等排水设备。

（2）ϕ110～ϕ130的PVC管主要用于连接坐便器、蹲便器等排水设备。

（3）ϕ160mm以上的PVC管主要用于厨房、卫生间的横、纵向主排水管的连接。

2. PVC 管的价格

以ϕ75的PVC管为例，外部ϕ75，管壁厚2.3mm，长度一般为4m，价格为8～10元/m。此外，PVC管还有各种规格、样式的接头配件，价格相对较高，产品体系比较复杂。

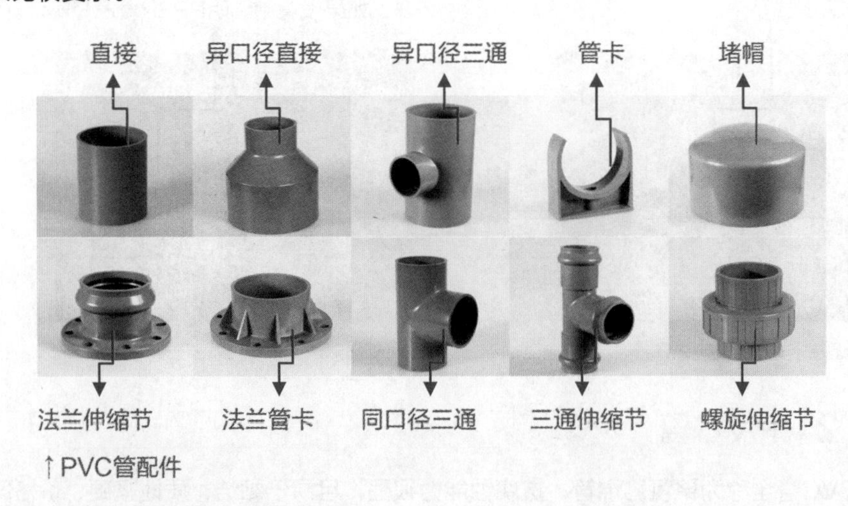

↑PVC管配件

3. PVC 管鉴别方法

（1）查看表面颜色。优质PVC管一般为白色，管材的白度高但并不刺眼，这一点要注意观察，市场上出现的浅绿色、浅蓝色等有色产品多为回收材料制作，强度与韧性均不如白色PVC管好。

（2）测量管径与管壁。仔细测量管径与管壁尺寸，看看是否与标准数据一致。

测量管径时要注意卡扣的松紧度，不要太紧导致PVC管变形，测量出错误的数据。

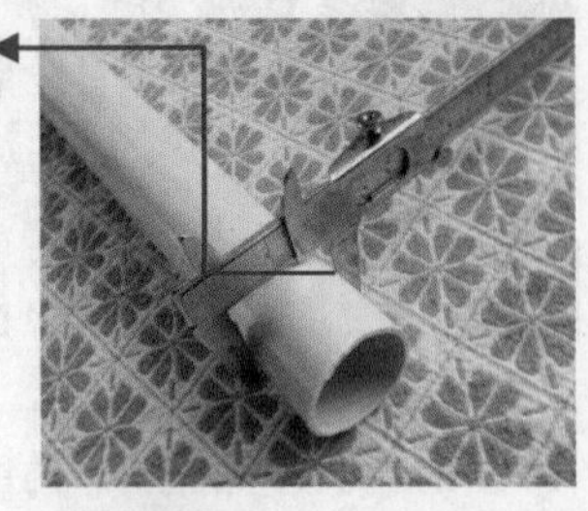

↑测量管径

↑测量管壁

测量管壁之前要确认清楚该PVC管的规格，再将测量出的管壁尺寸与之进行对比。

（3）挤压管材。可以采用适当的力度来挤压管材，优质的产品不会发生任何变形。

可以用脚轻轻踩压PVC管材，以不开裂、破碎的为优质的PVC管材。

↑脚踩

↑美工刀削切

优质PVC管的截面质地很均匀，削切过程中不会产生任何不均匀阻力。

（4）暴晒。根据需要购买一段管材，放在高温日光下暴晒3～5天，如果表面没有任何变形、变色，则说明质量较好。

（5）检查配件接头部位。PVC管材配套的配件，接头部位应当紧密、均匀，不会有任何细微的裂缝、歪斜等现象，管材与接头配件也均用塑料袋密封包装。

2.1.3　铝塑复合管

铝塑复合管又被称为铝塑管，是一种中间层为铝管，内外层为聚乙烯或交联聚乙烯，层间采用热熔胶黏合而成的多层管，具有耐腐蚀与耐高压的双重优点。

红色线条标识热水管。

截面可清晰看到铝合金层。

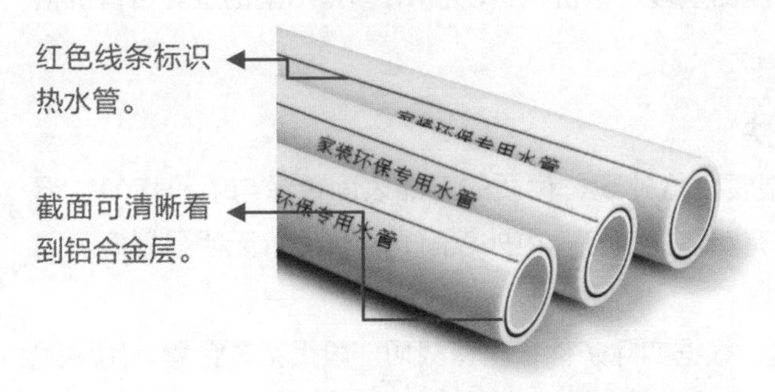

↑铝塑复合给水管

铝塑复合给水管环保性能比较好，可用于日常生活中的排水工程，同时管壁比较厚，不会轻易断裂。

↑铝塑复合燃气管

铝塑复合燃气管具备良好的防燃性能，安全系数相对比较高，管材也没有任何异味和毒素。

1. 铝塑复合管种类

（1）标有白色L标识的铝塑复合管适用于生活用水、冷凝水、氧气、压缩空气等。

（2）用于燃气的铝塑复合管有黄色Q的标识，主要用于输送天然气、液化气、煤气管道系统，管材较长，可以减少接头，避免渗漏，安全可靠。

电线穿管加工成弧形越过水管。

接头务必紧密，安装在空间顶面为佳。

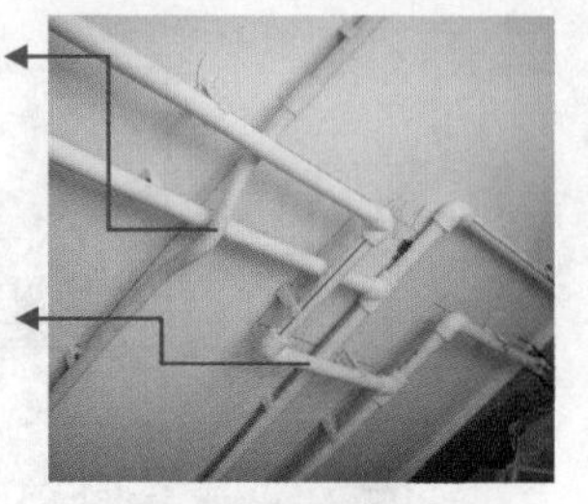

↑铝塑复合给水管安装

安装时要检查各配件接头是否牢固，确保管道内部的洁净度。

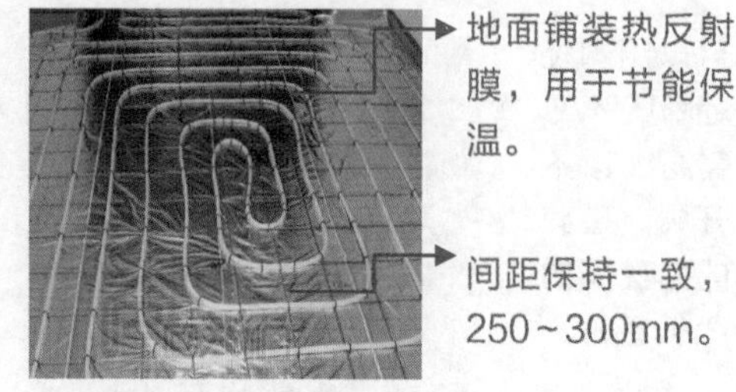

地面铺装热反射膜，用于节能保温。
间距保持一致，250～300mm。

↑铝塑复合地暖管安装

安装时要确保平层已经干透，安装后要记得排除多余的气体。

（3）耐高温的铝塑复合管有红色R的标识，主要用于长期工作水温95℃的热水及采暖管道系统。

2. 铝塑复合管规格与价格

铝塑复合管的常用规格有1216型与1418型两种，其中1216型管材的内径为12mm，外径为16mm，1418型管材的内径为14mm，外径为18mm，长度为50m、100m、200m；1216型铝塑复合管价格为3元/m，1418型铝塑复合管价格为4元/m。

3. 铝塑复合管鉴别方法

（1）查看外表。观察铝塑复合管外观，优质的产品表面色泽与喷码均匀，无色差，中间铝层接口严密，没有粗糙的痕迹，内外表面光洁平滑，无明显划痕、凹陷、气泡、汇流线等痕迹。

（2）裁切查看是否有毛边。根据实际条件，垂直裁切一段铝塑复合管，用手指伸进管内，优质管材的管口应当光滑，没有任何纹理或凸凹，裁切管口没有毛边。

（3）敲击铝塑复合管。用铁锤等较为坚硬的器物敲击管材，管材表面出现弯曲甚至破裂，为劣质产品，如果撞击面变形后不能恢复，则为一般质地，变形之后可以马上恢复至原形，为优质产品。

（4）观察配套接头配件。铝塑复合管各种规格的接头与管壁的接触应当紧密、均匀，不能有任何细微的裂缝、歪斜等现象。

（5）试压，检查卡扣是否牢固。铝塑复合管的连接形式为卡套式或卡压式，因此在施工中要通过严格试压，检查连接是否牢固，防止经常振动使卡套松脱。

↑铝塑复合管管件

和PVC管材一样，铝塑复合管的接头配件都应使用塑料袋密封包，金属接头处也应为不锈钢或铜质产品。

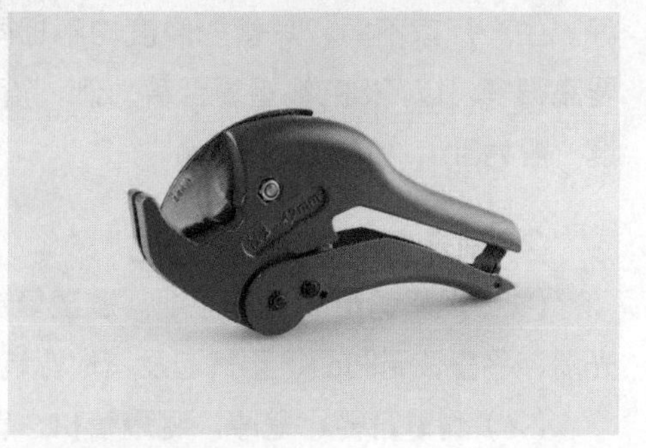

↑铝塑复合管剪钳

安装铝塑复合管应该采用专用剪钳施工，不能采用锯切方式加工，铝塑复合管专用剪钳力度也比较好控制。

2.1.4 铜塑复合管

铜塑复合管又被称为铜塑管，是一种将铜水管与PP-R管采用热熔挤制、胶合而成的给水管。铜塑复合管的内层为无缝纯紫铜管，由于水是完全接触于紫铜管的，性能等同于铜水管。

优质铜塑复合管的内衬为纯紫铜管，很少会出现铜锈，时间长了只会在表面形成一层氧化膜，合金铜才会出现铜锈，因此，纯紫铜管材具有很高的安全性。

管道内为铜质。

管道外为PP-R材质。

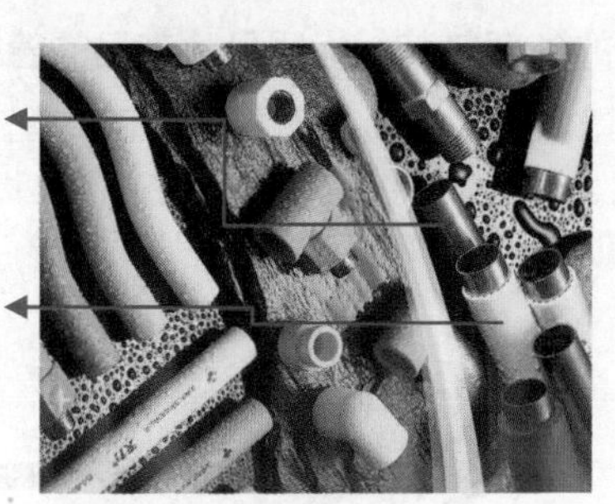

↑铜塑复合管与配套管材

铜塑复合管具备一定的抑菌能力，同时导热性能也十分优异，但价格较高。

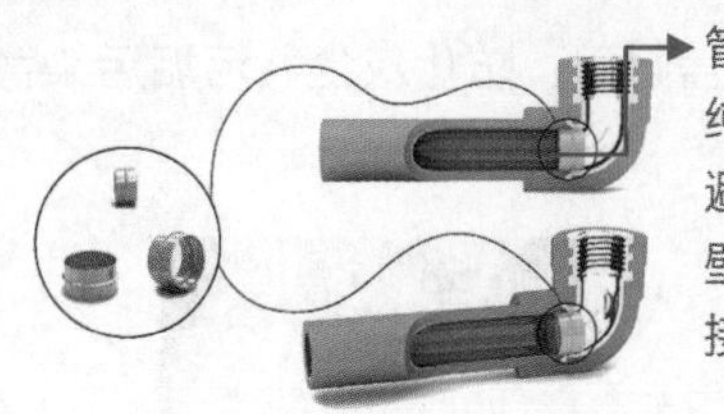

管道内壁有纯铜接头，避免水与管壁其他材质接触。

↑铜塑复合管构造

铜塑复合管配套的是铜塑管接头，接头一般会采用紫铜或黄铜作为内嵌件，外部加注塑PP-R材料，可以进行简便的热熔连接。

1. 铜塑复合管的规格与价格

铜塑复合管适用于各种冷、热水给水管，由于价格较高，还没有全面取代传统的PP-R管。铜塑复合管的外径一般为ϕ20即4分管，ϕ25即6分管以及ϕ32即1寸管等。生产厂家不同，其管壁厚度均不相同，但是铜塑复合管的抗压性能比PP-R管要高很多。以ϕ25的铜塑复合管为例，管壁厚4.2mm，其中铜管内壁厚1.1mm，长度一般为3m，价格为30元/m。

2. 铜塑复合管鉴别方法

（1）观察铜塑复合管外观。铜塑复合管与配件的颜色基本一致，内外表面应该光滑、平整，无凹凸、无气泡及其他影响性能的表面缺陷。

（2）测量管径、壁厚。测量管材、管件的外径与壁厚，并对照管材表面印刷的参数，看是否一致，尤其要注意管材的壁厚是否均匀，这直接影响管材的抗压性能。

金属质地细腻光洁。

外层浑厚有力，光亮不刺眼，管径和管壁尺寸都要符合标准。

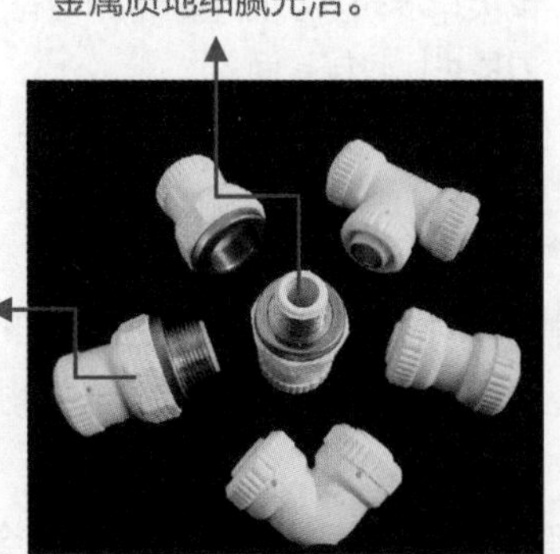

↑铜塑复合管管件

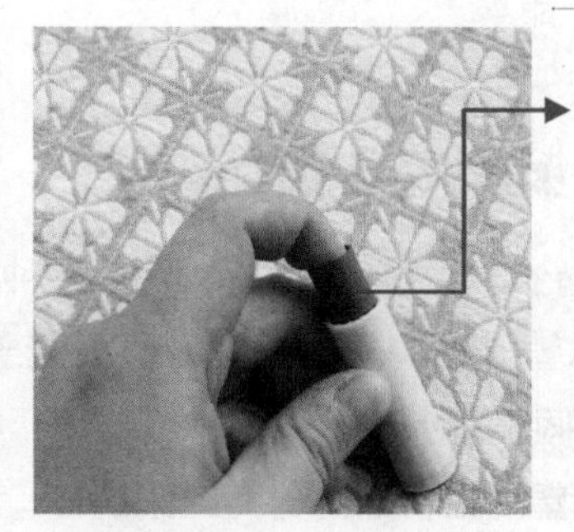

用手指伸进管内，优质管材的管口应当光滑，没有任何纹路，裁切管口无毛边。

↑触摸内壁

（3）观察外部包装。观察铜塑复合管的外部包装，优质品牌产品的管材两端应该有塑料盖封闭，防止灰尘、污垢污染管壁内侧，且每根管材的外部均配有塑料膜包装。

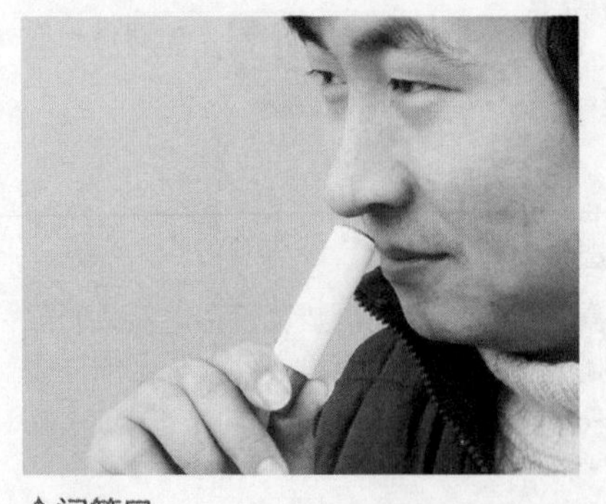

↑闻管口

可以裁切一小段铜塑复合管，用鼻子对着管口闻一下，优质的铜塑复合管不会有任何气味。

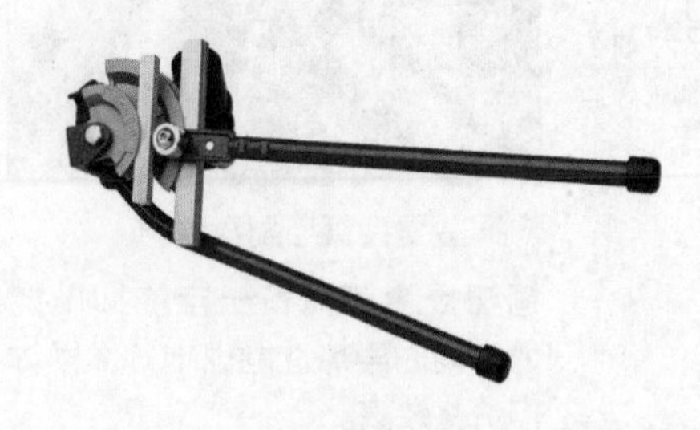

↑弯管器

铜塑复合管施工应采用弯管器，弯管器适用于铝塑管、铜管等管道使用，能使管道弯曲工整、圆滑、快捷且不会变形、裂变。

2.1.5 不锈钢管

不锈钢管是高档的给水管，在住宅装修中，可直接用于饮用水输送，不锈钢管不易被细菌污染，无须担心水质受其影响，更能杜绝自来水的二次污染，它的保温性也是铜管的20倍。

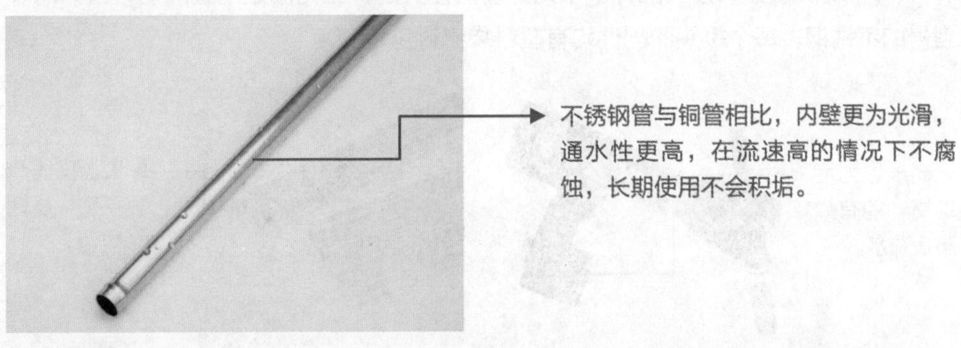

不锈钢管与铜管相比，内壁更为光滑，通水性更高，在流速高的情况下不腐蚀，长期使用不会积垢。

↑不锈钢管

1. 不锈钢管规格与价格

目前在各种材质水管的性能价格比中，最优是不锈钢水管，可以用于各种冷水、热水、饮用净水、空气、燃气等管道系统，壁厚1mm的不锈钢管抗压性能可以达到3MPa，价格为30～40元/m。

↑不同规格的不锈钢管

常用的不锈钢管的规格有ϕ16、ϕ20、ϕ24、ϕ25、ϕ28、ϕ32、ϕ36等。

↑不锈钢管管件

管件依据不锈钢管内径尺寸不同，其尺寸选择也会有所不同，在安装时一定要注意辨别。

2. 不锈钢管鉴别

（1）观察管材管件外观。所有管材、配件的颜色应该基本一致，内外表面应光滑、平整，无凹凸、无气泡及其他影响性能的表面缺陷，不应该含有可见杂质。

（2）测量管材、管件的外径与壁厚。测量结束后要对照管材表面印刷的参数，看看是否一致，尤其要注意管材的壁厚是否均匀，这直接影响管材的抗压性能。

（3）观察不锈钢管的外部包装。优质品牌产品的管材两端应该有塑料盖封闭，防止灰尘、污垢污染管壁内侧，且每根管材的外部均具有塑料膜包装。

（4）观察配套的接头配件。不锈钢管的接头配件应为固定配套产品，且为同等型号的不锈钢，每个接头的配件均有塑料袋密封包装。

电动卡钳力度均衡，能有效防止漏水。

↑不锈钢管卡钳

不锈钢管的安装方式一般多采取压接工艺，施工时应该使用特殊的卡钳，安装简单，且抗漏水性能不错。

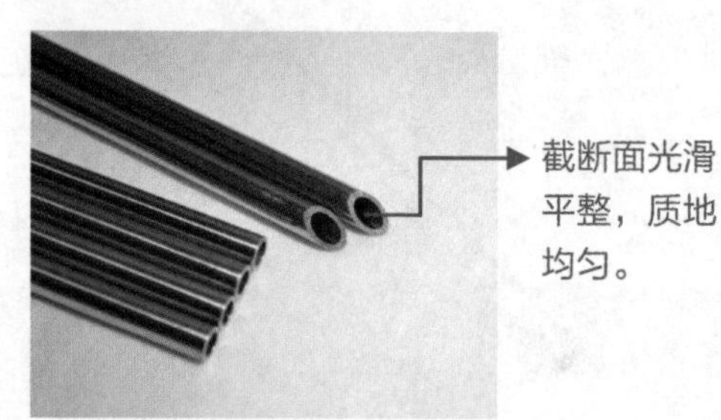

截断面光滑平整，质地均匀。

↑不锈钢管截面

可以将手指伸进管内，优质管材的管口应当光滑，没有任何纹理或凸凹，裁切管口也没有毛边。

表2-1　水路管件一览

品种	性能特点	用途	价格
PP-R供水管	质地均衡，缩胀性好，抗压能力较强，无毒害，施工方便，结构简单，价格低廉	室内外供水管道连接	ϕ25，S5型 6～8元/m
PVC排水管	质地较硬，耐候性好，不变形，不老化，管壁光滑，施工方便，结构简单，价格低廉	室内外排水管道连接	ϕ75，管壁厚2.3mm 8～10元/m
铝塑复合管	能随意弯曲，可塑性强，抗压性较好，散热性较好，价格低廉	室内外供水管道，供暖管道连接	1216型3元/m 1418型4元/m

续表

品种	性能特点	用途	价格
铜塑复合管	无污染，健康环保，节能保温，安装复杂，连接紧密，价格昂贵	室内外供水管道，直饮水管道连接	ϕ25，管壁厚4.2mm内壁厚1.1mm，30元/m
不锈钢管	质地坚固，内壁光滑，抗压性能强，安装复杂，连接紧密，价格昂贵	室内外供水管道，直饮水管道连接	ϕ25，壁厚1mm，30～40元/m

2.2 水路辅料配件：质量硬，尺寸刚刚合

识别难度： ★★★☆☆

核心概念： 镀锌管、不锈钢管、编织软管、不锈钢波纹管、生料带、三角阀

在装修中，会有很多种类繁多的轻工辅料，配件辅料的质量也关乎整个装修品质的优劣，不可忽视。一般情况下水路辅料预算的多少是由设计、材料、工艺、面积等决定，作为业主只有多了解各种配件价格，才能够做到对预算胸有成竹，见表2-2。

2.2.1 编织软管

编织软管是采用橡胶管芯，在外围包裹不锈钢丝或其他合金丝制成的给水管，编织软管要求采用304型不锈钢丝，配件为全铜产品，使用年限一般在5年以上，在装修中，编织软管一般用于连接固定给水管的末端与用水设备之间。

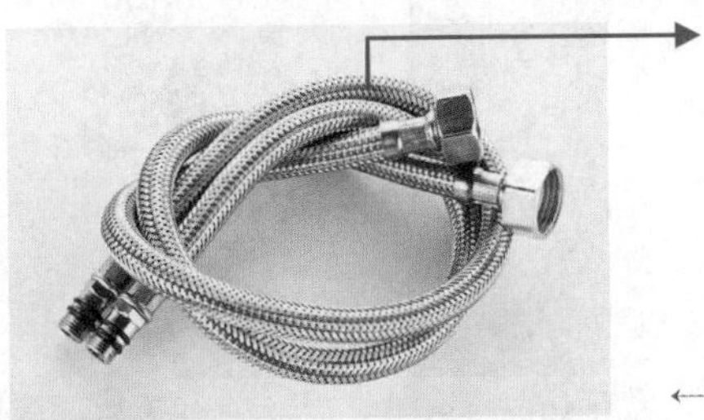

编织软管按照功能可分为单头管、编织管和淋浴管，单头管主要用于龙头、洗菜盆等厨卫五金。

←编织软管

（1）编织软管规格。编织软管的规格一般以长度判断，主要有400～1200mm，间隔100mm为一种规格，其外径为ϕ18左右，具体测量数据根据产品质量存在一定偏差，长600mm编织软管价格为10～15元/支。

（2）编织软管鉴别

1）观察管身表面的编织效果。优质产品具有不跳丝、不断丝、不叠丝的特征，且表面编织样式交织的密度越高越好。

2）观察编织软管其他配件材料的质量。要仔细观察编织软管相应的配件表面处理是否达到标准，是否无瑕疵。

3）观察管身编织材质是否为不锈钢。不锈钢牌号越高则说明抗腐蚀能力越强，区分不锈钢的具体型号，需要使用不锈钢检测试剂进行检测。

区分编织密度的高低，只需要观察编织层股与股之间的空隙孔径，孔径越小则密度越高，反之则越低。

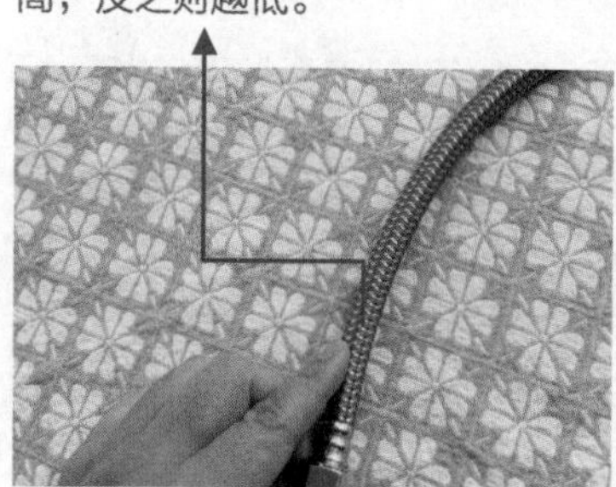

↑触摸表面

观察编织软管的管口，检查螺母、内芯是否为纯铜配件，铜螺母的工艺是否经过抛光镀铬，表面是否有毛刺，其冲压效果是否粗糙等。

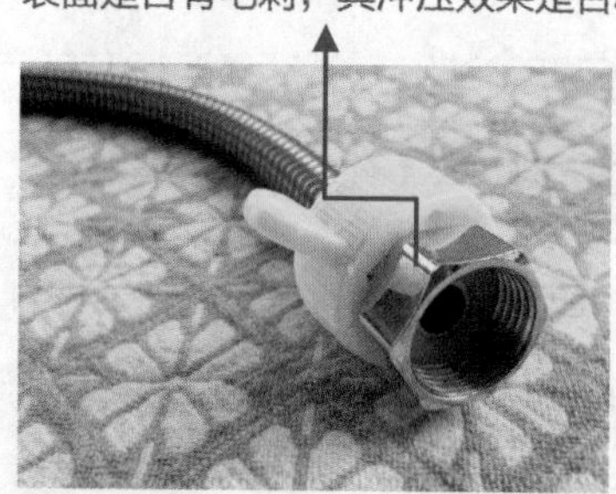

↑观察管口

4）嗅闻。可以通过气味来判断编织软管的含胶量，以此来确定其内管质量的优劣，含胶量越高的内管质量越好，拉力、爆破等性能也更强。

5）观察弯曲性能。优质产品的弯曲有一定的阻力，但不会影响施工，且弯曲后能迅速还原，管材自身也不会产生任何变形、收缩、断裂等现象。

用鼻子闻编织软管的两端是否有刺鼻的气体，内管含胶量越高刺鼻性越小，反之则越大。

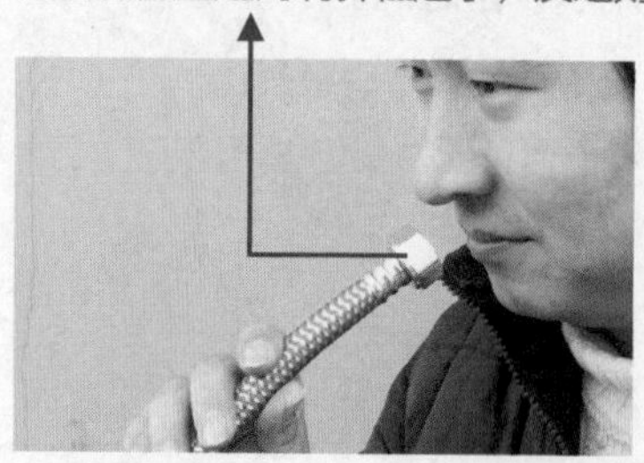

↑闻管口

用手将编织软管弯曲，观察其是否能在一定时间内迅速还原，且对后期使用不会产生任何影响。

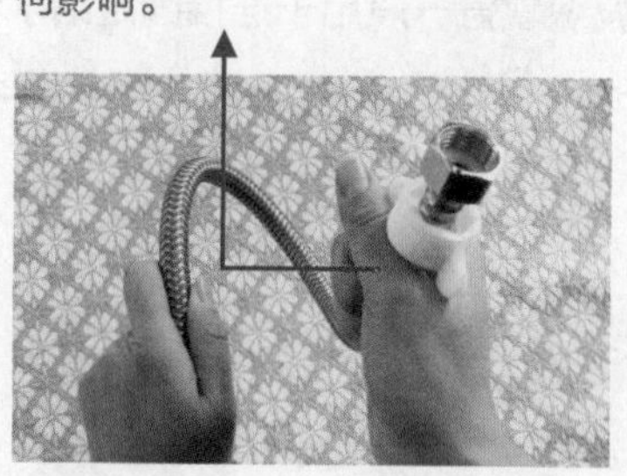

↑扭曲管身

2.2.2 不锈钢波纹管

不锈钢波纹管又被称为不锈钢软管，是一种柔性耐压管材。将304型或301型不锈钢冲压成凸凹不平的波纹形态，可以利用其自身的转折角进行弯曲，安装在给水管末端接头与用水设备之间，能弥补固定给水管长度的不足或位置不符等问题。

不同口径所用场所不同，最常用的为内径ϕ16的产品。

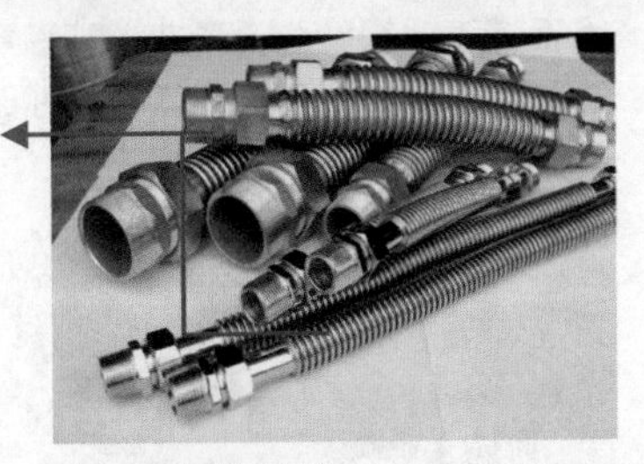

↑不锈钢波纹管

不锈钢波纹管柔性好，质量轻，耐腐蚀，抗疲劳，能够有效地减震和消声，同时也耐高低温。

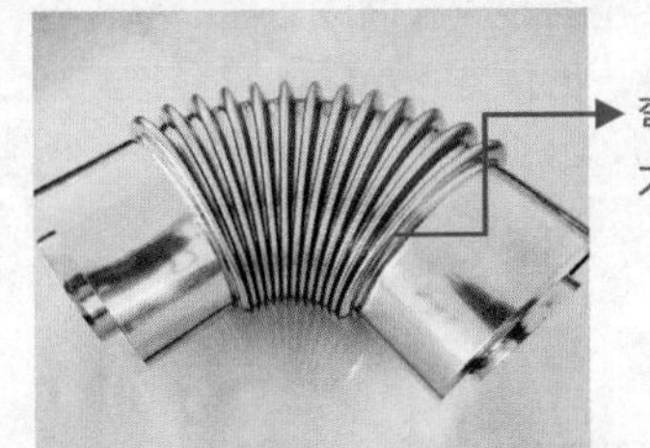

弯折角度一般不大于90°。

↑不锈钢波纹管管件

不锈钢波纹管件上的凸凹节距比较灵活，有较好的伸缩性，无阻塞与僵硬现象，管材弯曲后其形体不会自动还原，是传统编织软管的全新替代品。

（1）不锈钢波纹管规格。不锈钢波纹管的规格主要有200～1000mm多种，间隔100mm为一种规格，其外径为 18mm左右，具体测量数据根据产品质量存在一定的偏差。常用长500mm的不锈钢波纹管价格为15～30元/根。

（2）不锈钢波纹管鉴别。

1）观察管身表面的波纹形态。优质产品具有波纹均匀、整齐、光亮等效果，波纹节距的间距相等。

2）观察不锈钢波纹管其他配件。可以用手掂量材料的质量，也可以肉眼观察螺母、内芯的材质和工艺是否已经达到了标准。

用手触摸不锈钢波纹管的管口以及管身部位，感受其波纹是否顺畅无偏差，管口内侧纹路是否均匀等。

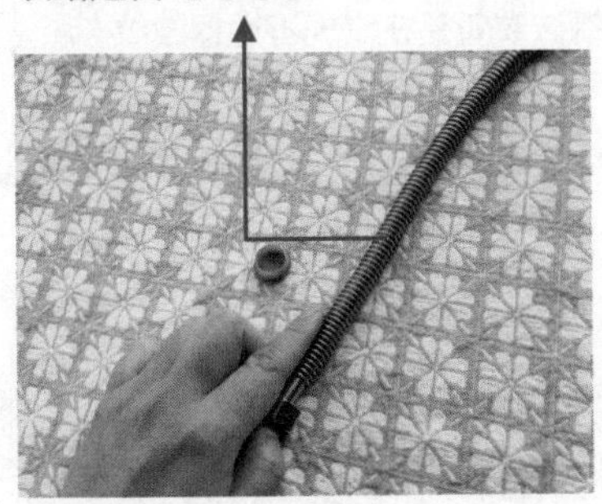

↑触摸表面

打开不锈钢软管的螺盖，观察螺母是否经过抛光处理，表面是否光滑，触感是否粗糙等。

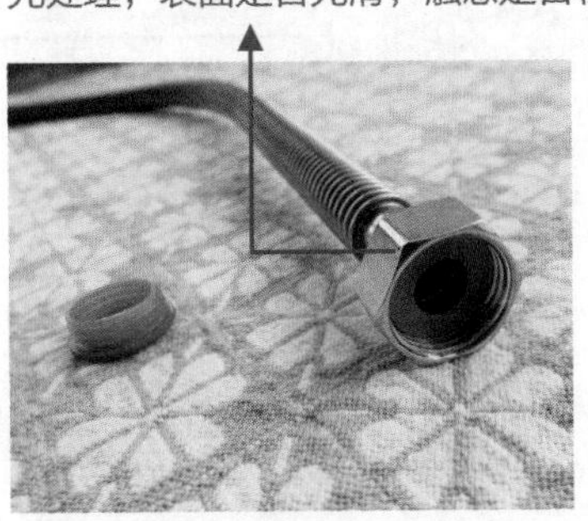

↑观察管口

3）闻。和编织软管一样，不锈钢软管也可以通过确定内管内的胶含量来判断材料质量的优劣，含胶量越高的管材，质量就越好，密封性能也较强。

4）观察其弯曲性能。优质的不锈钢软管弯曲具有一定的阻力，但是不影响施工，且弯曲后能定型且不会还原，波纹节距过渡自然。

用鼻子嗅闻不锈钢波纹管的进水口处是否会有刺鼻性气体，垫片与垫圈的含胶量越高刺鼻性就越小，反之则越大。

↑闻管口

用手将不锈钢波纹管弯曲，感受弯曲时产品给予手的阻力，不锈钢软管弯曲时管材自身不会产生任何变形、收缩、断裂等现象。

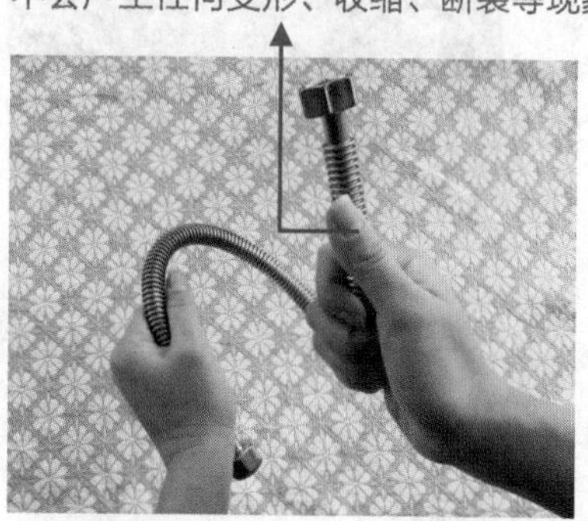

↑扭曲管身

5）观察波纹管的编制材质是否为不锈钢。不锈钢牌号越高则说明抗腐蚀能力越强，一般会选择304型的不锈钢，这一种产品也属于中高档产品。

★小贴士★

不锈钢型材的应用

在我国生产不锈钢给水管的企业不多，大部分厂家都是生产不锈钢装饰管，这些不锈钢型材一般为204型，主要用于门窗防盗网、栏板等构造加工，是不能用于给水管的，否则容易生锈且对人体有害。在比较潮湿或恶劣环境下使用不锈钢波纹管时，还可以选用包塑不锈钢波纹管，这能使不锈钢波纹管具有更高的抗拉力、抗破坏、耐压耐冲击及耐腐蚀性强等特点，并且具有更好的电磁屏蔽功能。

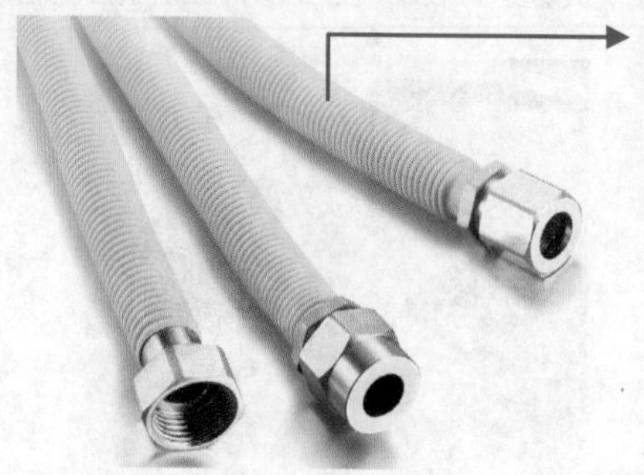

包塑不锈钢波纹管是在常规不锈钢波纹管表面包裹一层阻燃聚氯乙烯材料，颜色通常为白色、灰色、黑色、黄色等，具备防水、防油、防腐蚀以及良好的密封性能，产品美观。

←包塑不锈钢波纹管

表2-2 水路管件一览

品种	性能特点	用途	价格
编织软管	质地较软，可任意弯曲，抗压性能较强，结构简单，容易老化，价格适中	供水管道终端连接用水设备	长600mm 10~15元/支
不锈钢波纹管	质地较硬，可任意弯曲，抗压性能强，结构简单，耐候性好，价格较高	供水、供气管道终端连接用水、用气设备	长500mm 15~25元/支

2.2.3 生料带

生料带是水管安装中常用的一种辅助用品，用于管件连接处，增强管道连接处的密闭性，是一种新颖理想的密封材料，同时也是一种无毒、无味，具备优良密封性、绝缘性以及耐腐性的材料。

固态生料带在管道上的缠绕标准数量为25圈左右。

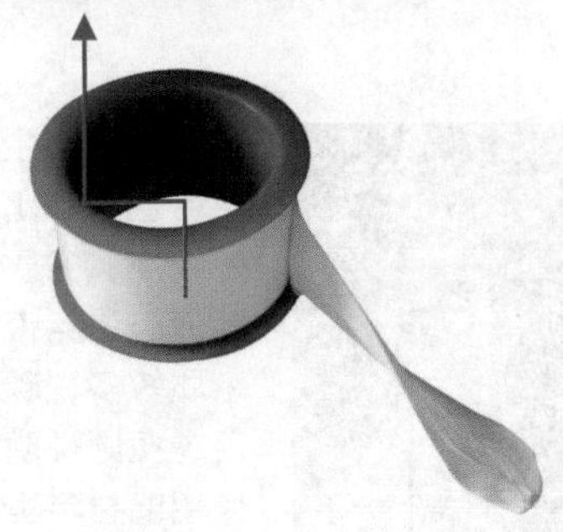

↑生料带

生料带具有极强的化学稳定性，广泛应用于机械、化工、电力等工业领域。

液态生料带在管道上的涂抹尽量均匀。

↑液态生料带

液态生料带使用时应避免直接与身体接触，主要用于管道连接处。

1. 条状生料带的鉴别

（1）眼观。拉出生料带用眼观察，优质的生料带，其质地一定是非常均匀的，颜色纯净，表面平整无纹理，无杂质参合。

（2）手触。手指指腹触摸生料带表面，感觉平整光滑，具有很强的丝滑感，且没有粘黏性的为优质生料带。

（3）手拉。将生料带轻轻纵向拉伸，带面不易变形断裂的；横向拉伸边宽，可以承受住至少本身3倍以上的拉伸宽度的为优质生料带，一般只有用力去扯它才会断裂。

2. 液态生料带的选购

（1）查看包装。购买液态生料带时要注意看包装上是否有生产厂家、厂址、电话、生产日期等一些有利于证明该产品的信息，往往不合格的不会具备这些产品信息，购买时要特别注意。

（2）查看包装瓶。观察包装瓶的颜色，红色包装瓶颜色发暗，透光性不好或有不均匀的深色杂质均属于用劣质的回收材料生产的，这类属于劣质生料带。

（3）闻。可以打开液态生料带，具体一定距离闻液态生料带的气味，由于液态生料带是属于化学品的，闻起来会有化学性气味，气味越大的说明里面含有的杂质就越多，质量越差。

（4）看液态生料带的流动速度。将白色瓶盖拧开，尖嘴朝下倒置包装瓶，使液态生料带流至透明尖嘴处，观察液态生料带在透明尖嘴处的流动速度，以缓缓流下为宜。

（5）查看液态生料带的颜色。将白色瓶盖拧开，尖嘴朝下倒置包装瓶，使生料带流至透明尖嘴处，优质的液态生料带是淡黄色无杂质且透光性好。

表面颜色不正的红色包装瓶价格会比较低廉，但透气性很差，且长期的存放会影响液态生料带的稳定性。

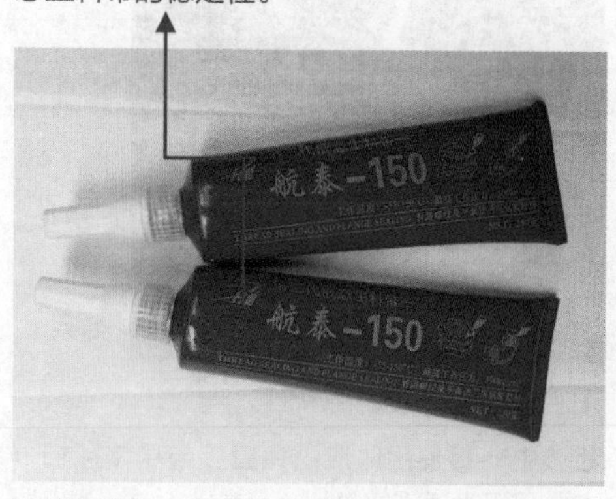

↑外包装

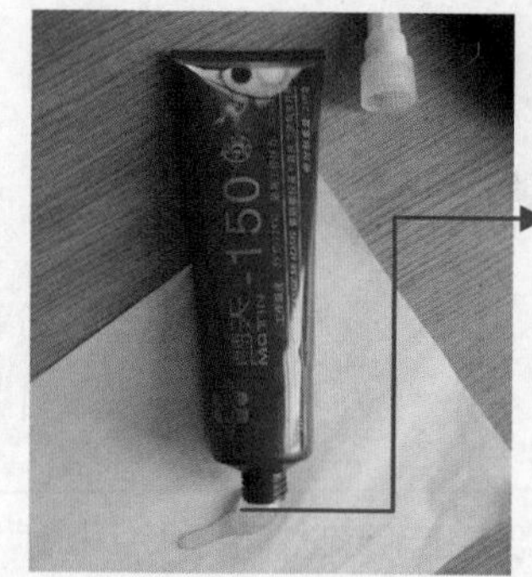

优质的液态生料带色泽都比较纯净，劣质的液态生料带杂质较多，颜色越黄则说明使用的材料里杂质越多。

↑液态生料带

2.2.4 三角阀

在现代装修中，三角阀是必不可少的水路配件材料，它一般安装在固定给水管的末端，起到转接给水软管或用水设备的功能。三角阀的价格一般为20～30元/件，少数高档品牌的产品价格高达100元/件以上。

1. 三角阀的作用

当小区或自来水公司提供的水压过小或过大时，可以在三角阀上进行适度的调节；如果水龙头、给水软管、用水设备等发生损坏漏水时，也可以将三角阀关闭后检修，不必触动入户总水阀，也不会影响其他管道的用水。

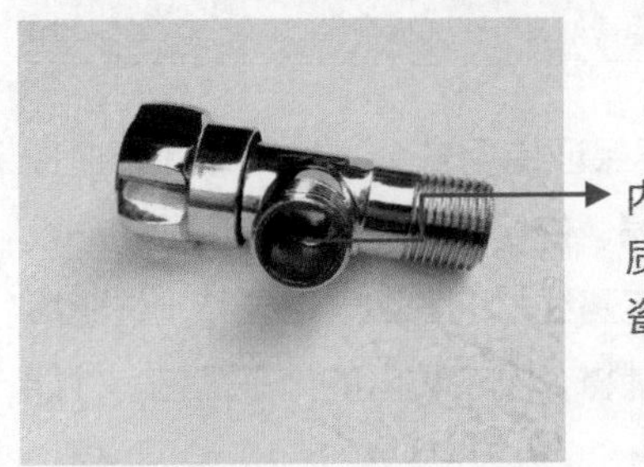

内部纯铜质地，陶瓷阀芯。

↑三角阀

三角阀又被称为角阀、折角水阀，通常用于连接水温小于90℃的冷热水管，质量较好的产品可以使用5年以上。

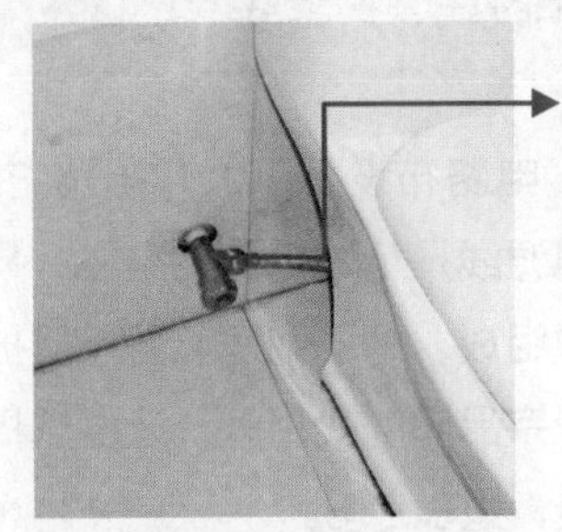

安装在坐便器给水管上，能随时断水给坐便器进行维修。

↑坐便器三角阀的安装

三角阀一般安装在洗面盆、水槽、蹲便器、坐便器、浴缸以及热水器等用水设备的给水处。

2. 三角阀的选购

（1）看材质。建议选择铜材质的三角阀，它的重量会比较大，但可以大幅延长三角阀的使用寿命，而市场上的锌合金三角阀虽然便宜，但容易断裂。

（2）看阀芯。一般三角阀都会用陶瓷阀芯，阀芯是三角阀的心脏，水管连接是否牢固，以及三角阀的使用寿命年限就全靠它，特别是里面的密封圈及陶瓷片。

（3）看电镀光泽。注意查看三角阀的光泽度，查看其表面是否起泡、划伤，优质的三角阀表面是光洁铿亮的，手触摸上去也是顺滑无瑕疵的。

（4）于阳光下观察外观。在光线充足的情况下，将三角阀放在手里伸直后观察，表面乌亮如镜，无任何氧化斑点，无烧焦痕迹的属于优质三角阀。

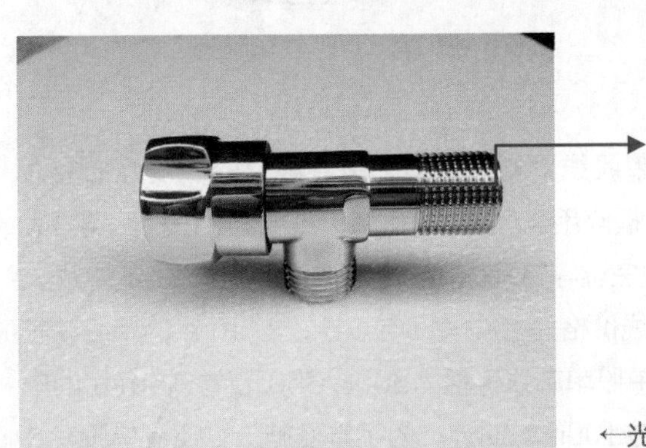

在阳光充足的环境下，近看三角阀，表面无气孔、无起泡、无漏镀、色泽均匀，用手摸无毛刺、沙粒等的属于优质三角阀。

←光亮的三角阀

2.3 电源线：质量要高于价格

识别难度： ★★☆☆☆

核心概念： 单股线、护套线

在装修中，电路布设面积大，电路施工材料要保证使用安全，如果损坏会造成严重的后果，电源线是传输电流的电线，是电能传输、使用的载体，内部主要由一根或几根金属导线组成，外面则包裹着一层护套线。电路线材的选购一定要特别注意质量，除了选用正宗品牌的线材外，还要选择优质的辅材，配合精湛的施工工艺，才能保证其使用安全，见表2-3。

2.3.1 单股线

单股线即是单根电线，又可以细分为软芯线与硬芯线，内部是铜芯，外部包裹PVC绝缘层。为了方便区分，单股线的PVC绝缘套有多种色彩，例如红、绿、黄、蓝、紫、黑、白以及绿黄双色等，在同一装修工程中，选用电线的颜色及用途应该一致。

单股线的阻燃PVC线管表面应光滑。

铜芯光洁均匀。

↑单股线

包装严实，表面会贴有合格证和相关产品参数。

↑单股线包装

1. 单股线规格

（1）不同用处的单股线规格。单股线以卷为计量，每卷线材的长度标准应为100m。普通照明用线选用1.5mm^2，插座用线选用2.5mm^2，热水器、壁挂空调等大功率电器设备的用线选用4mm^2，中央空调等超大功率电器可选用6mm^{2}以上的电线。

（2）价格。1.5mm^{2}的单股单芯线价格为100～150元/卷；2.5mm^{2}的单股单芯线价格为200～250元/卷；4mm^{2}的单股单芯线价格为300～350元/卷；6mm^{2}的单股单芯线价格为450～500元/卷，每卷100m。此外，为了方便施工，还有单股多芯线可供选择，其柔软性较好，但同等规格价格要贵10%左右。

2. 单股线鉴别

（1）查看产品说明书。查看单股线上有无质量体系认证书；合格证是否规范；有无厂名、厂址、检验章、生产日期；产品上是否印有商标、规格以及电压等。

（2）查看单股线外观。在选购时要注意，单股线表面应该光滑，不起泡，外皮有弹性，每卷长度应大于98m，优质电线剥开后铜芯有明亮的光泽，柔软适中，不易折断。

（3）感受柔韧度。取一根电线头用手反复弯曲，手感柔软、抗疲劳强度好、塑料或橡胶手感弹性大且电线绝缘体上无裂痕的属于优质品。

2.3.2 护套线

护套线是在单股线的基础上增加了1根同规格的单股线，即成为由2根单股线组合为一体的独立回路，这2根单股线即为1根火线（相线）与1根零线，部分产品还包含1根地线，外部包裹有PVC绝缘套统一保护。

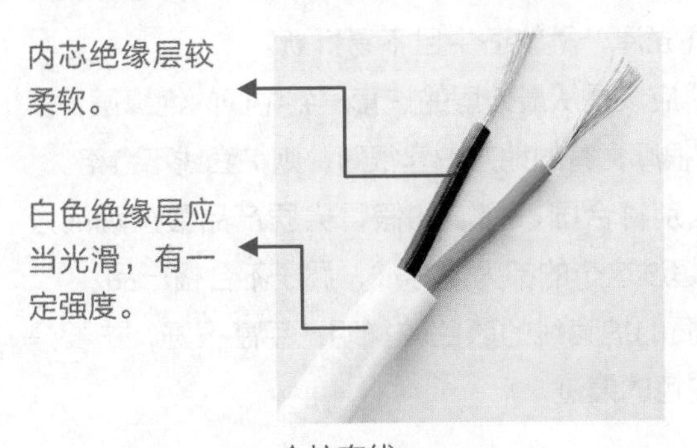

内芯绝缘层较柔软。
白色绝缘层应当光滑，有一定强度。

↑护套线

护套线的PVC绝缘套一般为白色或黑色，内部电线为红色与彩色，安装时可以直接埋设到墙内，使用也比较方便。

↑护套线包装

护套线的包装和单股线包装一样，都是成卷包装，并在其表面贴有产品参数，一般放置于干燥环境中。

1. 护套线规格与价格

护套线都以卷为计量，每卷线材的长度标准应该为100m。护套线的粗细规格一般按铜芯的截面面积进行划分，一般而言，普通照明用线选用1.5mm^2，插座用线选用2.5mm^2，热水器等大功率电器设备的用线选用4mm^2，中央空调超大功率电器可以选用6mm^{2}以上的电线。1.5mm^{2}的护套线价格为300～350元/卷，2.5mm^{2}的护套线价格为450～500元/卷，4mm^{2}的护套线价格为800～900元/卷，6mm^{2}的单股单芯线价格为1000~1200元/卷，每卷100m。

2. 护套线鉴别

（1）查看护套线包装。优质的护套线包装上印字清晰，产品的型号、规格、长度、生产厂商以及厂址等信息都十分齐全。

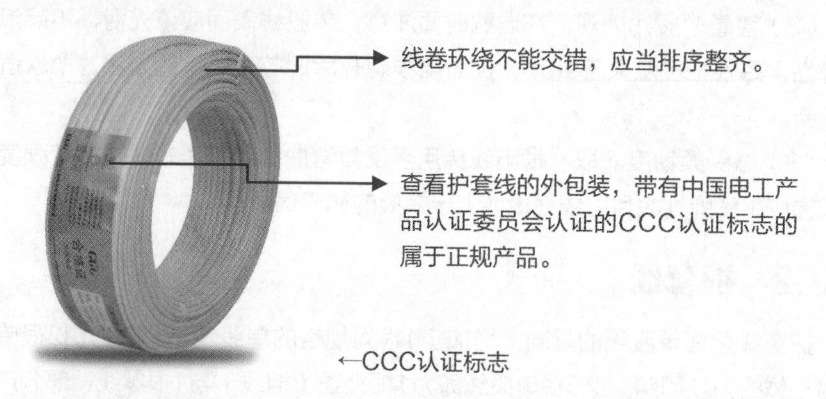

线卷环绕不能交错，应当排序整齐。
查看护套线的外包装，带有中国电工产品认证委员会认证的CCC认证标志的属于正规产品。
←CCC认证标志

（2）查看护套线外观。护套线表面应该光滑，不起泡，外皮有弹性，每卷长度应大于98m，优质电线剥开后铜芯明亮光泽，柔软适中且不易折断。

（3）看护套线截面。优质的护套线应该是从最外层的护套层到中间的绝缘层，都保持有均匀的厚度，如果有的地方护套很厚，有的地方护套很薄，则护套线不合格。

（4）测量护套线长度。长度是区别符合国家标准的假冒劣质产品最直观的方法，国标每百米误差在±0.5m之内，超过这个的都为非标准，属于不合格产品。

（5）用手掐，查看其柔韧性。优质的护套线的颜色较鲜明，手感很好，主要是软，用指甲掐一下不会留下很明显的白色的痕迹。

表2-3　电路材料一览

品种	性能特点	用途	价格
单股线	结构简单，色彩丰富，施工成本低，价格低廉	照明、动力电路连接	长100m，$2.5mm^2$ 200~250元/卷
护套线	结构简单，色彩丰富，使用方便，价格较高	照明、动力电路连接	长100m，$2.5mm^2$ 450~500元/卷

2.4 信号线：根据标准选择合适的

识别难度： ★★★☆☆

核心概念： 网络线、电视线、音响线、电话线

不同用途的信号线有不同的标准，选购时要根据不同的标准来选用适合的信号线。平时使用时也要注意保养，避免人为损坏。信号线主要用于传递传感信息与控制信息，不同用途的信号线往往有不同的行业标准，见表2-4。

2.4.1 网络线

网络线是指计算机连接局域网的数据传输线，在局域网中常见的网线主要为双绞线，双绞线采用一对互相绝缘的金属导线互相绞合，用以抵御外界电磁波干扰，每根导线在传输中辐射的电波会被另一根导线所发出的电波抵消，双绞线的名字也由此得来。

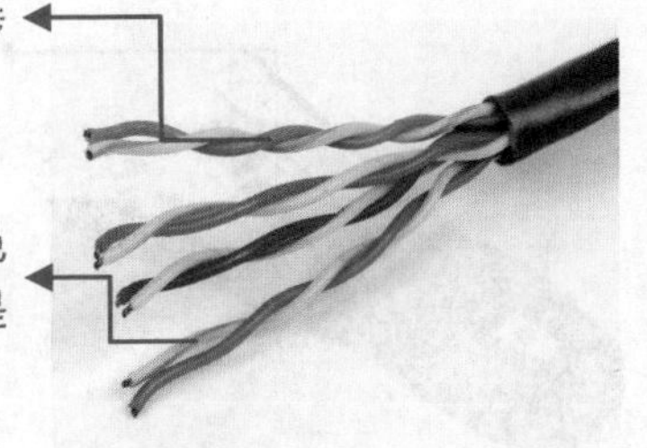

纯色线是传输的主体。
纯色与白色相间线条是备用的。

↑网络线

传输距离远，且传输质量相对比较高，布线也比较方便，抗干扰能力强。

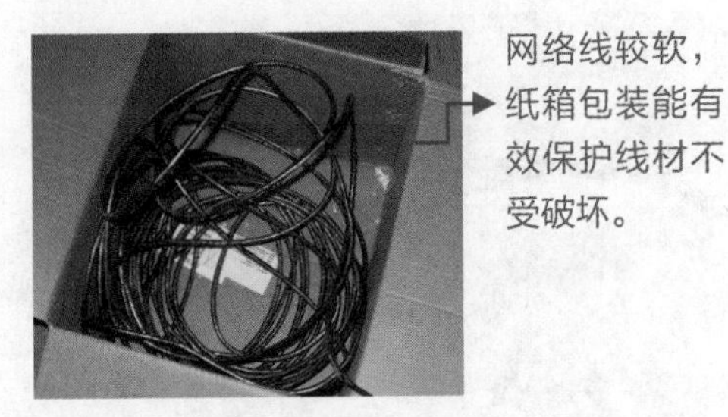

网络线较软，纸箱包装能有效保护线材不受破坏。

↑网络线包装

外层会包裹一层绝缘套，成卷包装，并放置于纸盒中，储存于干燥处。

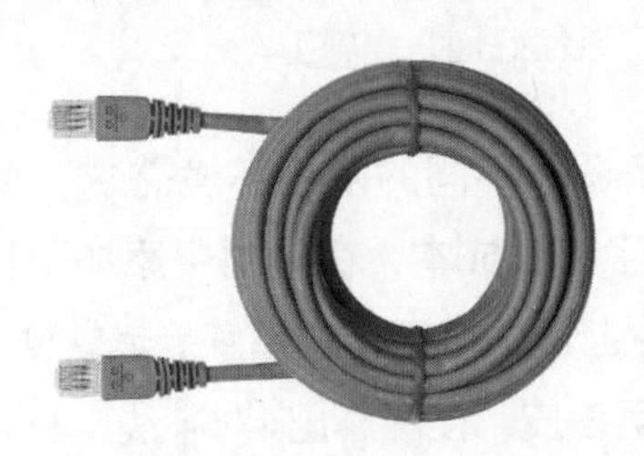

↑成品网络线

成品网络线可用于传输音频信号、控制信号、供电电源或其他信号等。

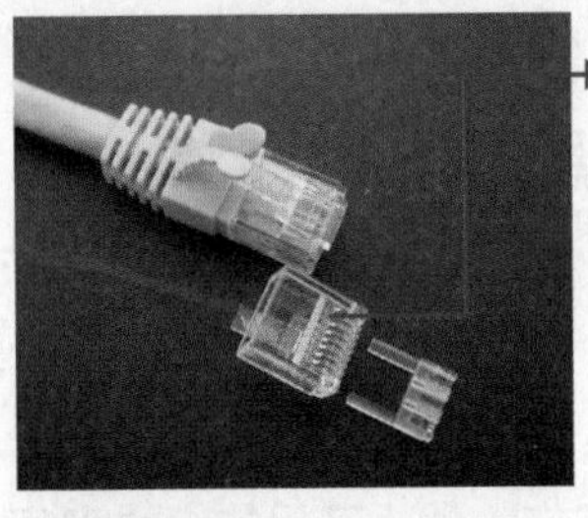

网络线接头为一次性产品，安装后无法拆解，如需拆解需要剪断重新安装。

↑网络线接头

使用时要遵守相关规范，接通点和方式要提前确定好，以免有损耗。

1. 网络线的种类

目前，双绞线可以分为非屏蔽双绞线与屏蔽双绞线，屏蔽双绞线电缆的外层由铝箔包裹，以减小辐射，但并不能完全消除辐射，价格相对较高，安装时要比非屏蔽双绞线困难；非屏蔽双绞线直径小，节省空间，其重量轻、易弯曲、易安装，阻燃性好，能够将近端串扰减至最小或消除。

2. 网络线的规格

常见的双绞线有5类线、超5类线、6类线等几种，前者线径细而后者线径粗；超5类线衰减小，串扰少，性能较高，主要千兆位以太网（1000Mbps）；6类线的电缆的传输频率为1～250MHz，它提供2倍于超5类线的带宽，传输性能也远高于超5类线标准，适用于传输速率大于1Gbps的网络，常用的6类线价格为300～400元/卷。目前，在装修中运用最多的是超5类线与6类线。

3. 网络线的鉴别

（1）辨别正确的标识。超5类线的标识为cat5e，带宽155M，是目前的主流产品；六类线的标识为cat6，带宽250M，用于千兆网。

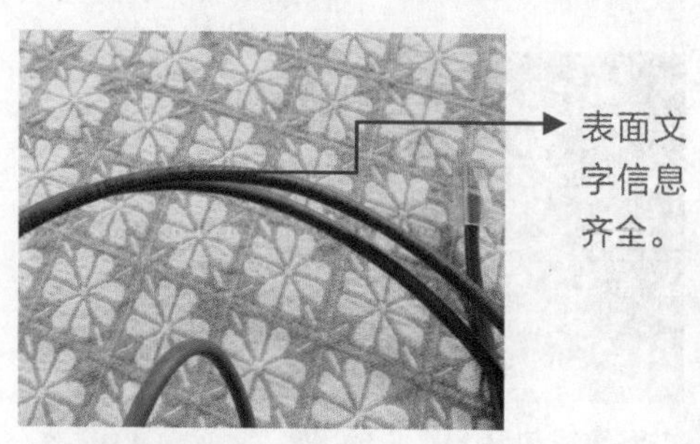

表面文字信息齐全。

↑网络线文字

优质网络线在外层表皮上印刷的文字非常清晰、圆滑，基本上没有锯齿状；伪劣产品的印刷质量较差，字体不清晰，或呈严重锯齿状。

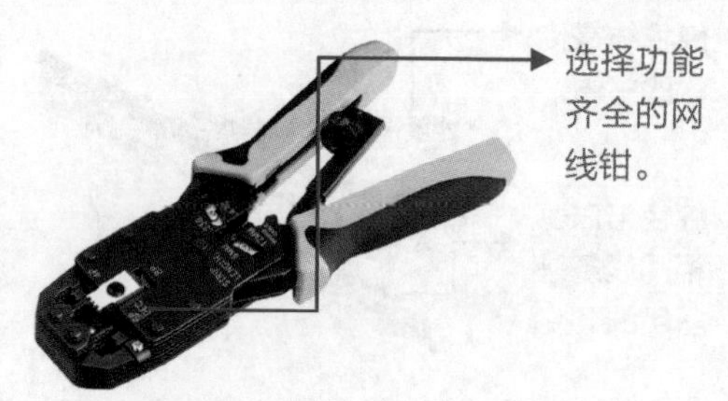

选择功能齐全的网线钳。

↑网线钳

在施工过程中，网络线要用专业的网线钳加工，网线钳同时具有剥线和剪线的功能，可以很好地方便施工。

（2）用手触摸网络线。正宗产品为了适应不同的网络环境需求，都是采用铜材作为导线芯，质地较软，而伪劣产品为了降低成本，在铜材中添加了其他金属元素，导线较硬，不易弯曲，使用中容易产生断线，可用手触摸感受其软硬度。

（3）切割。可以用美工刀割掉部分外层表皮，使其露出4对芯线，其绕线密度适中，呈逆时针方向，伪劣产品的绕线密度很小，方向也很凌乱。

（4）火烧。可以用打火机点燃，正宗的网络线外层表皮具有阻燃性，而伪劣产品一般不具有阻燃性，不符合安全标准。

2.4.2 电视线

电视线又被称为视频信号传输线，是用于传输视频与音频信号的常用线材，一般为同轴线。

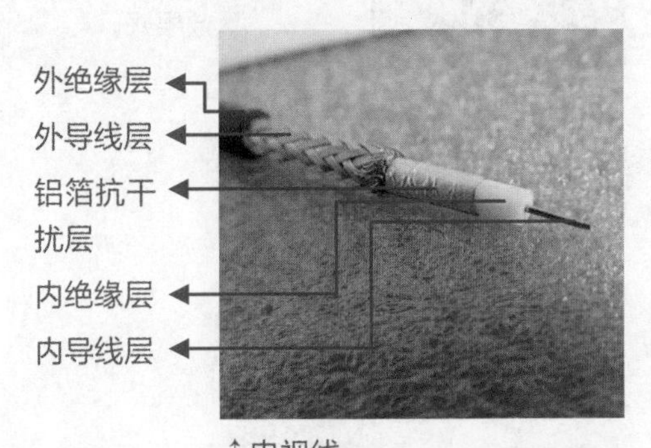

↑电视线

电视线的质量优劣直接影响电视的收看效果，直接决定了传送信号的清晰度与分辨度。

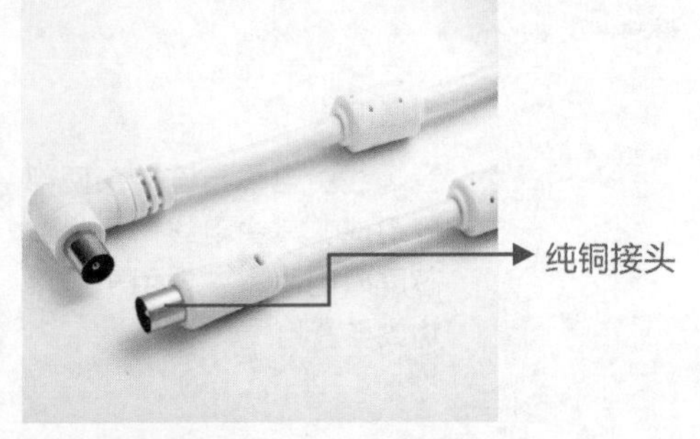

↑电视线接头

在选购电视时就有配套的电视线接头，电视线接头需要传导性比较强，才能更好地传送信号。

1. 电视线规格与价格

电视线的一般型号为SYV75－X，SYV75－3能正常工作的传输距离为100m，SYV75－5为300m，SYV75－7为500～800m，SYV75－9为1000～1500m。同一规格的电视线有不同价位的产品，其中主要区别在于所用的内芯材料是纯铜的还是铜包铝的，或外屏蔽层铜芯的绞数，例如96编，指由96根细铜芯编织而成的内芯以及128编等，编数越多，屏蔽性能就越好。目前，常用的型号一般是SYV75－5，128编的价格为350～400元/卷，每卷100m。

2. 电视线鉴别

（1）看编织层。最好选择4层屏蔽电视线，选择电视线最重要的是看电线的编织层是否紧密，越紧密说明屏蔽功能越好，电视信号也就越清晰。

（2）看内芯。可以用美工刀将电视线划开，观察铜丝的粗细，铜丝越粗，证明其防磁、防干扰信号较好。

2.4.3 音响线

音响线又称为音频线、发烧线，是用来传播声音的电线，由高纯度铜或银作为导体制成，其中铜材为无氧铜或镀锡铜。

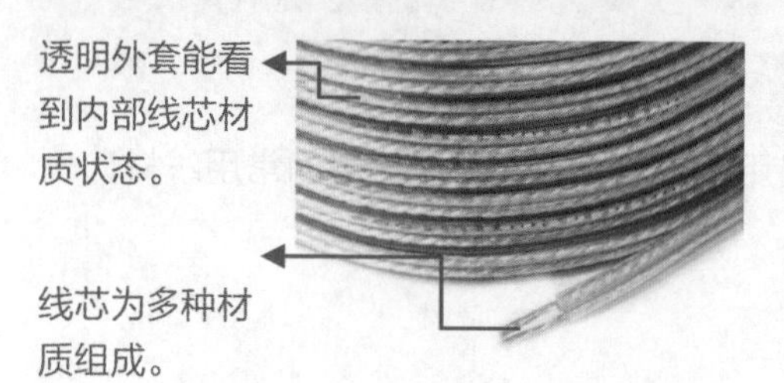

透明外套能看到内部线芯材质状态。
线芯为多种材质组成。

↑音响线

音响线由电线与连接头两部分组成，其中电线一般为双芯屏蔽电线，主要用于连接功放与音响。

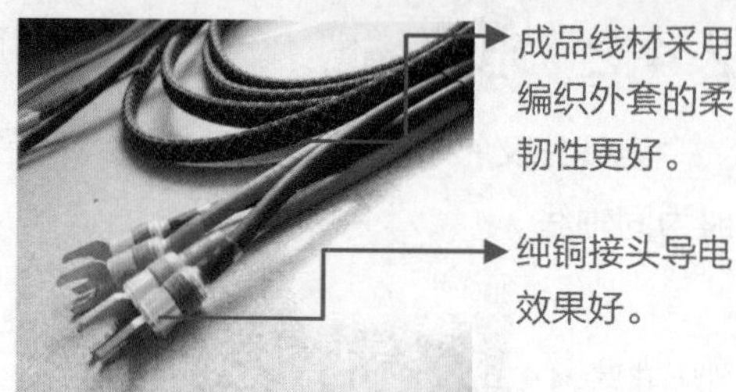

成品线材采用编织外套的柔韧性更好。
纯铜接头导电效果好。

↑音响线接头

连接头常见的有RCA即莲花头音频线，XLR即卡农头音频线以及TRS JACKS即插笔头等。

1. 音响线的规格

常见的音响线由大量的铜芯线组成，有100芯、150芯、200芯、250芯、300芯以及350芯等多种，其中使用最多的是200芯与300芯的音响线，200芯基本可以满足需求，常用的200芯纯铜音响线价格为5～8元/m。

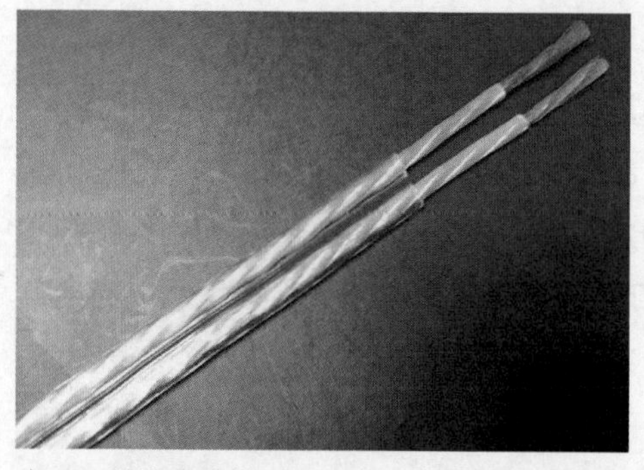

↑300芯的音响线

300芯的音响线适用于对音响效果要求很高，要求声音异常逼真等的场所。

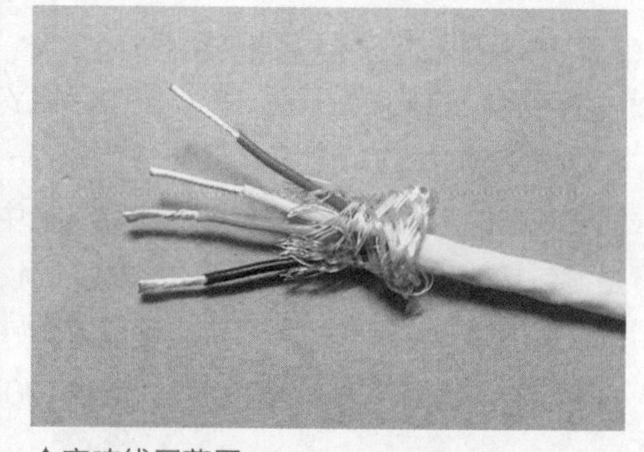

↑音响线屏蔽层

音响线在工作时要防止外界的电磁干扰，需要增加锡与铜线网作为屏蔽层，屏蔽层一般厚1～1.3mm。

2. 音响线的鉴别

（1）看音响线是否对称。两个声道音响线不能有长有短，对于线材的长度，一般家庭以每声道2～3m为宜。与音频信号线相同，音响线可通过不同的长度来调和整套组合的声音还原效果。

（2）看制作选用的导体。专业音响线通常采用纯无氧铜来作为导体，还可选择镀锡铜或镀银铜，镀锡铜的物理稳定性最好，镀银铜的导电性更好，不建议选择铜包铝，铜包铝的内阻比纯无氧铜要大4倍左右，会造成压降增大，甚至发热，危害音响系统。

（3）看制作选用的材料。选购时不建议选择高纯材料制成的音响线，每种单一材料都有声音的表现个性，材料越纯，个性越明显，不同材料的线材混合使用也能有效地调整音色，改善音质。

2.4.4 电话线

电话线是指电信工程的入户信号传输线，主要用于电话通信线路连接。

1. 电话线规格

电话线表面绝缘层的颜色有白色、黑色、灰色等，外部绝缘材料采用高密度聚乙烯或聚丙烯，内部导线规格为 0.4mm与 0.5mm，部分地区为 0.8mm与1mm。电话线的包装规格为100m/卷或200m/卷，其中4芯全铜的电话线的价格为150～200元/卷。

2芯电话线用于普通电话机，现在很少用了，
4芯电话线用于视频电话机。

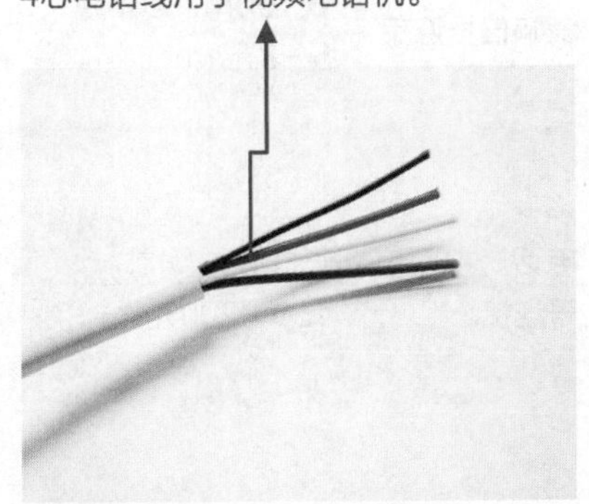

↑4芯电话线

电话线的内导体为退火裸铜丝，常见的有2芯与4芯两种产品。

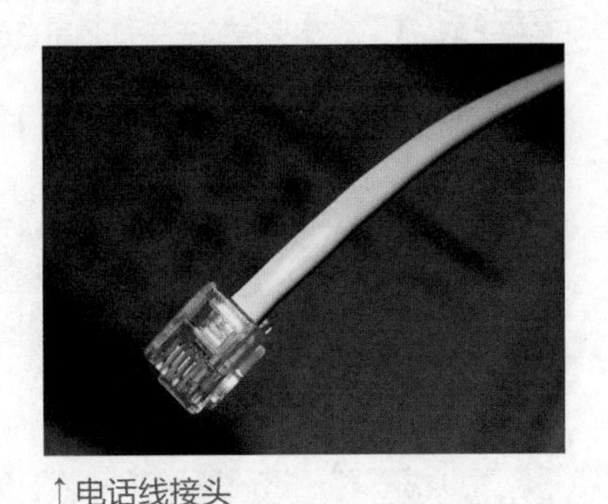

↑电话线接头

一般是水晶接头，水晶头有塑料造弹簧片的那一面是向下的，使用时对准线槽插入即可。

2. 电话线鉴别

（1）选用品牌。由于电话线用量不大，一般建议选用知名品牌的产品，以确保质量。

（2）看导线材料。要关注导线材料，导线应该采用高纯度无氧铜，其传输衰减小，信号损耗小，音质清晰无噪，通话无距离感。

（3）看护套材料。注重护套材料，高档品牌产品多采用透明护套，耐酸、碱腐蚀、防老化，且使用寿命长，透明护套中的铅、镉等重金属与重金属化合物的含量极低，具有较高的环保性。

表2-4　电路材料一览

品种	性能特点	用途	价格
网络线	结构复杂，单根截面较细，质地单薄，传输速度较快	网络信号连接	长100m，6类线300～400元/卷
电视线	结构复杂，具有屏蔽功能，信号传输无干扰，质量优异	电视信号连接	长100m，128编350～400元/卷
音响线	结构复杂，具有屏蔽功能，信号传输无干扰，质量优异	音响信号连接	长100m，200芯，5～8元/m
电话线	截面较细，质地单薄，功能强大，传输快捷，价格适中	电话、视频信号连接	长100m，4芯150～200元/卷

★小贴士★

网络线、电视线、音响线的注意事项

（1）从路由器到计算机之间的网络线一般应小于50m，过长会引起网络信号衰减，沿路干扰增加，传输数据容易出错，因而会造成上网卡、网页出错等情况。

（2）电视线所用的穿线管可以选用带屏蔽功能的PVC穿线管，施工时电视线应当单独布设，电视线与其他电源线或信号线的平行距离应该在300mm以上，以免电视信号受到干扰。

（3）音响线应当单独布设，功放放置在左、右声道音响之间。两个声道的音响线应一样长，每声道为2～3m为宜，主音响应该选用300芯以上的音响线，环绕音响用200芯左右的音响线。

2.5 电路辅料配件：质量达标是前提

识别难度：★★☆☆☆

核心概念：PVC 穿线管、电工胶带、卡钉

为了保证电路使用的安全，在选购电路线材时不只要选择优质的线材产品，还要注意辅料配件的选购。电路铺设是比较复杂的工序，不仅需要铺设各类电路线材，还需要很多辅助配件才能进行施工，如果辅料配件质量不达标会严重影响电路的最后施工效果，见表2-5。

2.5.1 PVC穿线管

PVC 穿线管是采用聚氯乙烯（PVC）制作的硬质管材，它具有优异的电气绝缘性能，且安装方便，适用于装修工程中各种电线的保护套管，使用率达90%以上。

厚度是一方面，主要还是看强度，不能受到挤压后破裂。

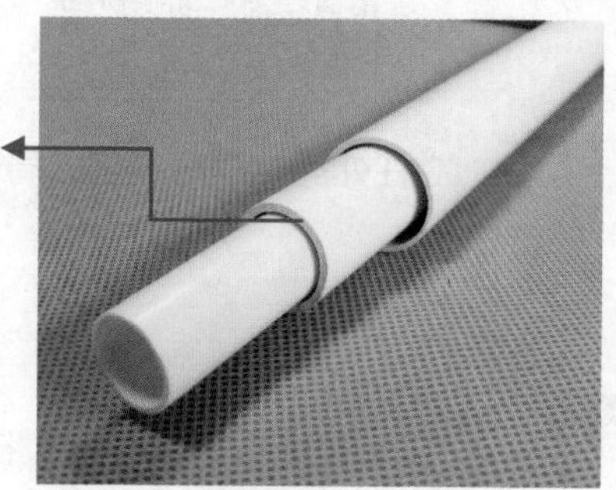

↑PVC穿线管

PVC穿线管适用于室内正常环境和高温、多尘、有震动的场所，盐腐蚀场所不适宜使用。

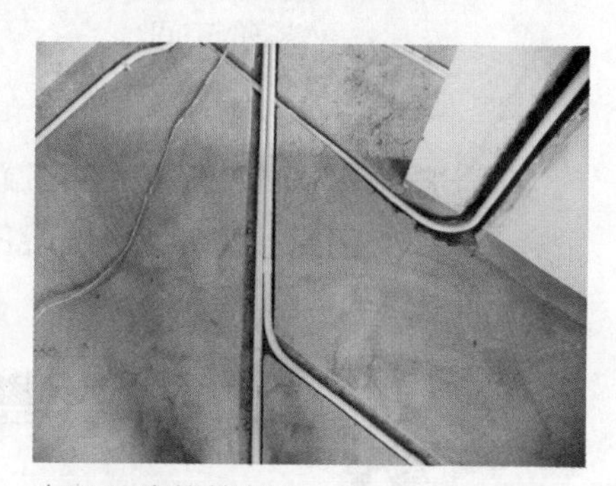

↑PVC穿线管布设

布设时开槽要直，且要给PVC穿线管留有一定的空间，封槽时注意不要过度压实。

1.PVC 穿线管规格

PVC穿线管按联结形式分为螺纹套管与非螺纹套管，其中非螺纹套管较为常用。PVC穿线管的规格有 16mm、20mm、25mm、32mm等多种，内壁厚度一般应大于1mm，长度为3m或4m，其中 20mm的中型PVC穿线管的价格为1.5~2元/m，为了配合转角处施工，还有PVC波纹穿线管等配套产品，价格低廉，一般为0.5~1元/m。为了在施工中有所区分，PVC 穿线管有红色、蓝色、绿色、黄色、白色等多种颜色。

2. PVC 穿线管选购

（1）根据施工要求选购。如果装修面积较大，且房间较多，一般在地面上布线，要求选用强度较高的重型PVC 穿线管；而装修面积较小，且房间较少的话，可以在墙、顶面上布线，可以选用普通中型PVC 穿线管。

边缘锐利，容易划伤电线绝缘层，导致漏电，在施工时要做磨边处理。

↑金属穿线管

金属穿线管属于重型的穿线管，适用于内部结构比较复杂，走线较多的空间。

↑PVC波纹穿线管

在转角处可以采用同等规格与质量的PVC波纹穿线管，这种波纹穿线管也具有很好的阻燃性。

（2）根据转角区域选购。在混凝土横梁、立柱处的转角时，可以局部采用编织管套，配合转角、三通、四通等成品PVC管件。

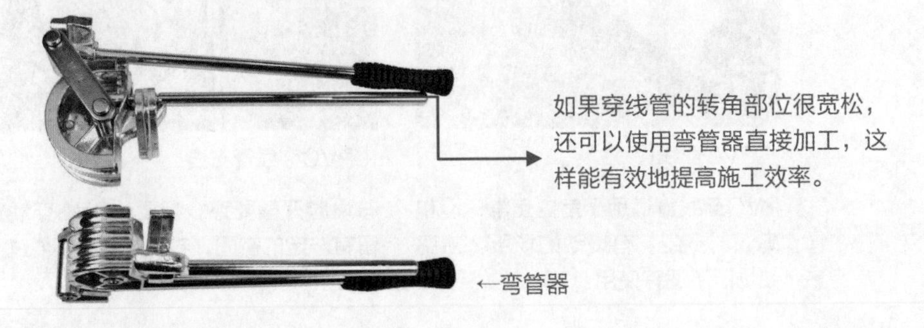

如果穿线管的转角部位很宽松，还可以使用弯管器直接加工，这样能有效地提高施工效率。

←弯管器

2.5.2 电工胶带

电工胶带又称为电工绝缘胶带、绝缘胶带、PVC电气胶带等，适用于电线接驳、电子零件的绝缘固定，有红、黄、蓝、白、绿、黑、透明等颜色。

1. 电工胶带优点与价格

电工胶带具有良好的绝缘、耐燃、耐电压、耐寒等特性，电工胶带价格低廉，宽度15mm，价格为1～2元/卷，少数品牌产品为3～5元/卷，厚度较大。

2. 电工胶带鉴别

（1）查看压敏胶。关注压敏胶的质量优劣，压敏胶必须具有足够的黏合强度，才能保证黏合后电线能正常使用。

（2）检查黏度值。注意黏度，如果黏度太大，则涂层较厚、耗胶量大、干燥减慢，会直接影响到黏合强度；如果黏度太小，则涂层较薄、干燥过快，易出现黏合不良等问题。

（3）检验干燥速度。还需格外注意干燥速度，将电线黏接在一起，没有任何延迟，电工胶布粘贴后能立即发挥作用的，可以随时进入下一步工序的即为优质品。

（4）检验抗拉伸强度。关注电工胶布的抗拉伸强度，用力平直拉伸电工胶布，不应轻松断裂，使用刀具才能割断或撕裂。

胶带颜色应当对应电线颜色。

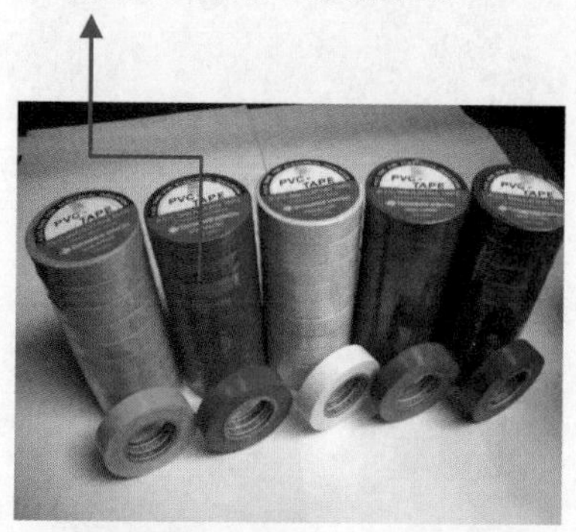

↑电工胶带

电工胶带具有比较好的黏结性和阻燃性，同时耐低温性能也很好。

将胶布缠绕电线5圈左右即可，缠绕过厚不仅不利于散热，也占空间。

↑电工胶带粘贴

粘贴时需要缠绕有序并用钳子压实，电线交接处要结合紧密。

将电工胶布粘在比较光滑的材料上再揭开，以阻力均衡为佳，以此来判断电工胶带的黏度值是否达标。

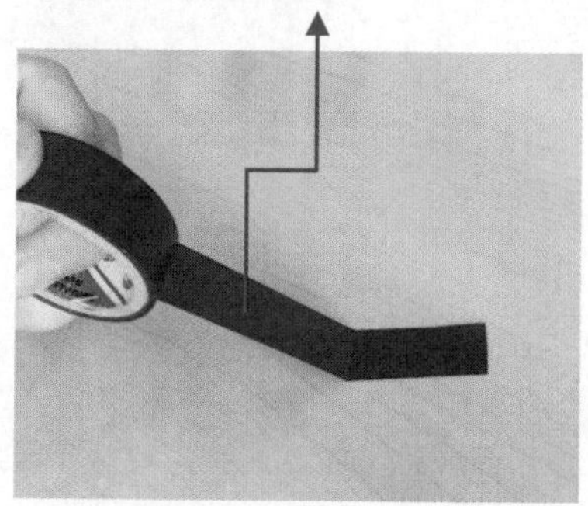

↑黏合强度

取一小段电工胶布样品，两手拉扯胶带，使其处于平直状态，感受拉扯的难易度，容易拉断的为劣质电工胶带。

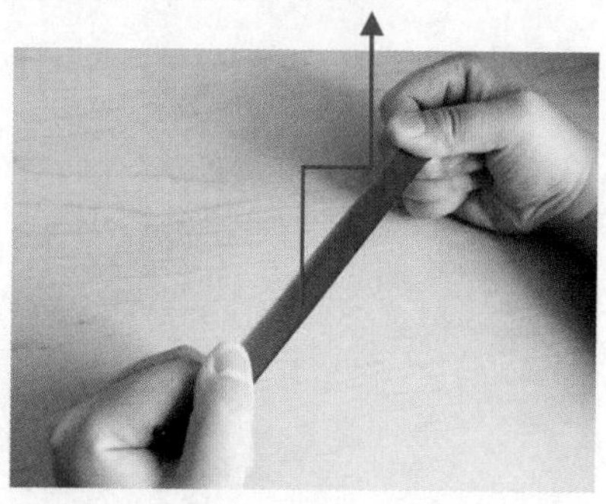

↑拉扯测试

表2-5 电路材料一览

品种	性能特点	用途	价格
穿线管	质地光洁平滑，硬度高，强度好，能抗压，施工快捷方便	各种电线、电路外套保护	ϕ20中型管1.5~2元/m ϕ20波纹管0.5~1元/m
电工胶带	具备良好的绝缘性、耐低温性、黏结性和阻燃性	各种电线外部保护	宽度15mm，1~2元/卷，部分品牌3~5元/卷

Chapter 3

墙地砖：要靠谱

章节导读： 墙、地面砖是装修中不可缺少的材料，厨房、卫生间、阳台甚至客厅、走道等空间都会大面积采用这种材料，其生产与应用具有悠久的历史。在装饰技术发展与生活水平迅速发展的今天，墙、地面砖的生产更加科学化、现代化，品种、花色也更多样化，性能也更加优良。

3.1 墙面砖：既要美也要有功能性

识别难度： ★★★☆☆

核心概念： 釉面砖、石材锦砖、陶瓷锦砖、玻璃锦砖

墙面砖在装修中主要用于洗手间、厨房、室外阳台，也可以作为一种装饰元素用在墙面、门窗边缘、踢脚线等地方，既美观又保护墙基不易被鞋或桌椅凳脚弄脏。贴墙砖是保护墙面免遭水溅的有效途径，而用于水池和浴室的瓷砖，则既要美观、防潮，也要兼顾耐磨性，见表3-1。

3.1.1 釉面砖

釉面砖又称为陶瓷砖、瓷片，是装饰面砖的典型代表，是一种传统的卫生间、厨房墙面铺装用砖，根据表面光泽不同，釉面砖又可以分为高光釉面砖与亚光釉面砖两大类。

表面釉层较薄，侧面与底部材质相同。

↑普通釉面砖

釉面砖的表面用釉料烧制而成，主体可以分为陶土与瓷土两种，陶土烧制出来的背面呈灰红色，瓷土烧制的背面呈灰白色。

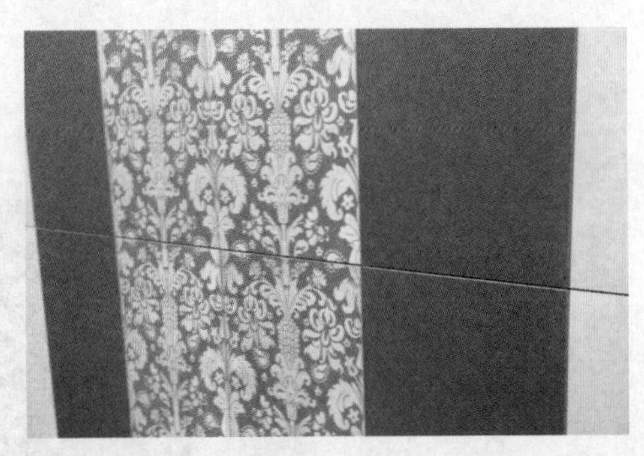

↑印花釉面砖

由于釉料与生产工艺不同，印花釉面砖表面可以制作成各种图案与花纹，装饰性很强。

1. 釉面砖用途与规格

在现代装修中，釉面砖主要用于厨房、卫生间、阳台等室内外墙面铺装，墙面砖规格一般为300mm×450mm×6mm以及300mm×600mm×8mm等。高档墙面砖还配有相当规格的腰线砖、踢脚线砖、顶脚线砖等，均施有彩釉装饰，且价格高昂，其中腰线砖的价格是普通砖的5~8倍。

↑釉面砖样式

釉面砖拥有各种规格和各种色彩，可以很好地装饰空间，也能适用于不同面积的空间。

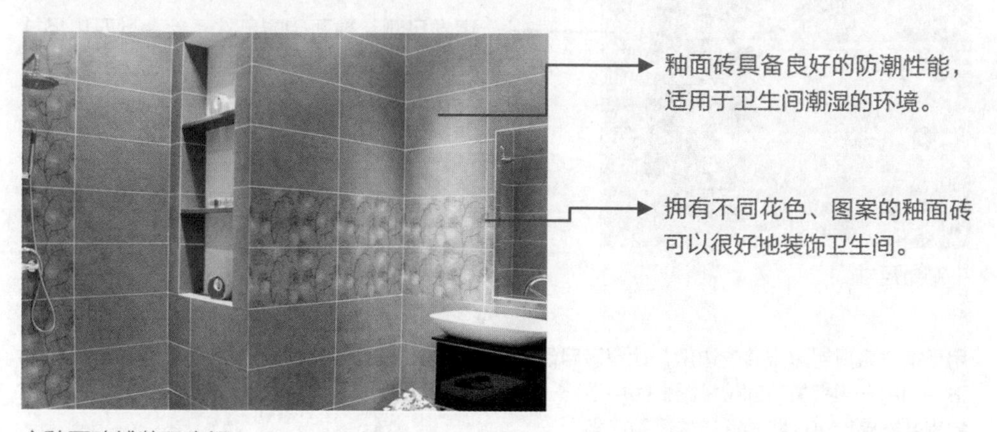

釉面砖具备良好的防潮性能，适用于卫生间潮湿的环境。
拥有不同花色、图案的釉面砖可以很好地装饰卫生间。

↑釉面砖铺装卫生间

2. 釉面砖鉴别

（1）观察外观。取样品，观察釉面砖外观，优质的釉面砖图案纹理细腻，不同的砖体表面也没有明显的缺色、断线以及错位等。

（2）测量尺寸。在铺装时应采取无缝铺装工艺，这对瓷砖的尺寸要求很高，最好使用卷尺检测不同砖块的边长是否一致。

（3）提角敲击。优质的釉面砖不会轻易有裂痕，敲击所发出的声音也比较清脆，而劣质的釉面砖敲击后传出的声音是十分低沉的。

（4）背部湿水。优质陶瓷砖密度较高，吸水率低，强度好，而低劣陶瓷砖密度很低，吸水率高，强度差，且铺装完成后，黑灰色的水泥色彩会透过砖体显露在表面。

不同批次产品会有一定色彩，影响铺装后的效果，应当选用同一批次产品。

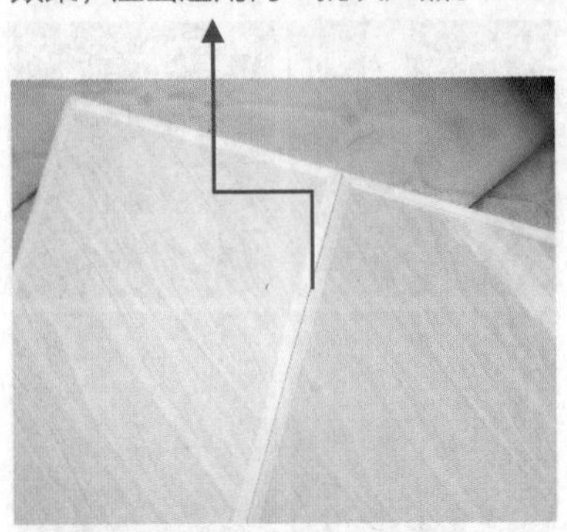

↑观察表面色差

观察釉面砖背面颜色，全瓷釉面砖的背面应呈现出乳白色，而陶质釉面砖的背面则是土红色的。

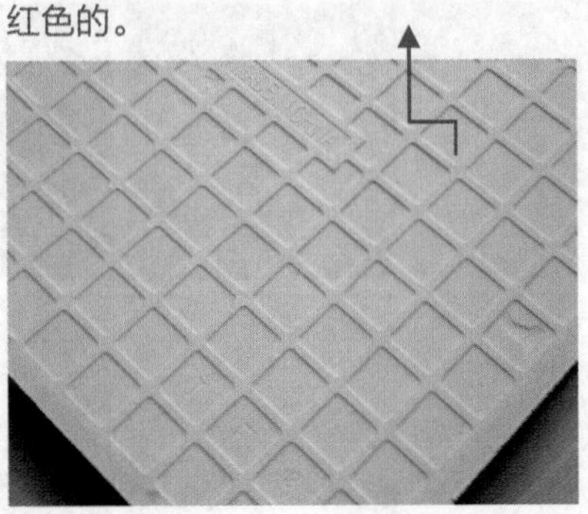

↑观察背面

↑测量尺寸

用卷尺测量釉面砖的尺寸，检查其四边尺寸是否符合标准尺寸，测量时注意与边角平行，以免有误差。

用手指垂直提起陶瓷砖的边角，让瓷砖自然垂下，用另一手指关节部位轻敲瓷砖中下部，根据声音清脆度可判断釉面砖的质量优劣。

↑敲击边角

将瓷砖背部朝上，滴入少许淡茶水，如果水渍扩散面积较小则为上品，反之则为次品。

↑吸水密度

3. 釉面砖保养方法

（1）在日常使用中，釉面砖要注意清洁保养。对于釉面砖而言，砖面的釉层是非常致密的物质，有色液体或污垢一般不会渗透到砖体中，使用抹布蘸水或加清洁剂擦拭砖面即能清除掉砖面的污垢。

（2）如果是凹凸感很强的釉面砖，凹凸缝隙里面容易积压很多灰尘，可以使用尼龙刷子刷净。

（3）针对茶水、冰淇淋、咖啡、啤酒等长期残留的污渍可以使用瓷砖专用清洁剂清洗。

（4）釉面砖上沉淀的铁锈污染应使用除锈剂，油漆、绘图笔等污染可以使用牙膏反复摩擦，去污效果不错。

（5）如果在装修中选用的是高档釉面砖，应当间隔6～10个月在表面打上液体免抛蜡、液体抛光蜡或者进行晶面处理，平时也可以采用静电吸引剂配合牵尘器使用进行保养。

3.1.2 锦砖

锦砖又称为马赛克、纸皮砖，是指在装修中使用的拼成各种装饰图案的片状小砖。传统锦砖一般是指陶瓷锦砖，于20世纪70—80年代在我国流行一时，后来随着釉面砖的发展，陶瓷锦砖产品种类有限，逐步退出市场。如今随着设计风格的多样化，锦砖又重现历史舞台，其品种、样式、规格更加丰富。

↑锦砖展示

锦砖花色十分丰富，组合样式也具有多变性，可以很好地装饰空间。

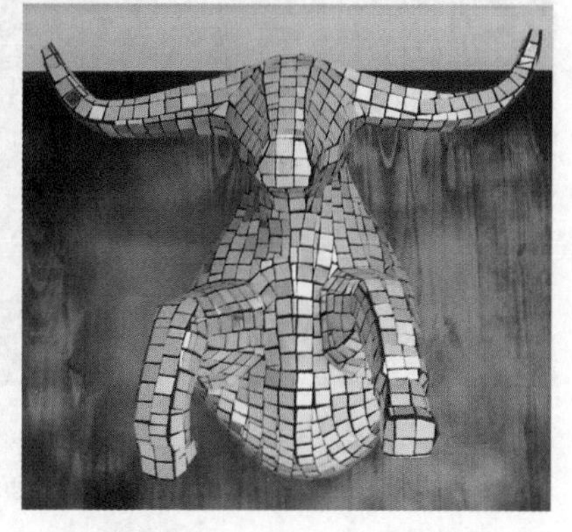

↑锦砖装饰品

可以利用锦砖拼贴艺术陈列品，但工艺比较复杂，价格较贵。

1. 石材锦砖

石材锦砖是指采用天然花岗岩、大理石加工而成的锦砖，用于生产石材锦砖的原料各异，对原料的体量无特殊要求，一般利用天然石材的多余角料进行生产，节能环保。石材锦砖上的组合体块较小，表面一般被加工成高光、亚光、粗磨等多种质地，多种色彩相互配合，装饰效果出众，石材锦砖的各项性能与天然石材相当，具有强度高、耐磨损、不褪色等多种优势。

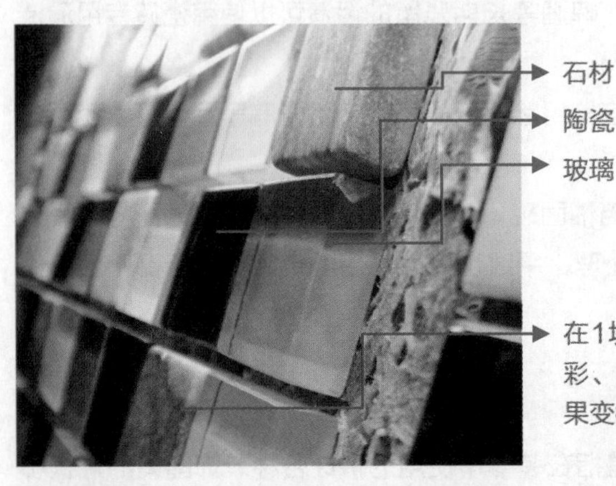

石材
陶瓷
玻璃
在1块石材锦砖中，往往会搭配多种不同色彩、质地的天然石片，这也使锦砖的铺装效果变得特别丰富。

↑石材锦砖

↑石材锦砖样式

很多石材锦砖会在其中加入部分陶瓷锦砖和玻璃锦砖，以此来提升石材锦砖的光亮度，丰富石材锦砖的层次。

（1）天然石材锦砖用途。天然石材锦砖的质地比较浑厚，常用于客厅、餐厅等空间的墙、地面铺装，也可用于厨房、卫生间的局部铺装，一般仅用于点缀装饰，不适合大面积铺装。

（2）石材规格与价格。石材锦砖的规格多样，不同厂商开发的产品各异，一般单块锦砖的通用规格为边长300mm，其中小块石材规格不定，边长为10～50mm不等，小块石材的厚度为5～10mm，小块石材之间的间距或疏或密，一般小于3mm，价格为30～40元/片。

2. 陶瓷锦砖

陶瓷锦砖又称为陶瓷什锦砖、纸皮瓷砖、陶瓷马赛克，它是以优质瓷土为原料，按技术要求对瓷土颗粒进行级配，以半干法成型。

陶瓷锦砖有多种色彩与斑点，按其表面质地可以分为有无釉与施釉两种陶瓷锦砖。陶瓷锦砖是一种良好的墙地面装饰材料，它不仅具有质地坚实、色泽美观、图案多样的优点，而且具有抗腐蚀、防滑、耐火、耐磨、耐冲击、耐污染、自重较轻、吸水率小、不褪色、价格低廉等优质性能。

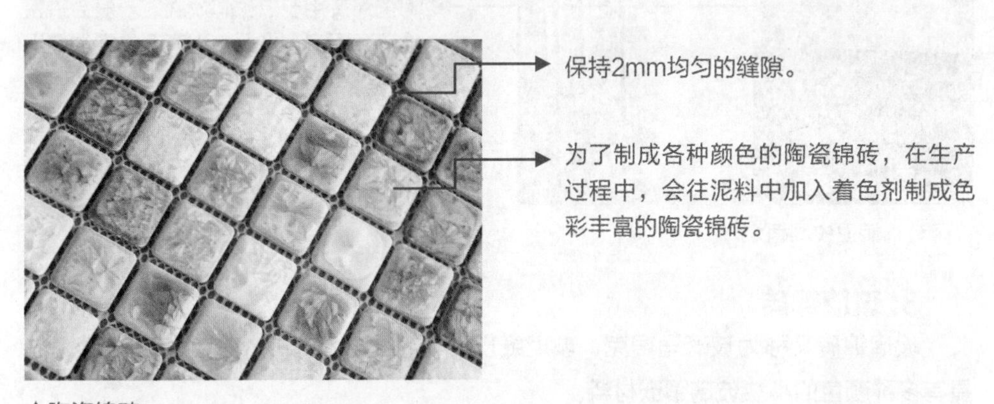

保持2mm均匀的缝隙。
为了制成各种颜色的陶瓷锦砖，在生产过程中，会往泥料中加入着色剂制成色彩丰富的陶瓷锦砖。

↑陶瓷锦砖

↑陶瓷锦砖样式

陶瓷锦砖具有多种色彩，其间可以镶嵌各种不同形状的小块砖，镶拼成各种花色图案，小块砖可以烧制成方形、长方形、六角形等多种形态。

（1）陶瓷锦砖用途。陶瓷锦砖由于其砖块较小、抗压强度高，不易被踩碎，所以主要用于地面铺装。装修中可用于门厅、走道、卫生间、厨房、餐厅、阳台等各种空间的墙、地面及构造的表面铺装。

（2）陶瓷锦砖规格与价格。陶瓷锦砖规格多样，不同厂商开发的产品各异，一般单片锦砖的通用规格为边长300mm，其中小块陶瓷规格不定，边长为10～50mm不等，小块陶瓷的厚度为4～6mm，小块陶瓷之间的间距比较均衡，一般为2mm左右，价格为10～25元/片。

陶瓷锦砖用于卫生间墙面时一般会拼接成不同图案，以此来丰富卫生间的墙面形式。

↑陶瓷锦砖卫生间铺装

3. 玻璃锦砖

玻璃锦砖又称为玻璃马赛克、玻璃纸皮砖，它是一种小规格彩色饰面玻璃，是具有多种颜色的小块玻璃镶嵌材料。

纹理丰富，可交错排列。

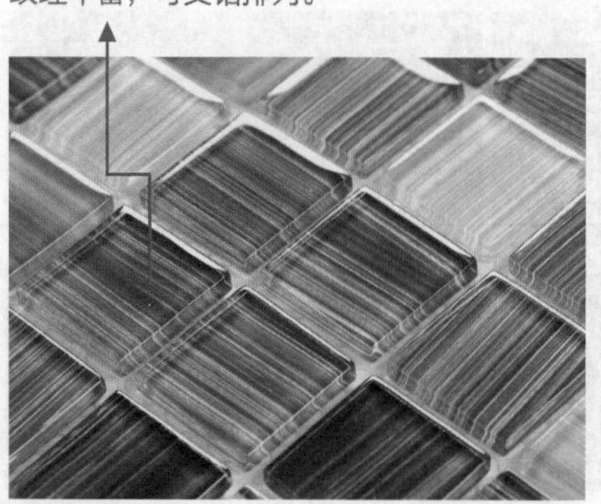

↑玻璃锦砖

砖体小巧，耐酸碱、耐腐蚀，且不易褪色，具有很好的装饰效果。

在光照下有反射效果。

↑多种色彩的玻璃锦砖

色彩丰富的玻璃锦砖能自由组合成各种样式的图案。

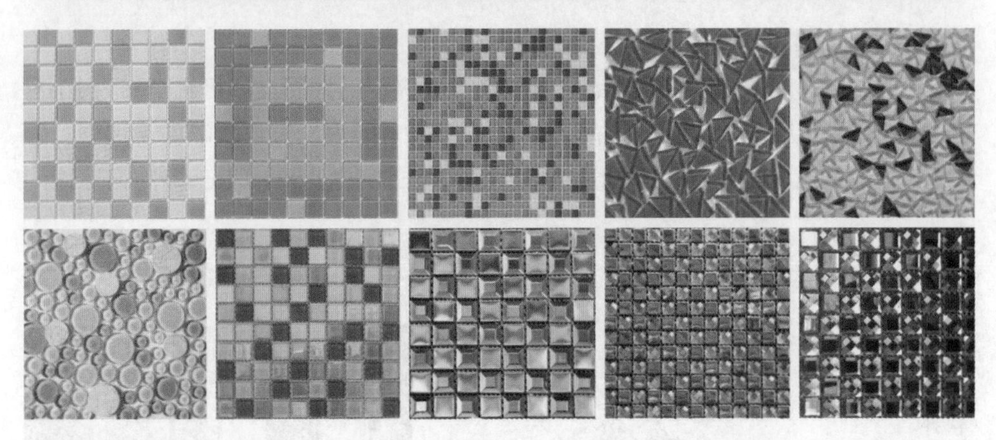

↑玻璃锦砖样式

玻璃锦砖样式丰富，主要包括水晶玻璃马赛克、金星玻璃马赛克、珍珠光玻璃马赛克、云彩玻璃马赛克以及金属马赛克等。

（1）玻璃锦砖用途。玻璃锦砖表面光洁晶莹，特别适合厨房、卫生间、门厅墙面局部铺装，与其他釉面砖、抛光砖形成质感对比，能营造出高档、华丽的氛围，尤其在比较昏暗的灯光下，更具有装饰特色。

与不锈钢板或其他品种马赛克搭配。

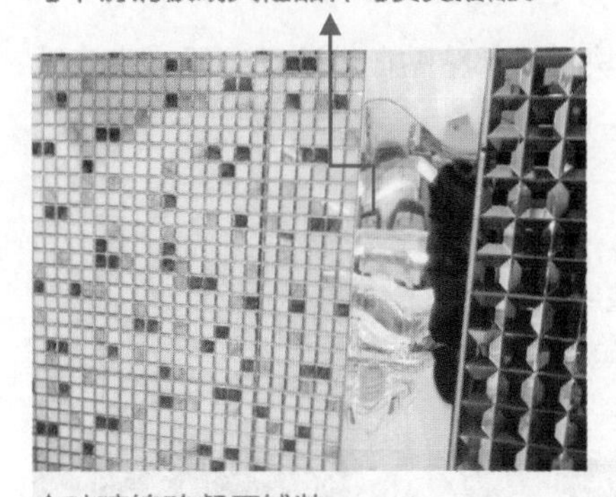

↑玻璃锦砖餐厅铺装

用于餐厅能更好地烘托餐厅氛围，与灯光配合，提高餐厅品质。

可以弧形铺装。

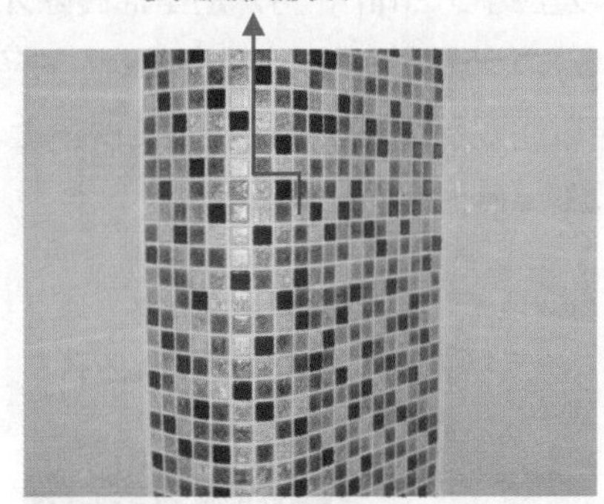

↑玻璃锦砖卫生间铺装

用于卫生间墙柱的转角处，既装饰了空间，也避免磕碰。

（2）玻璃锦砖规格与价格。玻璃锦砖的规格多样，不同厂商开发的产品各异，一般单片锦砖的通用规格为边长300mm，其中小块玻璃规格不定，边长为10～50mm不等，小块玻璃的厚度为3～5mm，小块玻璃之间的间距比较均衡，一般为3mm左右，价格为25～40元/片。

4. 锦砖鉴别

（1）观察外观。将2～3片锦砖平放在采光充足的地面上，目测距离为1m左右，优质产品应无任何斑点、粘疤、起泡、坯粉、麻面、波纹、缺釉、棕眼、落脏、溶洞等缺陷。但是天然石材锦砖允许存在一定的细微孔洞，瑕疵率应小于5%。

片颗粒间规格、大小一致，边缘整齐。

背面无太厚乳胶层即为优质品。

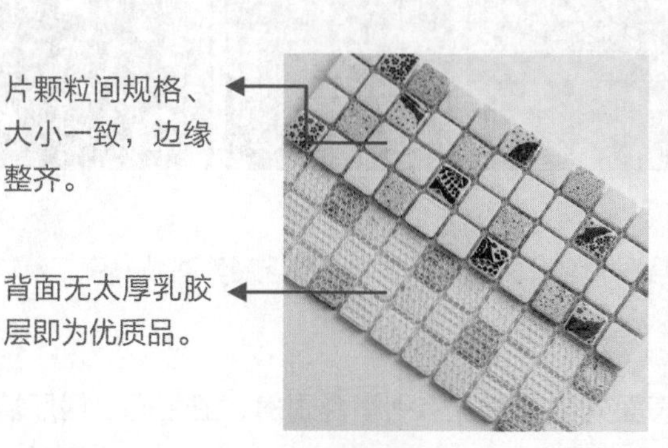

↑规格齐整

颜色分布均匀，无明显色差，看上去让人有舒适感觉的属于优质品。

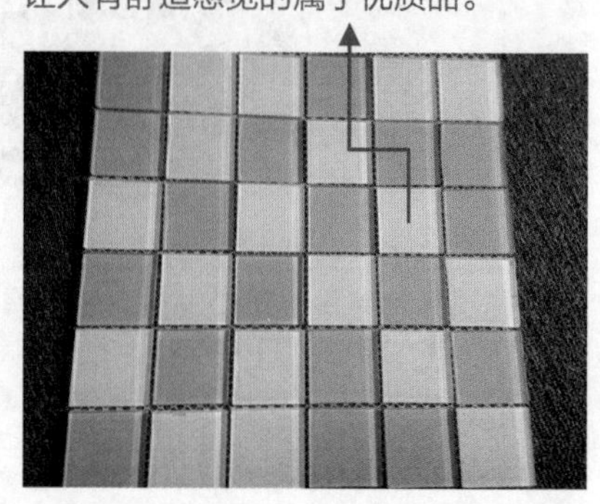

↑色彩

（2）用卷尺测量。用卷尺仔细测量锦砖的边长，标准产品的边长为300mm，各边误差应小于2mm，特殊造型锦砖除外。

（3）检查粘贴的牢固度。锦砖上的各种小块材料都粘贴在玻璃纤维网或牛皮纸上，可以用双手拿捏在锦砖一边的两角上，使整片锦砖直立，然后自然放平，反复5次，以不掉砖为优质产品。

用卷尺测量锦砖的横向距离和纵向距离，得出的尺寸与产品标识上的尺寸一致的为优质品。

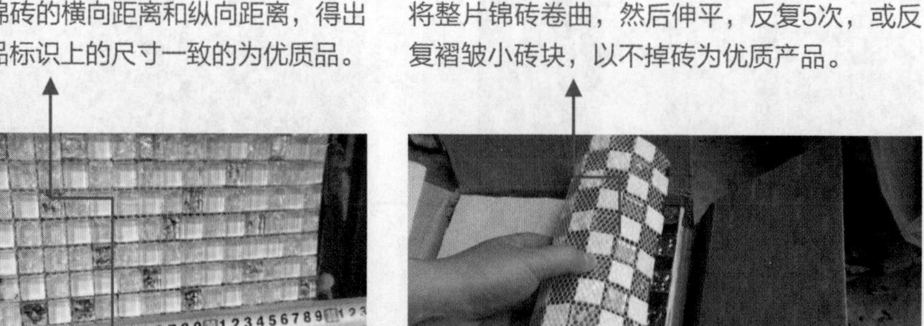

↑卷尺测量

将整片锦砖卷曲，然后伸平，反复5次，或反复褶皱小砖块，以不掉砖为优质产品。

↑检查牢固度

（4）检查脱离质量。锦砖铺装后要将玻璃纤维网或牛皮纸顺利剥揭下来，才能保证铺装的完整性。如果条件允许，可以将锦砖放置在水中浸泡30分钟后，用手剥揭，优质锦砖中的小块材料能顺利脱离玻璃纤维网或牛皮纸。

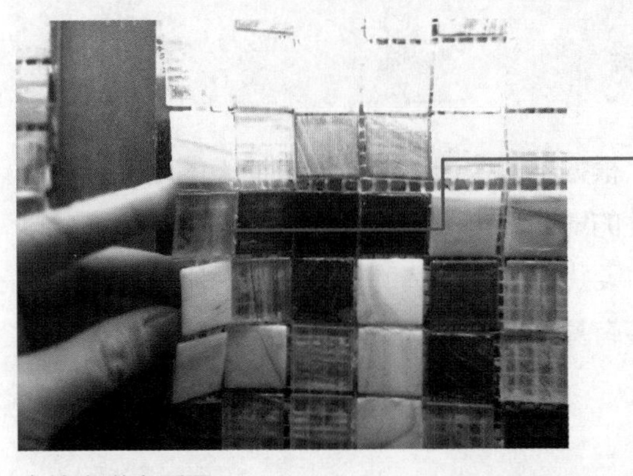

没有经过水泡或轻易就可以揭开的锦砖不属于优质品，后期上墙很容易脱落。

↑检查脱离质量

表3-1　墙面砖一览

品种	性能特点	用途	价格
釉面砖	质地均衡，强度适中，价格低廉，适用面广	厨房、卫生间、阳台墙面铺装	厚6mm，40~60元/m^2
石材锦砖	质地浑厚、朴实，穿插其他材质混搭效果丰富，价格较高	厨房、卫生间、阳台墙面铺装，装饰墙面局部铺装	300mm×300mm×5mm，30~40元/片
陶瓷锦砖	晶莹透彻，色彩丰富，装饰效果极佳，价格较高	厨房、卫生间、阳台墙面铺装，装饰墙面局部铺装	300mm×300mm×5mm，10~25元/片
玻璃锦砖	晶莹透彻，色彩丰富，装饰效果极佳，价格较高	厨房、卫生间、阳台墙面铺装，装饰墙面局部铺装	300mm×300mm×5mm，25~40元/片

3.2 地面砖：货比三家，选择最合适的

识别难度：★★★☆☆

核心概念：抛光砖、玻化砖、微粉砖

地面砖指贴在建筑物地面的瓷砖，根据不同位置，特性要求铺设的地面砖类型也有不同，相同位置也有多种不同特性的地面砖可供选择。由于地面砖在装饰材料中选购所占比例比较大，所以在选购时要货比三家，选购前一定要对所需地砖有精确的计算，避免浪费，要对各种地面砖有基础认识或者有专业人士陪同选购，避免退换，提高效率，见表3-2。

3.2.1 抛光砖

天然石材属于矿物质，未经高温烧结，含有个别微量放射性元素，长期接触会对人体有害，而抛光砖不会对人体造成伤害，安全性能较高。抛光砖的表面十分光洁，抛光砖在生产过程中由数千吨液压机压制，再经1200℃以上高温烧结，强度高，砖体也很薄，也具有很好的防滑功能。

表面反光较强，能清晰反射出周边环境影像。

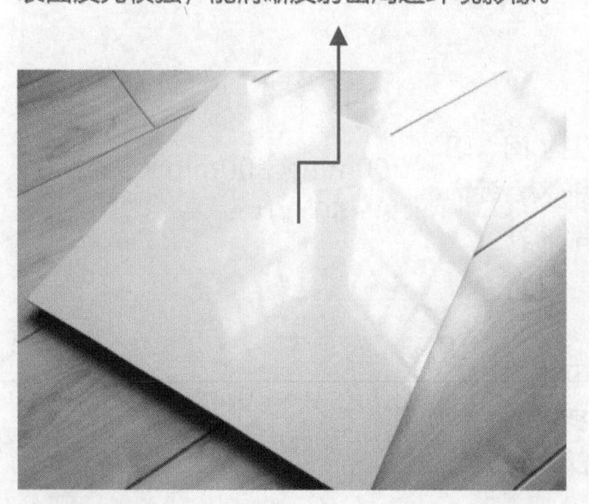

↑抛光砖

抛光砖色泽亮丽，抗弯曲强度大，重量也很轻，坚硬耐磨，适合在洗手间、厨房以外等室内空间中使用。

踢脚线一般选用哑光砖。

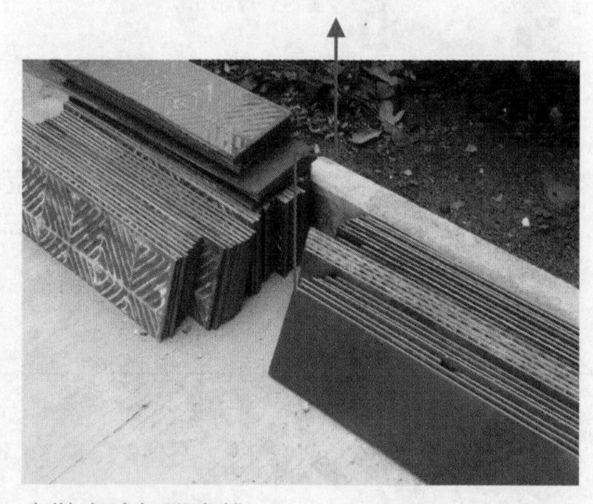

↑抛光砖与踢脚线

还可以将抛光砖作为踢脚线来使用，可以有效地防止墙角被桌椅或其他物品弄脏或磕碰到。

↑抛光砖样式

抛光砖一般用于相对高档的装修空间，商品名称很多，如铂金石、银玉石、钻影石、丽晶石以及彩虹石等，选购时要注意辨清产品属性。

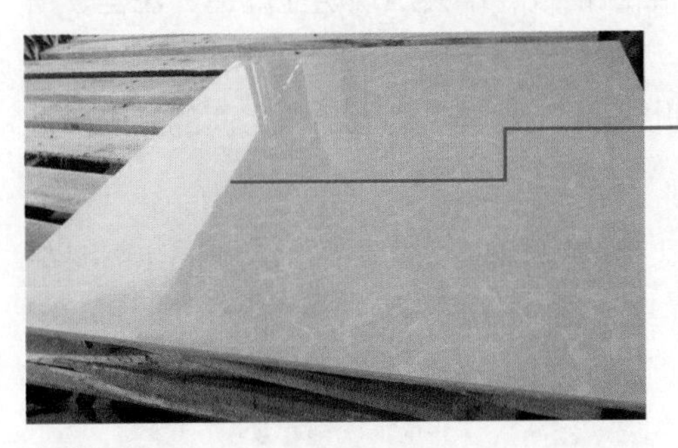

为了解决易污染的问题，优质的抛光砖在出厂时都会增加一层非常洁亮的防污层，可以很好地防止污染物渗漏，这样会显得砖体表面更亮。

↑防污层

抛光砖在生产时会留下凹凸气孔，这些气孔会藏污纳垢，造成表面很容易渗入污染物，甚至将茶水倒在抛光砖上都会渗透至砖体中。

1. 抛光砖价格参考

抛光砖的规格通常为300mm×300mm×6mm、600mm×600mm×8mm、800mm×800mm×10mm等，中档产品的价格为60～100元/m^2。

2. 抛光砖的鉴别

（1）看产品标识。抛光砖包装上的产品参数以及环保指数等都应清晰地标明，字迹不应模糊不清。

（2）看尺寸。规范的尺寸，不光利于施工，更能体现装饰效果，好的抛光砖规格偏差小，铺贴后整齐划一，砖缝平直，装饰效果良好。

精确测量，误差低于1mm。

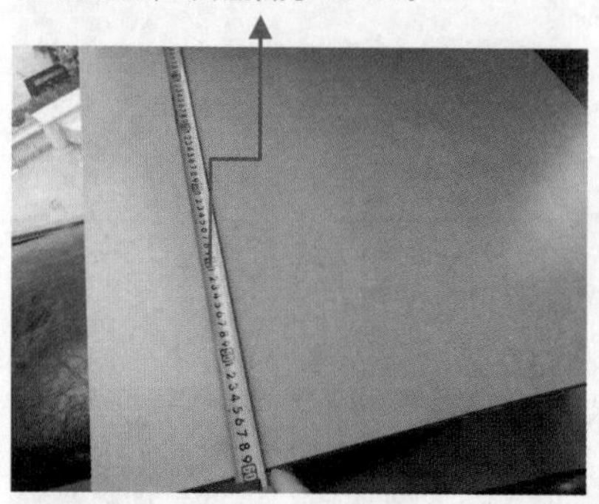

↑标准尺寸

尺寸是否标准是判断抛光砖优劣的关键，可以用卷尺或卡尺测量抛光砖的对角线和四边尺寸及厚度是否均匀。

周边整齐统一，边角无破损。

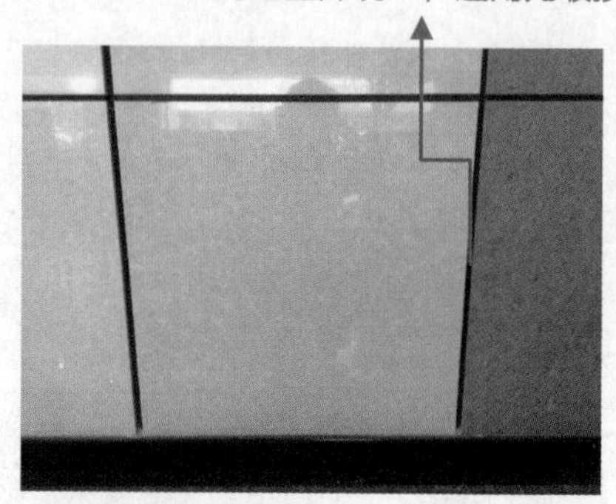

↑平整抛光砖

将抛光砖置于平整面上，看其四边是否与平整面完全吻合，同时，看瓷砖的四个角是否均为直角。

（3）看色泽度和图案。查看抛光砖的色泽均匀度和其表面的光洁度，好的抛光砖花纹、图案和色泽都清晰一致，工艺细腻精致，不会出现明显漏色、色差、错位、断线或深浅不一的现象。

（4）看硬度。抛光砖以硬度良好、韧性强、不易碎烂为上品，劣质的抛光砖极易碎裂，使用寿命较短。

从一箱中抽出几片抛光砖，在充足的光线条件下肉眼查看有无色差、变形以及缺棱少角等缺陷。

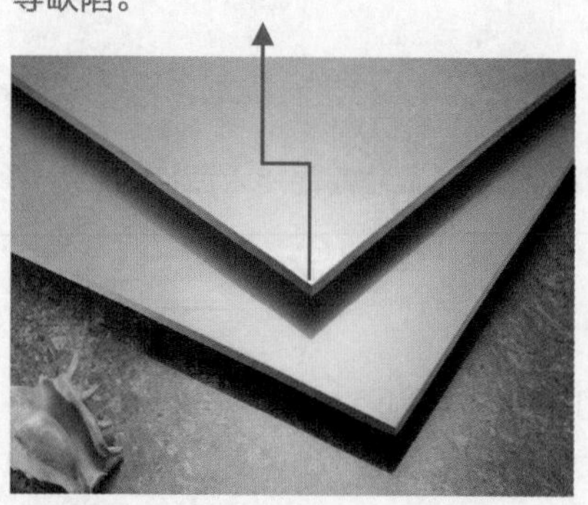

↑色泽

用钥匙轻刮抛光砖表面，表面细密且质地较硬，没有划痕的为优质抛光砖。

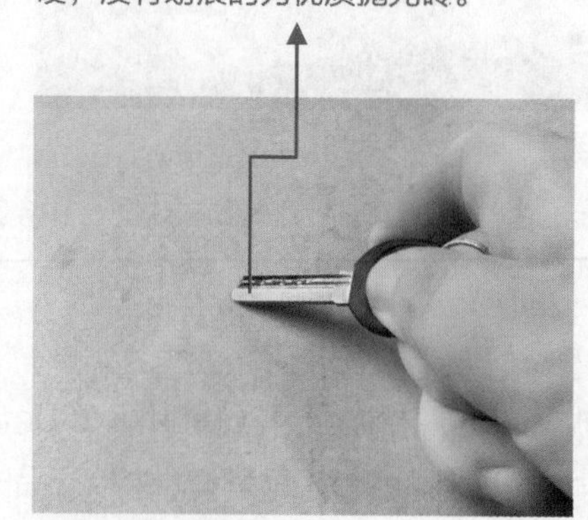

↑割、划

（5）听敲击的声音。好的抛光砖，声音脆响，瓷质含量较高，这类抛光砖也便于施工，安装出来的效果会更加具有装饰性，也更规范。

（6）看吸污能力。优质的抛光砖具备很好的吸污能力，表面覆盖有污染物时，很容易就可以擦除干净，且不会遗留下污渍。

左手拇指、食指和中指夹住瓷砖一角，轻松垂下，用右手食指轻击抛光砖中下部，声音清亮、悦耳的为优质品。

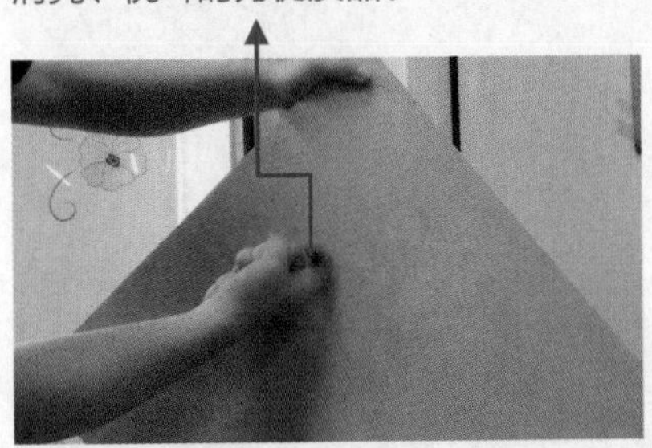

↑敲击

将墨水滴于抛光砖正面，静放一分钟后用湿布擦拭，砖面光亮如镜，则表示抛光砖易清洁，属于上品。

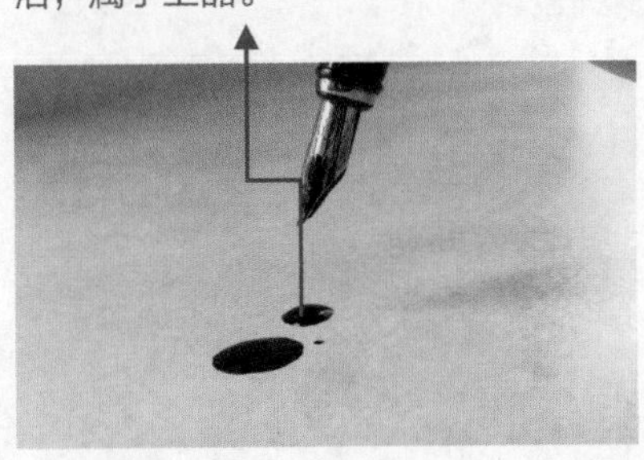

↑滴墨水

★小贴士★

抛光砖与渗花砖的区别

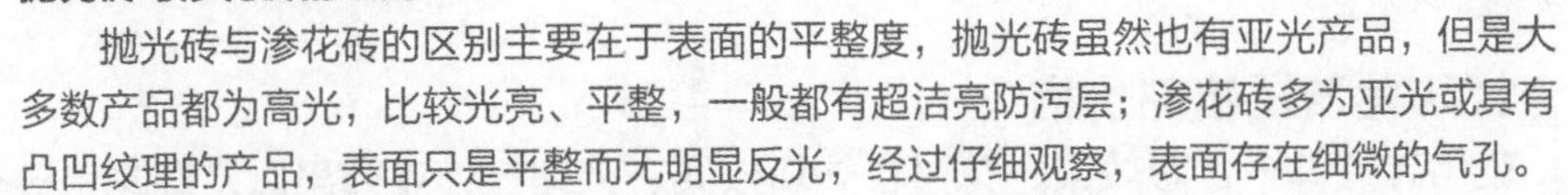

抛光砖与渗花砖的区别主要在于表面的平整度，抛光砖虽然也有亚光产品，但是大多数产品都为高光，比较光亮、平整，一般都有超洁亮防污层；渗花砖多为亚光或具有凸凹纹理的产品，表面只是平整而无明显反光，经过仔细观察，表面存在细微的气孔。

3.2.2 玻化砖

玻化砖又称为全瓷砖，是通体砖表面经过打磨而成的一种光亮瓷砖，属通体砖中的一种，采用优质高岭土与强化高温烧制而成，质地为多晶材料，具有很高的强度与硬度。不少玻化砖具有天然石材的质感，而且具有高光度、高硬度、高耐磨、吸水率低以及色差少等优点，玻化砖的色彩、图案、光泽等都可以人为控制，自由度比较高。

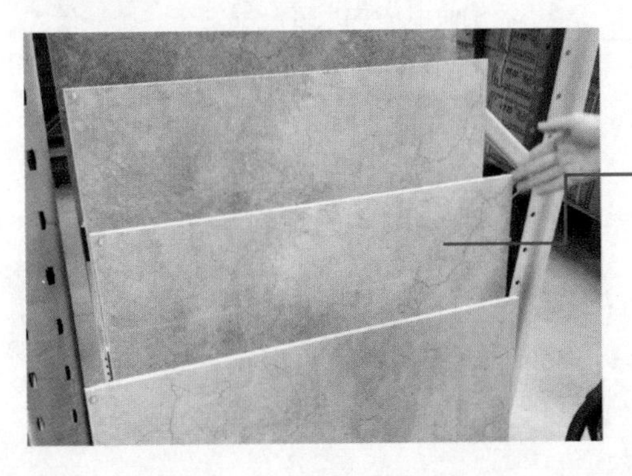

玻化砖表面光洁而又无须抛光，因此不存在抛光气孔的污染问题，耐腐蚀和抗污性都比较好。

←玻化砖展示

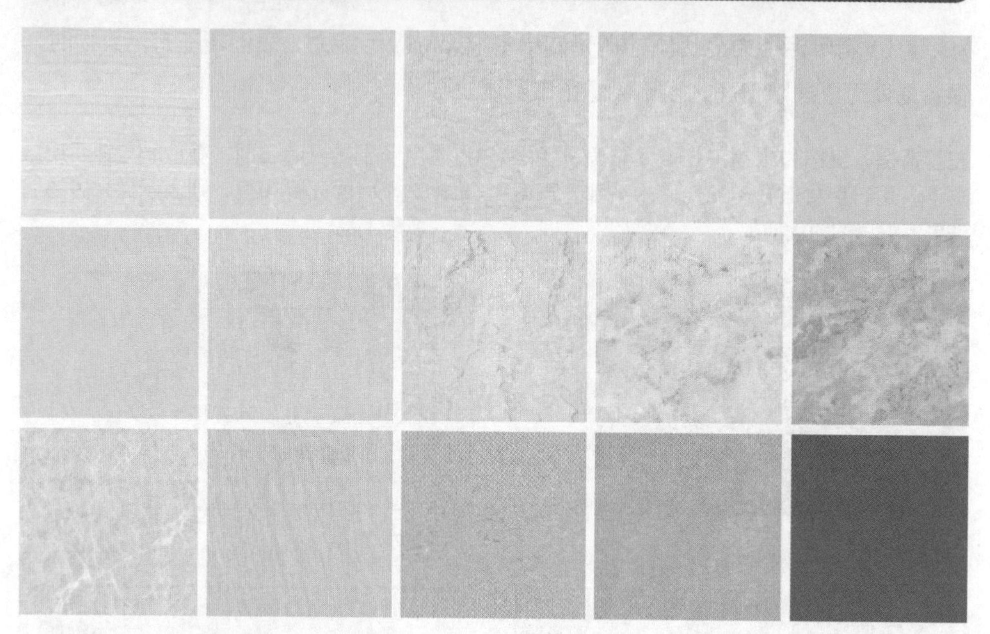

↑玻化砖样式　玻化砖结合了欧式与中式风格，色彩丰富多彩，铺装于墙地面上可以起到隔声、隔热的作用，质地比大理石轻便。

1. 玻化砖规格与价格

玻化砖有单一色彩效果、花岗岩外观效果、大理石外观效果以及印花瓷砖效果等，以及采用施釉玻化砖装饰法、粗面或施釉等多种新工艺产品。玻化砖尺寸规格一般较大，通常为600mm×600mm×8mm、800mm×800mm×10mm、1000mm×1000mm×10mm、1200mm×1200mm×12mm，中档产品的价格为80～150元/m^2。

硬度高，裁切后边缘整齐，可加工成拼花造型铺装到地面上。

玻化砖以中大尺寸产品为主，产品最大规格可以达到1200mm×1200mm，主要用于大面积客厅。

↑客厅铺贴玻化砖

2. 玻化砖保养

玻化砖在施工完毕后，要对砖面进行打蜡处理，三遍打蜡后进行抛光，以后每三个月或半年打蜡1次，否则酱油、墨水、菜汤、茶水等液态污渍会渗入砖面后留在砖体内，形成花砖，同时，砖面的光泽会渐渐失去，最终影响美观。此外，玻化砖表面太光滑，稍有水滴就会使人摔跤，部分产地的高岭土辐射较高，购买时最好选择知名品牌。

3. 玻化砖鉴别方法

（1）听声音。可以一只手悬空提起瓷砖的边角，另一只手敲击瓷砖中间，如果发出清脆响亮的声音，可以认定为玻化砖；如果发出的声音浑浊、回音较小且短促，则说明瓷砖的胚体原料颗粒大小不均，为普通抛光砖。

（2）选择品牌。市场上的知名品牌产品均能在网上搜索到，其色泽、质地应该与经销商的产品完全一致，这样能有效地识别真伪。

（3）试手感。不同的玻化砖手感不同，可以通过手感来深刻的感受玻化砖的质地和重量，也可以以此为依据来辨别玻化砖。

（4）观察背面。优质玻化砖的质地应均匀细致，吸水率也小于0.5%，而吸水率越低，则表明玻化程度越好。

双手提起相同规格、相同厚度的瓷砖，仔细掂量，手感较重的为玻化砖，手感轻的为抛光砖。

↑掂量重量

玻化砖是完全不吸水的，即使洒水至砖体背面也不会有任何水迹扩散的现象，擦拭后无任何水迹。

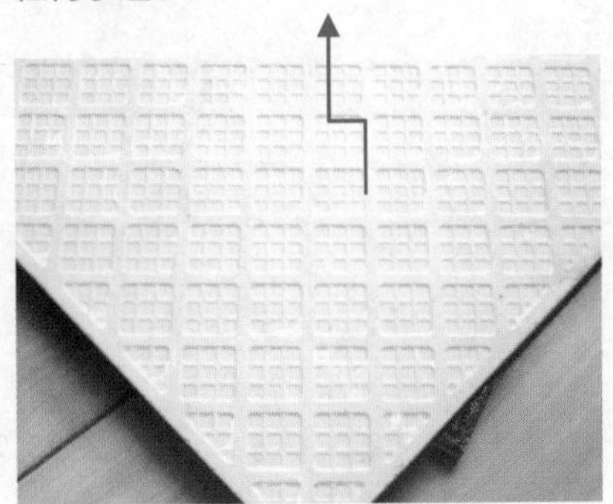

↑观察背面

3.2.3 微粉砖

1. 微粉砖种类

（1）普通微粉砖。是在玻化砖的基础上发展起来的一种全新通体砖，也可以认为是一种更高档的玻化砖。微粉砖所使用的胚体原料颗粒研磨得非常细小，通过计算机随机布料制胚，经过高温高压煅烧，然后经过表面抛光而成，其表面与背面的色泽一致。

（2）超微粉砖。基础材料与微粉砖一样，只是表面材料的颗粒单位体积更小，只相当于一般抛光砖原料颗粒的5%左右。超微粉砖的花色图案自然逼真，石材效果强烈，采用超细的原料颗粒，产品光洁耐磨，不易渗污。

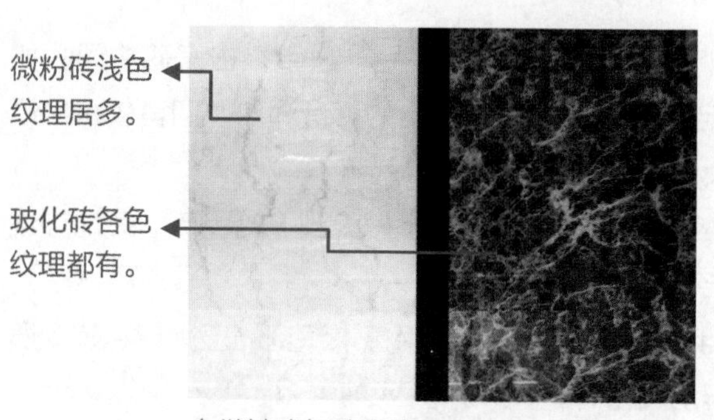

微粉砖浅色纹理居多。
玻化砖各色纹理都有。

↑微粉砖与玻化砖

微粉砖的层次和纹理更具通透感和真实感，纹样十分丰富，装饰效果也比较好。

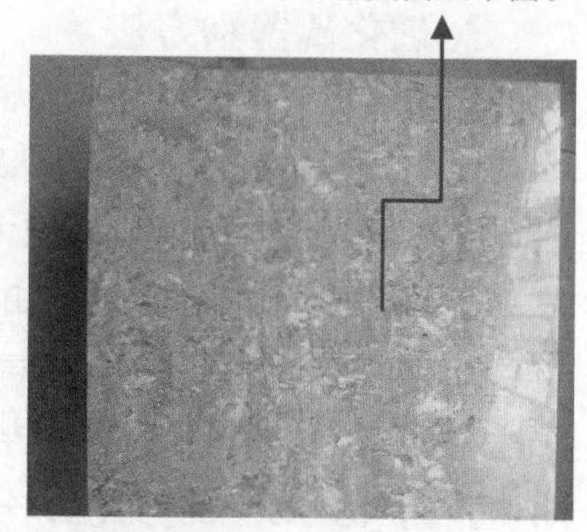

纹理更自然丰富。

↑微粉砖花色

微粉砖背面的底色和正面的色泽应该一致，正面花色、图案等也都不呆板，具有很好的美观性。

↑超微粉砖样式

超微粉砖的每一块砖材的花纹都不同，但整体非常协调、自然。

超微粉砖中还加入了石英、金刚砂等矿物骨料，所呈现的纹理为随机状，看不出重复效果。在超微粉砖的基础上还开发出了聚晶微粉砖，聚晶微粉地砖是在烧制过程中融入了一些晶体熔块或颗粒，是属于超微粉砖的升级产品。

这种产品除了具备超微粉砖的特点外，从产品的外观上看产品的立体效果也更加突出，更加接近于天然石材。当然，这只是在产品的装饰效果上有所区别，其产品性能与超微粉砖没有太大差距。

2. 微粉砖规格与价格

微粉砖尺寸规格一般较大，通常为600mm×600mm×8mm、800mm×800mm×10mm、1000mm×1000mm×10mm、1200mm×1200mm×12mm，中档产品的价格为150～200元/m^2。

微粉砖目前正全面取代玻化砖，成为地面装饰材料的首选，一般用于面积较大的门厅、走道、客厅、餐厅、厨房等一体化空间。

←微粉砖地面铺装

3. 微粉砖鉴别

（1）看渗透程度。微粉砖完全不吸水，可以通过泼洒各种液体至微粉砖表面来辨别微粉砖的优劣，优质产品不会有渗透现象。

（2）看坚硬度。优质的微粉砖不会轻易产生划痕，因而使用寿命也较长，非常适合各个空间的地面铺装。

微粉砖倾斜一定角度，在其表面倒上少量清水，观察清水是否顺流而下，在微粉砖表面是否有残留。

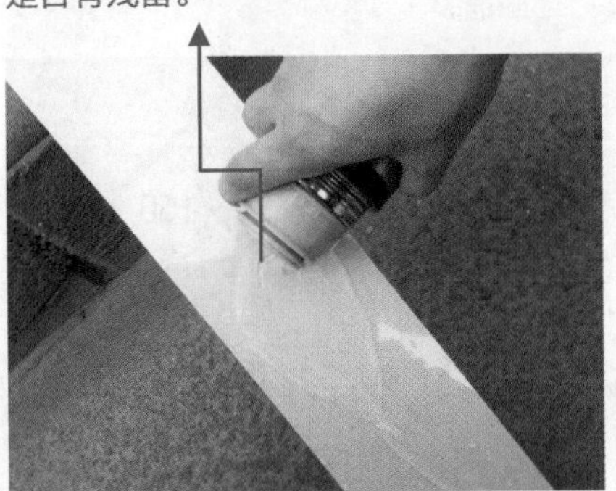

↑表面洒水

采用尖锐的钥匙或金属器具在其表面磨划，优质微粉砖不会产生任何划痕。

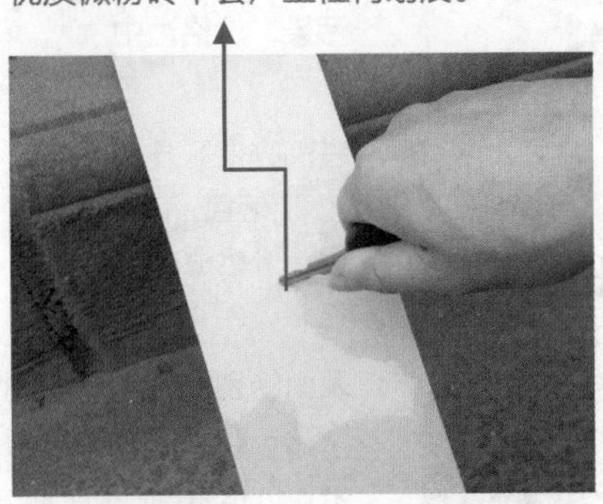

↑钥匙磨划

（3）看是否易清洁。微粉砖具有玻化砖同等的优点，但又优于玻化砖，表面非常容易清洁，污渍也不会顽固停留在其表面。

（4）看持久度。微粉砖是经过高温、高压煅烧而成，表面的色泽和花纹持久度都很高，优质产品的色彩更加亮丽、明快，不会轻易掉色，背面不会因为任何细微的吸入而状态黯淡，装饰效果十分好。

使用记号笔或粗水性笔，在微粉砖上随意画写，然后用湿抹布擦除，观察擦除是否容易，擦除后是否留有污渍，没有的为优质品。

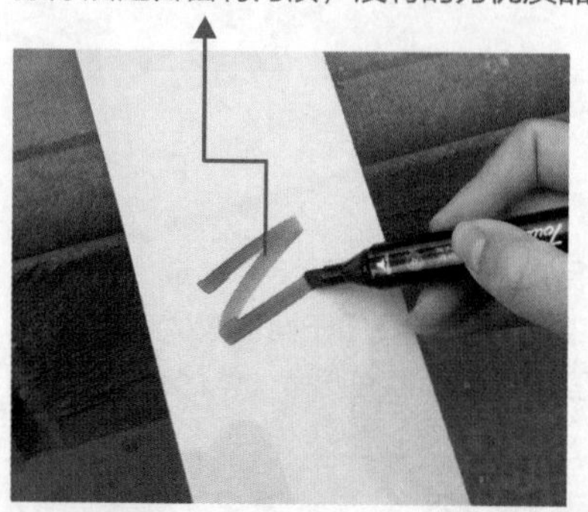

↑表面写字

用砂纸在其表面摩擦，观察表面是否有磨痕，微粉砖表面色泽有无变化，无任何变化的为优质品。

↑砂纸擦、磨

表3-2　地面砖一览

品种	性能特点	用途	价格（元/m²）
渗花砖	表面平整，比较耐磨，不褪色，花色品种丰富，不耐污染，价格低廉	室内外地面铺装	40～60
抛光砖	表面光洁，耐磨但容易磨花，不褪色，花色品种不多，不耐污染，价格适中	室内大面积空间地面铺装	60～100
玻化砖	表面光滑，比较耐磨，不易磨花，花色品种多，持久耐污染，价格适中	室内大面积空间地面铺装	80～150
微粉砖	表面特别光滑，特别耐磨，不磨花，花色品种多，持久耐污染，价格较高	室内大面积空间地面铺装	150～200

3.3 辅料配件：细节处也很重要

识别难度： ★★☆☆☆

核心概念： 阳角线、填缝剂、美缝剂

辅料配件是墙地砖铺装必不可少的材料，即使已经选购了质量优质的墙地面砖，也需要各种辅料配件的辅助，墙地面的铺装所需的辅料配件主要包括阳角线、填缝剂、美缝剂等，这些辅料配件不仅有具有功能性，更具有美观性，见表3-3。

3.3.1 阳角线

阳角线又叫阳角线收口条或阳角条，以底板为面，在一侧制成90° 扇形弧面，材质主要为PVC、铝合金、不锈钢等。用阳角线时瓷砖或石材不用磨角，倒角，安装快捷。阳角线弧面平滑，线条笔直，能有效保证包边贴角平直，使装潢边角更具立体美感，与整体空间也比较搭配。

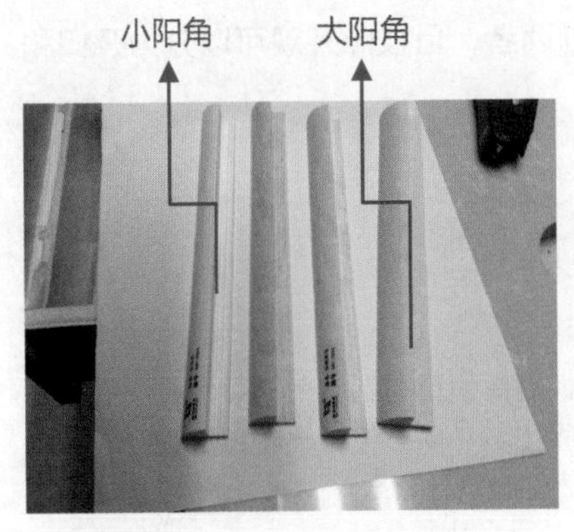

↑阳角线

阳角线可分为大阳角和小阳角，分别适用于10mm厚和8mm厚的瓷砖。

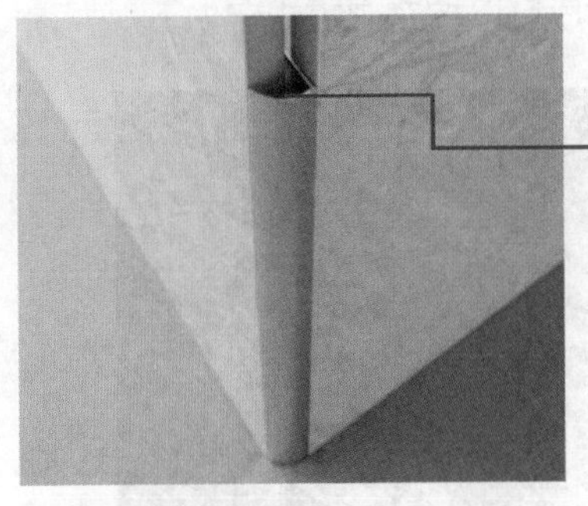

用于瓷砖转角处，无需切割整形瓷砖边角。

↑阳角线应用

阳角线主要用于瓷砖90° 凸角的包角处理，具有一定的装饰作用。

1. 阳角线种类

（1）PVC系列瓷砖阳角线。是塑料装饰材料的一种，是聚氯乙烯材料的简称，在国内市场，这种材质的瓷砖阳角线普及范围大，用量大，消费面广，但热稳定性和抗冲击性，抗腐蚀性，抗氧化性较差，且无论是硬性还是软质PVC使用过程中老化都很容易产生脆性。

（2）铝合金系列瓷砖阳角线。是以铝为基础的合金总称，铝合金密度低，但强度比较高，接近或超过优质钢，塑性好，可加工成各种型材。

颜色大多与主流瓷砖产品相搭配。

↑PVC阳角线

PVC阳角线价格较便宜，色彩丰富，可选择余地较多。

铝合金产品光泽度较高，表面有氧化铝层用于防腐。

↑铝合金阳角线

铝合金阳角线具有良好的导热性和抗腐蚀性能，价格也比较适中，目前在市场中也比较常见。

（3）不锈钢阳角线。因价格高而远远低于前两者，且按照外观可以分为开口和封口两种，材质可以按客户需求定做。

不锈钢阳角线具有耐空气、蒸汽、水等弱腐蚀介质和酸、碱、盐等化学浸蚀性介质的性能，表面有各色镀层。

↑不锈钢阳角线

2. 阳角线的选购

（1）看品牌。口碑好的品牌必定是经过大众检验的，所销售的产品质量大部分都比较耐用，建议多选择优质品牌的阳角线，售后服务也会更好一点。

（2）看材质。不同的材质有不同的性能，不建议选购PVC材质的，可以选购铝合金阳角线或其他综合性能较好的阳角线。

（3）看色彩搭配。阳角线的色彩十分丰富，在选购时要依据瓷砖的颜色来进行选择，彼此间色彩要融洽。

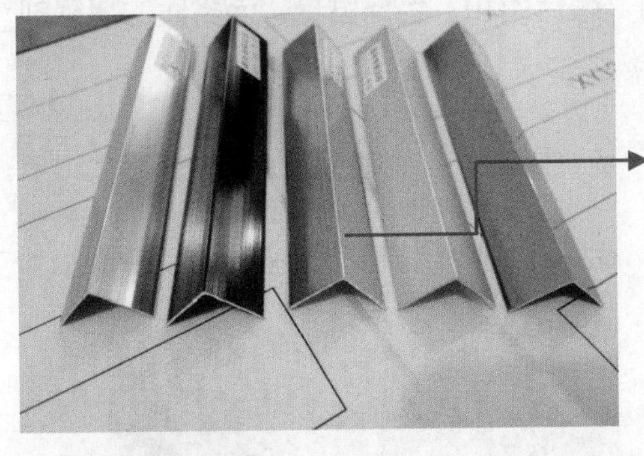

铝镁合金阳角线在色调上没有不锈钢阳角线那么明快，且容易氧化，但不容易变形、开裂和脱落。

↑铝镁合金阳角线

3.3.2 填缝剂

填缝剂是一种粉末状的物质，由多种高分子聚合物与彩色颜料制成，弥补了传统白水泥填缝剂容易发霉的缺陷，使石材、瓷砖的接缝部位光亮如瓷。

↑填缝剂

填缝剂粘合力强，收缩小，装饰质感好，同时也具备良好的抗压性能。

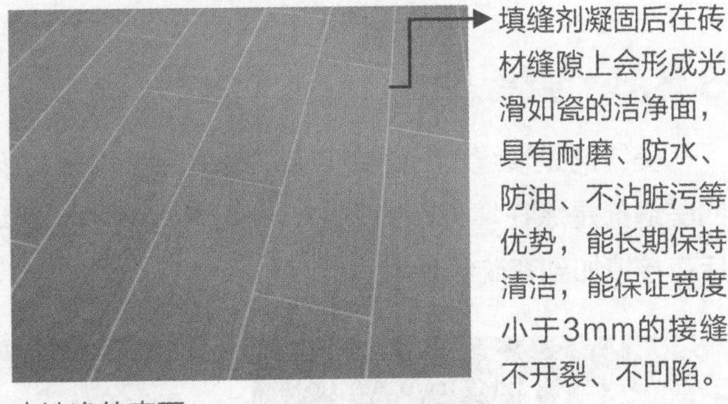

填缝剂凝固后在砖材缝隙上会形成光滑如瓷的洁净面，具有耐磨、防水、防油、不沾脏污等优势，能长期保持清洁，能保证宽度小于3mm的接缝不开裂、不凹陷。

↑洁净的表面

填缝剂施工前要将基层处理干净，这样也能增强填缝剂的黏结能力。

1. 填缝剂规格与价格

TAG填缝剂主要用于石材、瓷砖铺装缝隙填补，是石材、瓷砖胶黏剂的配套材料。TAG填缝剂常用包装为每袋1～10kg不等，价格为5～10元/kg。

2. 填缝剂鉴别

（1）看触感。一般填缝剂要求水泥或砂的细度越细越好，水泥强度等级要求要325级以上，同时要求水泥成分高于砂的成分，触感良好的填缝剂一般质量很好。

（2）看防水性能。好的填缝剂，最主要的性能是防水效果，除此之外，还要记得查看其防霉、抗菌以及抗黄的性能，以免出现缝隙发黑的情况。

（3）看颜色。好的填缝剂，未使用前，颜色柔和，色泽鲜艳，而劣质的填缝剂会因为材料不佳，看起来灰蒙蒙或色彩暗淡。

取适量填缝剂，用手搓一下，有点细腻感的属于优质品，劣质品的砂细度会不足，给人一种粗糙感。

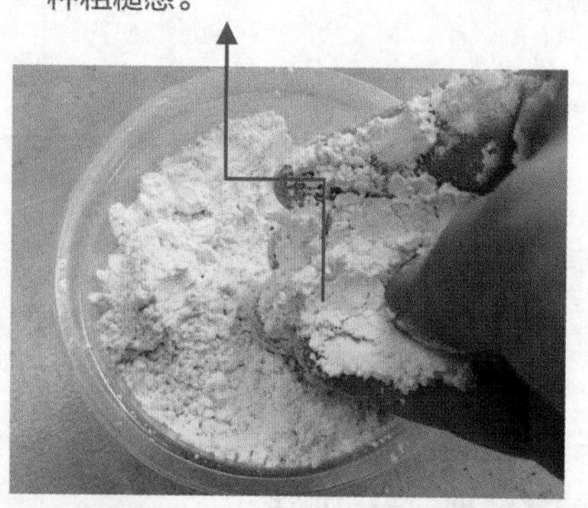

↑手搓

取一杯清水，将填缝剂的粉料倒入水中，看它与水的结合情况，有颗粒浮在水面的属于优质品，劣质品的粉料会直接沉入杯底。

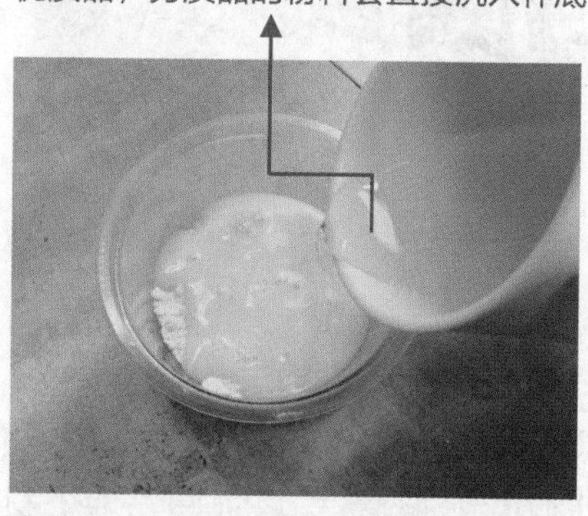

↑兑水

3.3.3 美缝剂

美缝剂是填缝剂的升级产品，它的装饰性和实用性明显优于彩色填缝剂，传统的美缝剂是涂在填缝剂的表面，新型美缝剂不需要填缝剂做底层，可以在瓷砖黏结后直接填加到瓷砖缝隙中。

↑美缝剂

施工比普通型方便，是填缝剂的升级换代产品。

适用于缝隙宽度达5mm以上的仿古砖，缝隙宽度要求均匀一致，保持平整度统一。

↑美缝剂施工效果

美缝剂色彩丰富，施工后有很好的装饰效果，且与瓷砖很搭配。

1. 美缝剂的特点

（1）新材料。美缝剂是由高科技新型聚合物和高档颜料组成，是一种半流状液体，它不同于白水泥、彩色填缝剂（干粉类水泥材料加低档颜料），主要由无机材料组成。

（2）美观。美缝剂光泽度好，颜色丰富自然细腻，如金色、银色、珠光色等，而白色、黑色色度明显高于白水泥、彩色填缝剂，给墙面带来更好的整体效果，因此装饰性大大强于白水泥、彩色填缝剂。

（3）抗渗透。美缝剂凝固后，表面光滑如瓷，可以和瓷砖一起擦洗，具有抗渗透防水的特性，可以做到真正的瓷砖缝隙永不变黑。

2. 美缝剂鉴别

（1）看包装标志。可以查看美缝剂包装上的标志是否齐全，是否有防伪码。SGS是目前美缝剂行业环保标准，具备SGS认证的才是优质品。

（2）闻气味。气味较大，有刺激性气味的美缝剂，有害气体较多，对人体有伤害，属于劣质品，而优质的美缝剂环保性能大，闻起来会带有淡淡的味道。

↑SGS认证标志

具有SGS认证标志的产品不仅质量合格，而且在生产、使用和处理过程中都符合特定的环境保护要求。

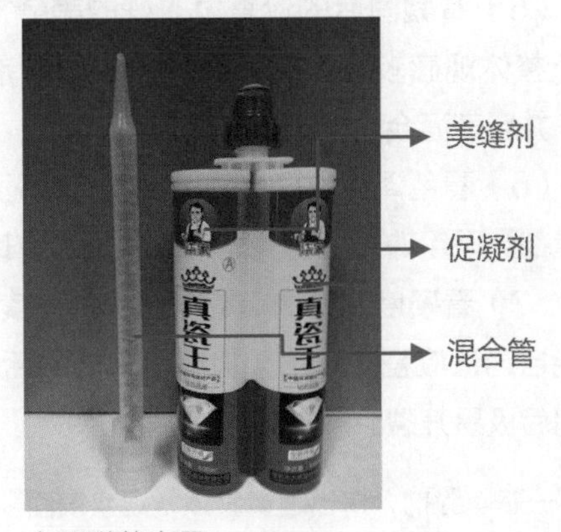

↑双联装产品

双联装产品性能更稳定，具有快干、保质期长等优势。

（3）看胶体黏稠度。优质产品是符合行业的质量标准的，黏稠度合适，黏结能力突出的美缝剂，施工完成后不会发生空洞和脱落的问题。

将美缝剂提起来，微微晃动，优质的美缝剂没有声音，有声音说明包装不足或黏度过低，属于劣质美缝剂。

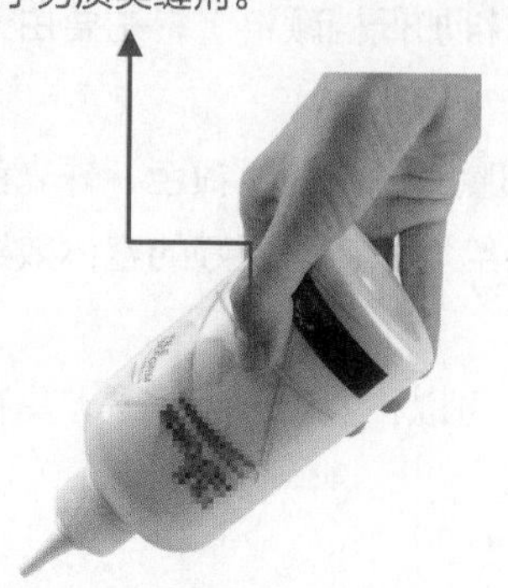

↑晃动美缝剂

取一瓶美缝剂，打出适量胶体，打出来的胶体稠度合适，不容易被擦掉，属于优质品，施工性能好。

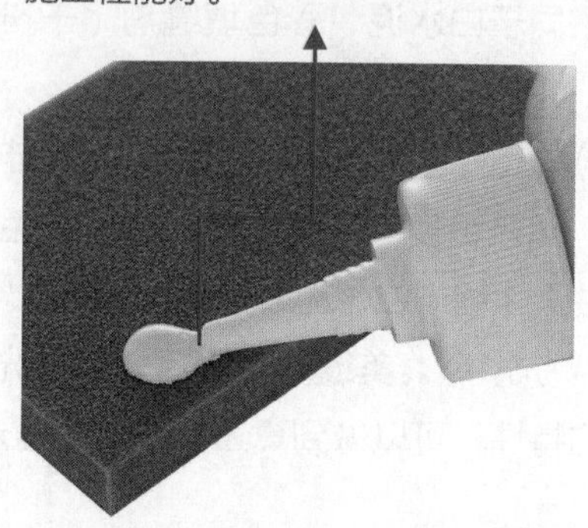

↑检验粘稠度

（4）看固化时间。固化时间较短的美缝剂，说明化学反应强烈，容易出现有害气体，固化时间较长，说明固化剂质量差，价格比较低廉，一般固化时间在4～6小时，达到中度固化的较好，冬季固化时间需延长。

（5）看凝固后的遮盖力。好的美缝剂凝固之后基本不会收缩，且表面光滑平整，整体观感较好，遮盖力不好的美缝剂，凝固之后会出现收缩和空洞掉粉的状况，并且表面会比较粗糙，观感不行。

（6）看色泽。色泽生硬，反光力度强，光线比较死板的属于劣质美缝剂，品牌美缝剂会采用珠光金粉，光线柔和，具有珍珠光泽和良好的透明度。

（7）看硬度。好的美缝剂固化后硬度基本上可以和瓷砖相媲美，强大的韧性让它能自动适应瓷砖，不用担心日久使用后瓷砖起包开裂等情况，劣质品在放置一段时间后极易开裂。

取出一瓶美缝剂，挤出适量胶体，观察表面色泽，光泽度低的属于劣质品，不利于保洁和突出美缝剂的装饰效果。

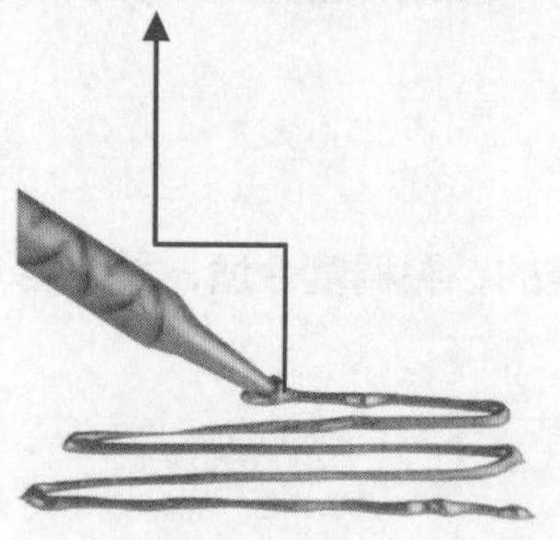

↑看色泽

在施工后的美缝剂样板上用指甲用力往下压，美缝剂渗透的，硬度比较差，属于劣质品。

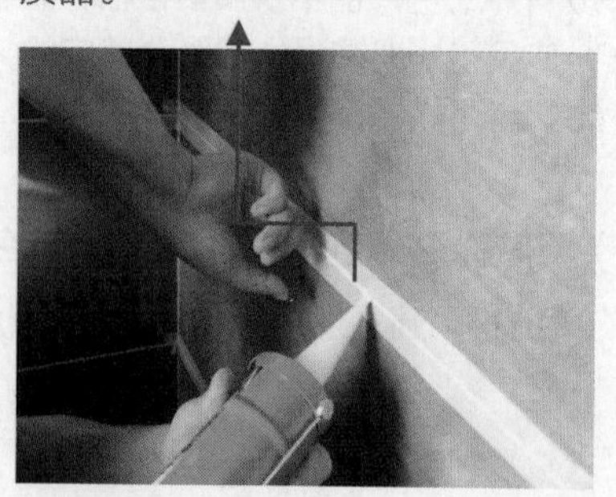

↑看硬度

（8）看表膜。好的美缝剂表膜光洁、手感滑爽；相反，劣质的美缝剂表膜会黯然无光泽，且表面也比较粗糙。

（9）看抗污能力。优质的美缝剂具备良好的抗污能力，也不会轻易被污染，而劣质的美缝剂一旦遇到污染物就很难清洁干净，且会有杂质残留。

用废纸或抹布，往表膜上随意地擦拭几次，高质量的美缝剂通常具有优异的耐摩擦、抗划伤性能。

↑看表膜

在施工后的美缝剂样板上，倒墨水或酱油在缝隙上，停留10~20分钟，然后用干净的抹布擦净，缝隙无变化的美缝剂具有良好的防水防污性能。

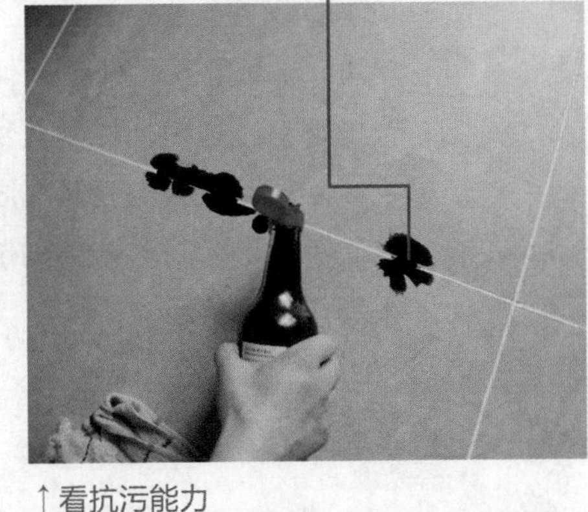

↑看抗污能力

表3-3　墙地砖辅料配件一览

品种	性能特点	用途	价格
阳角线	外表美观、亮丽，色彩比较丰富，且省时、省料	瓷砖90°凸角的包角处理	4~6元/m
填缝剂	耐磨、不易开裂，硬度高，装饰质感好，不易滋生细菌	室内大面积空间墙、地面铺装	15~20元/盒
美缝剂	具有很强的装饰效果，具备良好的抗渗漏性能	室内大面积空间墙、地面铺装	15~18元/支

Chapter 4

家具构造板材用心选

章节导读： 家具构造主要是木材，木材是装饰材料中使用最为频繁的材料，由于各种木质与板材的品种繁多，特性和需要注意的事项也各有不同，为了保证设计效果与装修品质，在选购时需要掌握大量经验，还需要了解清楚各种板材的特性与价格，这样才能在选购板材时胸有成竹，选择到合适的板材。

4.1 家具板材：了解特性与价格很重要

识别难度： ★★★★☆

核心概念： 木芯板、生态板、胶合板、纤维板、刨花板

木材是装修中使用最为频繁的材料，工厂将各种质地的原木加工成不同规格的型材，便于运输、设计、加工、保养等各个环节，见表4-1。

4.1.1 木芯板

木芯板又被称为细木工板，俗称大芯板，是由两片单板中间胶压拼接木板而成。木芯板具有质轻、易加工、握钉力好、不变形等优点，是装修与家具制作的理想材料。

进入施工现场后竖向摆放，避免受潮变形。

↑木芯板

木芯板取代了传统装饰装修中对原木的加工，使装饰装修的工作效率大幅度提高。

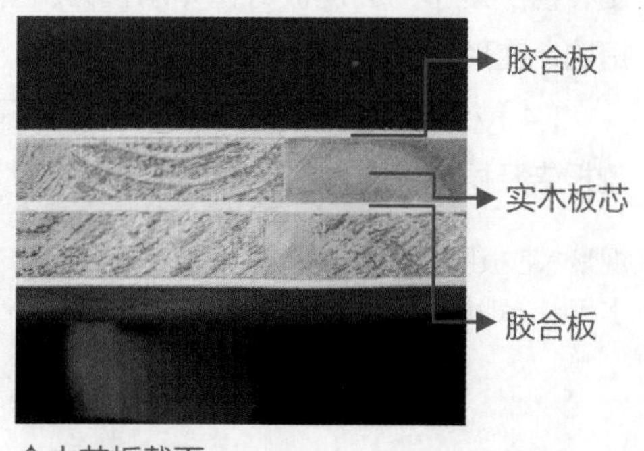

↑木芯板截面

木芯板截面纹理清晰，可以很清楚地看出其制作工艺，通过截面的平整度和纹理也可以判断木芯板的优劣。

纹理较大，但是分布均衡。

↑桦木

桦木质地密实，木质不软不硬，握钉力强，不易变形，很适合制作家具。

纹理细腻，色差较小。

↑泡桐木

泡桐的质地轻软，吸收水分大，握钉力差，不易烘干，易干裂变形。

1. 木芯板规格与价格

木芯板的常见规格为2440mm×1220mm，厚度有15mm与18mm两种，其中15mm厚的木芯板市场价格120元/张左右，主要用于制作小型家具，例如电视柜、床头柜以及其他装饰构造，18mm厚的板材为120～180元/张不等，主要用于制作大型家具，例如衣柜、储藏柜等。

2. 木芯板鉴别

（1）看等级。一般木芯板按品质分可以分为一、二、三等，直接用作饰面板的，应该使用一等板，只用作底板的可以用三等板，一般应该挑选表面干燥、平整，节子、夹皮少的板材。

（2）看外观。木芯板一面必须是一整张木板，另一面只允许有一道拼缝，另外，木芯板的表面必须光洁。

（3）看侧面或剖面。可以从侧面或锯开后的剖面检查木芯板的薄木质量和密实度，密实度小的会使板材整体承重力减弱，长期的受力不均匀也会使板材结构发生扭曲、变形，影响外观及使用效果。

（4）检查是否配有合格证。在大批量购买木芯板时，应该检查产品是否配有检测报告及质量检验合格证等相关质量文件。

观察木芯板周边有无补胶、补腻子的现象，胶水与腻子都是用来遮掩残缺部位或虫眼的。

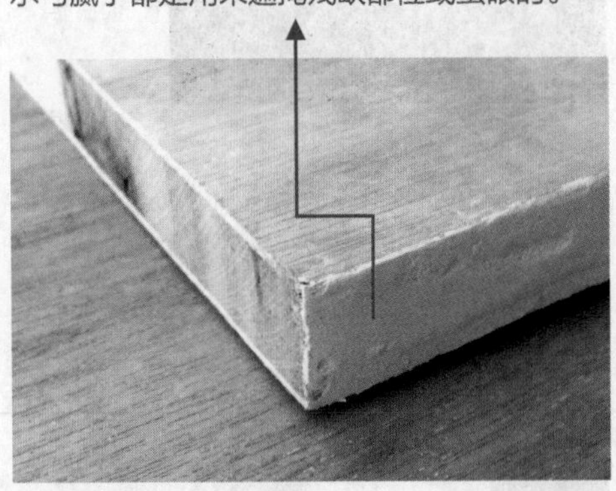

↑腻子遮盖

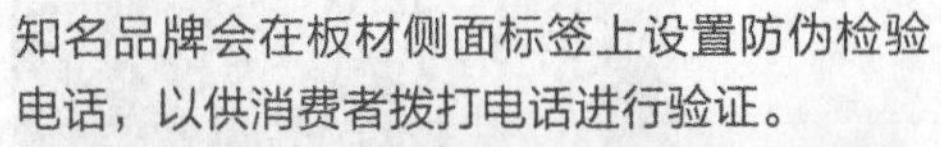

知名品牌会在板材侧面标签上设置防伪检验电话，以供消费者拨打电话进行验证。

↑产品标签

4.1.2　生态板

生态板是将带有不同颜色或纹理的纸放入三聚氰胺树脂胶粘剂中浸泡，然后干燥到一定固化程度，将其铺装在木芯板、指接板、胶合板、刨花板、中密度纤维板等板面，经热压而成且具有一定防火性能的装饰板。

表面压膜制作的PVC层具有多种纹理色彩可选。
中间的板芯材质可为木芯板或胶合板。

↑生态板

生态板有相当高的环保系数，目前使用频率较高，不同级别的生态板的价格有所不同。

直线型家具居多，很少做出曲线造型的家具。

↑生态板应用

生态板色彩丰富，选择花纹多，多用于制作衣柜、鞋柜等家具，可以有少许的弧度造型，但曲度不大。

1. 生态板规格与价格

生态板的规格为2440mm×1220mm，厚度为15~18mm，其中15mm厚的板材价格为80~120元/张，特殊花色品种的板材价格较高。

2. 生态板鉴别

（1）看产品侧面是否有品牌标志。正规公司出产的生态板，在板材一侧大多数都有公司名字，或是封边的板材，扣条上也有刻印的品牌字母缩写之类的标志。

（2）查看板材是否色彩均匀一致。正规生态板的颜色均匀一致，没有明显色差，也不会出现局部有点状，块状，黑点等不和谐颜色现象，也不会有褪色，起皮开胶等缺陷。

（3）观察板面。选购生态板时，除了挑选色彩与纹理外，主要观察板面有无污斑、划痕、压痕、孔隙、气泡，尤其是板面有无鼓泡现象、有无局部纸张撕裂或缺损现象等。

（4）看表面光滑度。劣质的生态板材，表面会比较粗糙，凹凸不平，而优质的生态板则十分光滑，且即使用钥匙摩擦板材，表面痕迹也不会很明显。

（5）闻气味。生态板主要可以分为E0级、E1级，E0级甲醛释放量≤0.5mg/升，E1级甲醛释放量≤1.5mg/升，这种基本是闻不到气味的。

（6）看是否开裂和鼓泡。生态板材开裂和鼓泡是胶合强度和基材引起的质量问题，开裂说明基材用胶量少，整体比较干燥。

在光线稍暗的地方，倾斜板材查看板材表面是否平整光滑，有无明显接缝，用手仔细去摸去感受，光滑感越强的，板材材质越好。

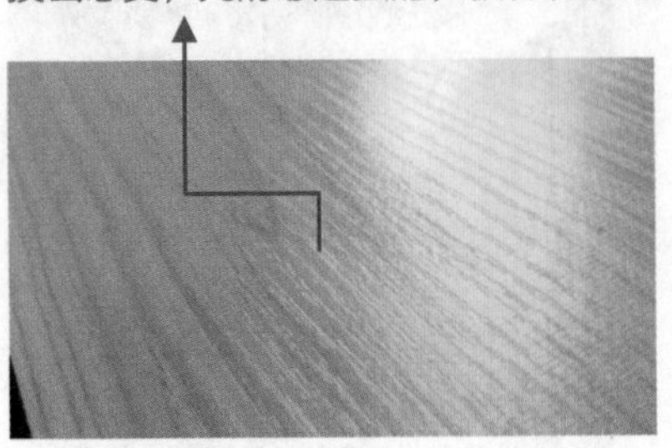

↑看光滑度

将多张生态板材放在一起，嗅闻板材的气味，优质的生态板没有刺鼻的气味，如果有刺鼻气味，代表甲醛释放量很高。

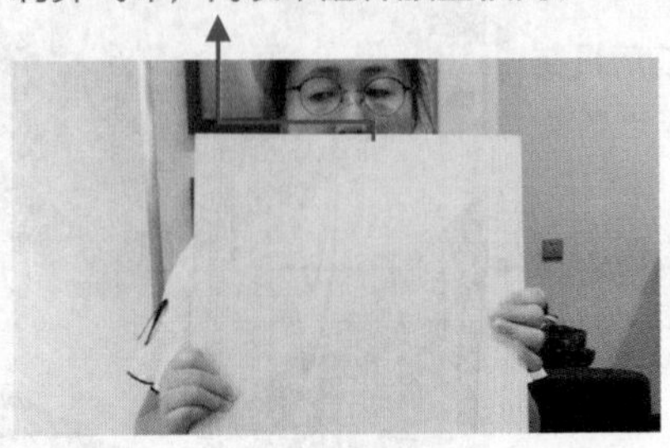

↑闻气味

（7）测量板材厚度。可以用卷尺测量一张生态板不同侧边的厚度，或者测量几张板材的厚度，正规的生态板，厚度均匀，板材稳定，生态板一般厚度为15～18mm。

（8）看固化程度。生态板表面是贴三聚氰胺纸的，三聚氰胺纸是原纸经过三聚氰胺胶浸泡烘干而成的，如果烘干不彻底，就会造成表面不光滑，不好打理。

（9）看贴牢度。还需要查看装饰纸与生态板材之间的贴合程度，贴合不牢固的，锯开时会有崩边现象，会增加加工难度，也会影响美观。

取生态板样品，用鞋油、口红或笔涂在板面上，几分钟后看能否完全擦掉，可以擦掉的为优质品。

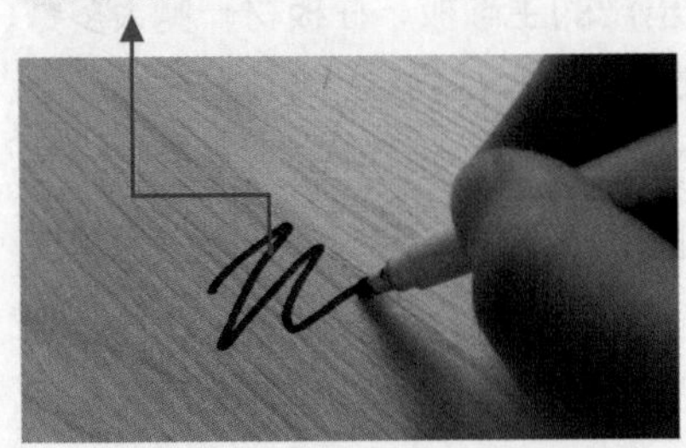

↑看固化程度

取生态板样品，用强力胶在小块样品上粘住，并用力拉，看是否能将装饰纸张拉掉或用手在横切面上用手扣一下，看能否将最上面的装饰纸扣掉。

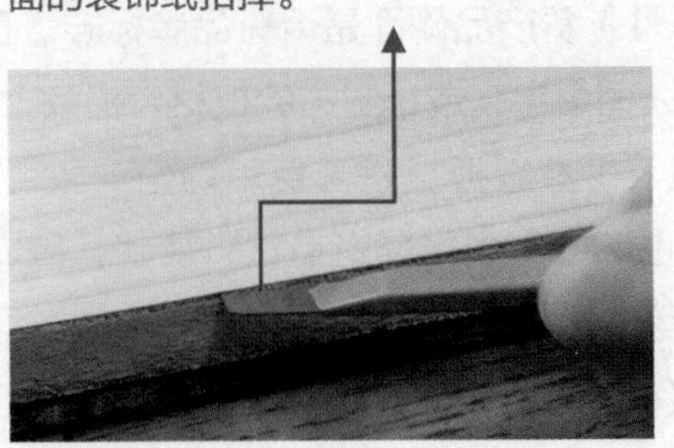

↑看贴牢度

4.1.3 胶合板

胶合板又被称为夹板，是将椴木、桦木、榉木、水曲柳、楠木、杨木等原木经蒸煮软化后，沿年轮旋切或刨切成大张单板，这些多层单板通过干燥后纵横交错排列，使相邻两个单板的纤维相互垂直，再经过加热胶压而成的人造板材。

胶合板主要用于装修中木质制品的背板、底板，由于厚薄尺度多样，质地柔韧、易弯曲，也可以配合木芯板用于结构细腻处。

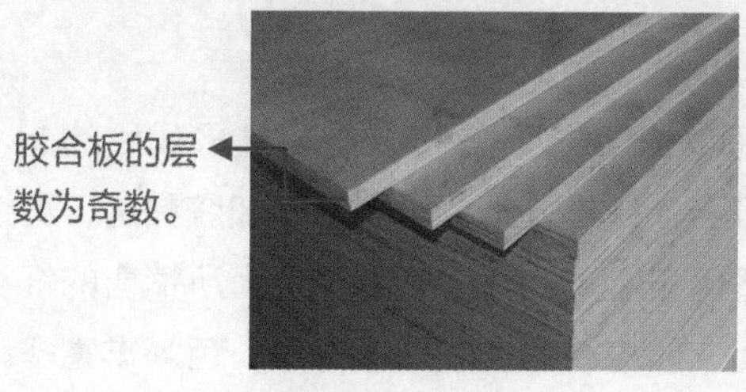
胶合板的层
数为奇数。
↑胶合板

胶合板可以分为耐气候、耐沸水胶合板，耐水胶合板和不耐潮胶合板，其中耐水胶合板能有效经受冷水或短期热水浸渍，但不耐煮沸。

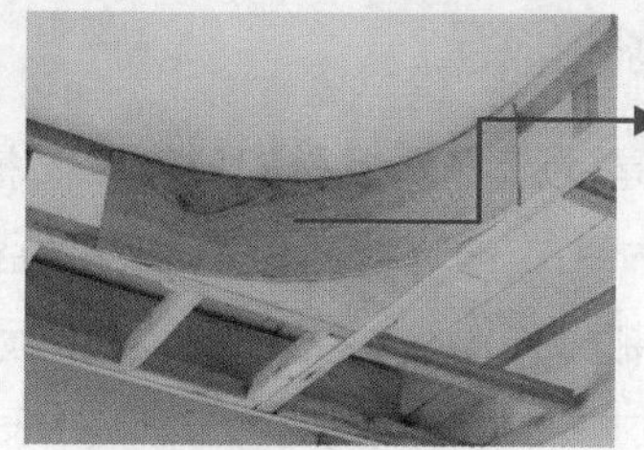
弯曲来自多
层板相互抵
消内应力。
↑胶合板弯曲吊顶

胶合板弥补了木芯板厚度均一的缺陷，曲度较大，用于制作弯曲吊顶时不会有施工难度。

1. 胶合板规格与价格

胶合板常见的规格为2440mm×1220mm，厚度根据层数增加，一般为3～22mm多种，主要用于木质家具、构造的辅助拼接部位，也可以用于弧形饰面，市场销售价格根据厚度不同而不等，常见9mm厚的胶合板价格为50～80元/张。

2. 胶合板鉴别

（1）观察胶合板的正反两面。胶合板有正反两面的区别，一般选购木纹清晰，正面光洁平滑的板材，要求平整无扎手感，板面不应该存在破损、碰伤、硬伤、疤节、脱胶等疵点。

（2）观察剖切面。仔细观察胶合板的截面，注意部分胶合板是将两张不同纹路的单板贴在一起制成的，所以在选择上要注意夹板拼缝处应严密，要求没有高低不平等现象。

取胶合板样品，用手平抚板面，感受表面触感，没有刺感和粗糙感的属于优质胶合板，劣质的胶合板容易开裂，触感不佳。

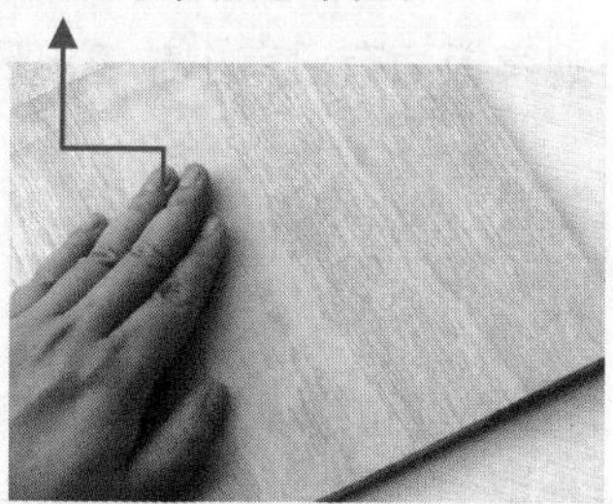
↑平抚板面

将板材剖切，仔细观察剖切截面，优质胶合板单板之间均匀叠加，不应该有交错或裂缝以及腐朽、变质等现象。

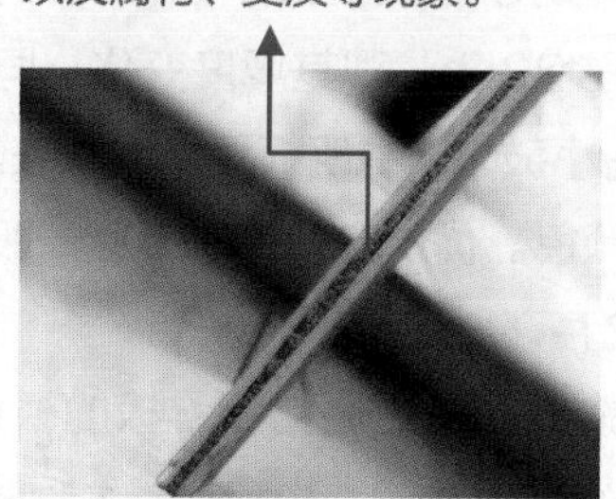
↑胶合板截面质量

（3）听声音。可敲击胶合板的各部位，若声音发脆则证明质量良好，若声音发闷则表示板材已出现散胶的现象。

4.1.4 纤维板

纤维板是人造木质板材的总称，又被称为密度板，是指采用森林采伐后的剩余木材、竹材和农作物秸秆等为原料，经打碎、纤维分离、干燥后施加胶黏剂，再经过热压后制成的人造木质板材。纤维板适用于家具制作，现今市场上所销售的纤维板都会经过二次加工与表面处理，外表面一般覆有彩色喷塑装饰层，色彩丰富多样，可选择性强。

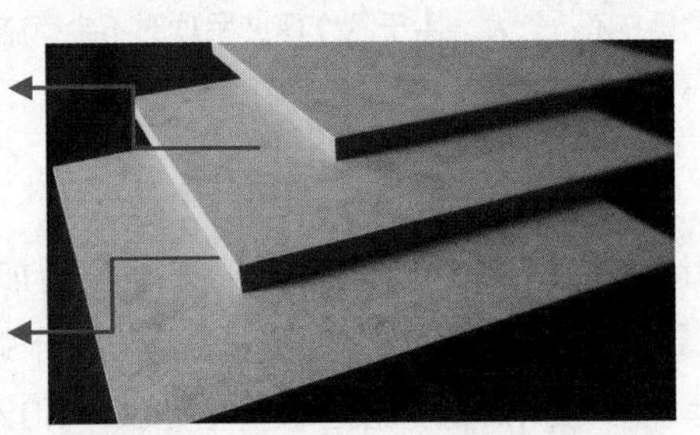

表面平整，但是有轻微颗粒状态。
边角光洁。

↑纤维板

纤维板表面经过压印、贴塑等处理方式，可以被加工成各种装饰效果，被广泛应用于装修中的家具贴面、门窗饰面以及墙顶面装饰等领域。

家具表面平整度高，适用于家具局部细节精加工。

↑纤维板家具

中、硬质纤维板可替代常规木芯板，制作衣柜、储物柜时可以直接用作隔板或抽屉壁板，使用螺钉连接，无须贴装饰面材，简单方便。

1. 纤维板规格与价格

纤维板的规格为2440mm×1220mm，厚度为3~25mm不等，常见的15mm厚的中等密度覆塑纤维板价格为80~120元/张。

2. 纤维板鉴别

（1）检查防水性能。如果条件允许，可锯下一小块中密度纤维板放在水温为20℃的水中浸泡24h，观其厚度变化，同时观察板面有没有小鼓包出现。若厚度变化大，板面有小鼓包，说明板面防水性差。

（2）看颜色。优质的纤维板颜色一般都比较发白或者偏黄，如果发现颜色发黑褐色，可能会存在质量问题。

（3）看横截面。优质的纤维板的横截面中心部位的木屑颗粒长度一般保持在5~10mm为宜，太长的结构疏松，太短的抗变形力差，会导致静曲强度不达标。

（4）看外观。通过查看纤维板的外观，可以很清楚、直观地感受到纤维板的表面色泽和平整度，优质的纤维板材表面色泽一般都比较光亮，也比较平整。

（5）嗅闻。优质的纤维板没有刺鼻的气味，甲醛的含量也符合安全标准。

优质板材应该特别平整，厚度、密度应该均匀，边角没有破损，没有分层、鼓包、碳化等现象，无松软部分。

↑平整纤维板

鼻子贴近板材嗅闻，气味越大说明甲醛的释放量就越高，造成的污染也就越大。

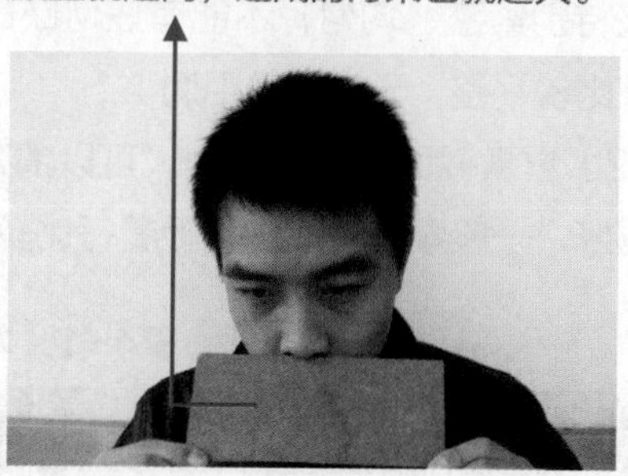

↑鼻子嗅闻

4.1.5 刨花板

刨花板又被称为微粒板、蔗渣板，也有进口高档产品被称定向刨花板或欧松板，它是由木材或其他木质纤维素材料制成的碎料，施加胶黏剂后在热力和压力作用下胶合而成的人造板。

在现代装修中，纤维板与刨花板均可取代传统木芯板制作衣柜，尤其是带有饰面的板材，无须在表面再涂饰油漆、粘贴壁纸或家饰宝，施工快捷、效率高，外观平整。但是这两种板材对施工工艺的要求很高，要使用高精度切割机加工，还需要使用优质的连接件固定，并做无缝封边处理。

1. 刨花板规格与价格

刨花板的规格为2440mm×1220mm，厚度为3~75mm不等，常见19mm厚的覆塑刨花板价格为80~120元/张。

其中颗粒感比较明显，靠近表面层颗粒较小，靠近中央颗粒较大。

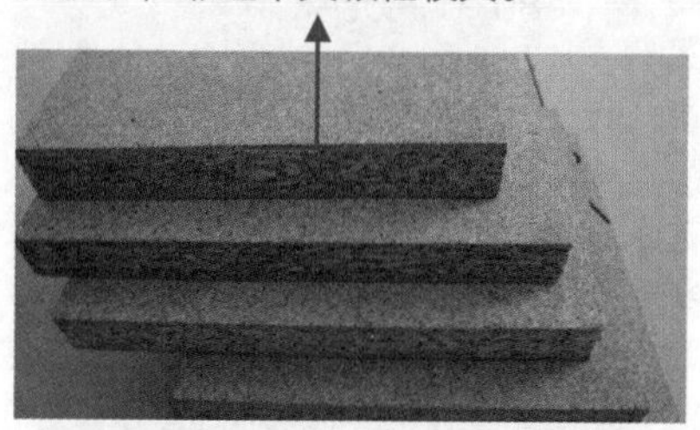

↑刨花板

刨花板结构比较均匀，加工性能也较好，吸音和隔音性能也很好，可以根据需要进行加工。

横向纤维构造比较明显，表面有轻微凸凹感。

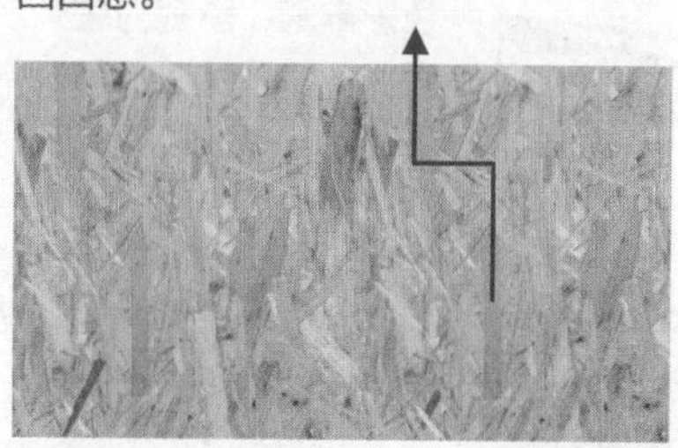

↑定向刨花板

定向刨花板强度较高，经常替代胶合板做结构板材使用，长宽比较大，厚度比一般的刨花板要大。

2. 刨花板鉴别

（1）看边角。选购刨花板的质量时最重要的关键在于边角，板芯与饰面层的接触应该特别紧密、均匀，不能有任何缺口。可以用手抚摸未饰面刨花板的表面，感觉应该比较平整，无木纤维毛刺。

（2）看横截面。从横截面，可以清楚地看到刨花板的内部构造，刨花板的颗粒越大越好，一般颗粒大的刨花板着钉比较牢固，便于施工。

表4-1　木质板材一览

品种	性能特点	用途	价格
木芯板	质地稳定，板材厚实，缝隙密实，价格较高，不易变形，环保质量一般高	室内家具、构造主体制作，柜门、台面制作	厚15mm，120元/张 厚18mm，120～180元/张
生态板	表面色泽丰富，具备良好的防火性能和环保性能	室内家具、构造饰面装饰	厚15mm，80～120元/张，特殊花色价格较高
胶合板	层级多，具有韧性，能弯曲，抗压效果好	室内家具、构造辅助制作	厚9mm，50～80元/张
纤维板	质地均衡，纤维密集，变形较小，饰面色彩丰富，承载力较强	室内家具制作	中密度厚15mm， 80～120元/张
刨花板	质地均衡，颗粒较大，不变形，饰面色彩丰富，承载力较弱	室内家具制作	双面覆塑厚19mm， 80～120元/张

★小贴士★

常见的木质板材选购误区

（1）切边整齐光滑的板材一定很好。这种说法不对，切边是机器锯开时产生的，优质板材一般并不需要再加工，往往有不少毛刺，质量有问题的板材是因其内部是空芯、黑芯，所以厂家会在切边处贴上一层美观的木料并打磨整齐，因此，不能以此为标准衡量孰好孰坏。

（2）3A级是最好的。国家标准中根本没有3A级，不过是商家或企业自己标上去的个人行为，质量不受法律约束。目前市场上已经不允许出现这种字样，根据国家规定，检测合格的木材会标有优等品、一等品及合格品字样。

（3）板材越重越好。购买板材一看烘干度，二看拼接，干燥度好的板材相对很轻，而且不会出现裂纹，很平整。最保险的方法就是到可靠的建材市场，购买一些知名品牌的板材，而为了防止有些市场上的假冒产品，购买时一定要看其是否具有国家权威部门出具的检测报告，一旦出了问题，也有据可查。

4.2 构造板材：因地制宜，选择最佳的

识别难度： ★★★☆☆

核心概念： 石膏板、水泥板

构造板材的选购要结合空间实际情况来选择，一般构造板材主要用于吊顶、隔墙等空间构造制作，空间构造一般由设计师绘出专业图纸，确保完成装修后空间能达到专业合理，美观舒适的效果，见表4-2。

4.2.1 石膏板

石膏板是以半水石膏与护面纸为主要原料，以特制的板纸为护面，经加工制成的板材。在装修中，石膏板主要用于吊顶、隔墙等构造制作，多配合木龙骨与轻钢龙骨为骨架，采用直攻螺钉安装固定。

1. 石膏板规格与价格

普通的石膏板又可分为防火与防水两种，市场上所售卖的型材兼得两种功能。普通石膏板的规格为2440mm×1220mm，厚度有9.5mm与12.5mm，其中9.5mm厚的产品价格为20元/张。

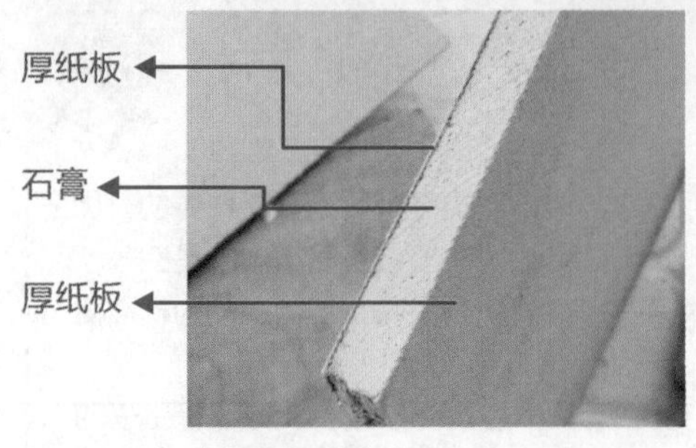

↑纸面石膏板

从纸面石膏板的剖面可以清楚地看到灰色的板芯，剖面内可以清楚地看到纤维的存在。

石膏板横向平铺放置。

↑纸面石膏板堆放

纸面石膏板以板纸为护面，添加剂和纤维为板芯，具备了良好的耐水、耐潮、防火以及隔音等性能。

2. 石膏板鉴别

（1）观察侧面。石膏的质地是否密实，有没有空鼓现象决定了石膏板的质量优劣，越密实的石膏板越耐用。

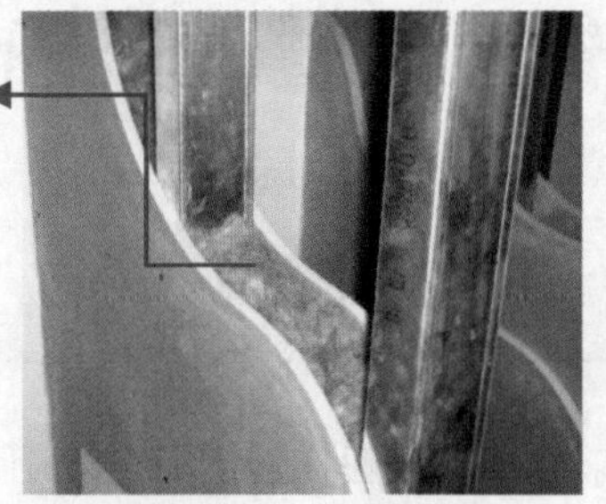

在轻钢龙骨之间填塞隔声棉。

↑石膏板隔墙

石膏板隔墙是用石膏薄板或空心石膏条板组成的轻质隔墙，可用来分隔空间，构造简单，便于加工与安装。

吊顶基础是轻钢龙骨与木芯板。

↑石膏板吊顶

石膏板吊顶采用石膏板制作，具有良好的吸音性能，同时可以自由造型，目前使用频率较高。

（2）可以用手敲击。用手敲击石膏板表面，发出很实的声音说明石膏板严实耐用，如发出很空的声音则说明板内有空鼓现象，且质地不好，还可以用手掂分量也可以衡量石膏板的优劣。

（3）观察并抚摸表面。优质的石膏板表面平整光滑，不能有气孔、污痕、裂纹、缺角、色彩不均以及图案不完整现象，石膏板上下两层护面纸应该特别结实。

（4）检验粘接程度。板材的护面纸与石膏芯之间的断裂程度决定了板材粘接的程度，层间出现撕开现象，则表明黏结良好，如果护面纸与石膏芯层间出现撕裂，则表明板材黏结不良。

在0.5m远处光照明亮的条件下观察石膏板表面，平整一致的为优质品，用手触摸石膏板，触感平滑的为优质品。

↑抚摸石膏板表面

用手揭护面纸，如果揭的地方护面纸出现明显粘连，则表明板材为优质品。

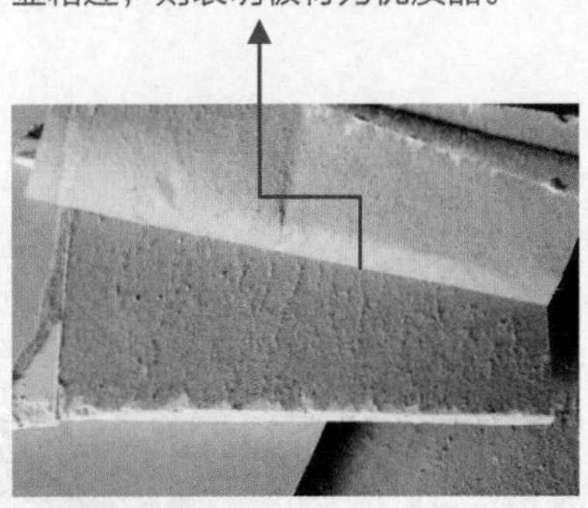

↑揭开石膏板纸面

4.2.2 水泥板

水泥板是以水泥为主要原材料加工生产的一种建筑平板，是一种介于石膏板与石材之间、可以自由切割、钻孔、雕刻的建筑产品，但是价格远低于石材，是目前比较流行的装修材料。

1. 水泥板种类

（1）普通水泥板。普通水泥板是普遍使用的产品，主要成分是水泥、粉煤灰、沙子，价格越便宜水泥用量越低，有些厂家为了降低成本甚至不用水泥，造成板材的硬度降低。

表面平整，具有轻微磨砂感。

厚度均衡

边缘整齐

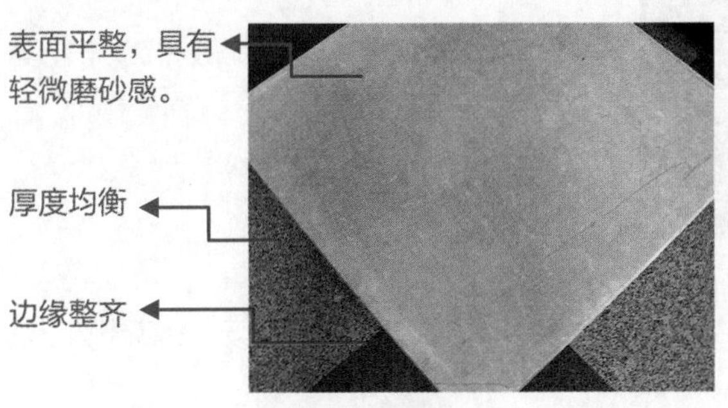

↑普通水泥板

普通水泥板的特性优于石膏板、木板和石材，具有一定的防火、防水、防腐、防虫以及隔声等性能。

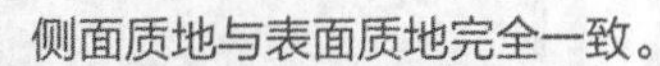

侧面质地与表面质地完全一致。

↑纤维水泥板

纤维水泥板导热系数低，具备良好的隔热、保温性能，防火、阻燃，施工也比较简易。

（2）纤维水泥板。纤维水泥板又被称为纤维增强水泥板，与普通水泥板的主要区别是添加了各种纤维作为增强材料，使水泥板的强度、柔性、抗折性、抗冲击性等大幅提高，添加的纤维主要有矿物纤维、植物纤维、合成纤维以及人造纤维等。

↑木丝纤维水泥板

木丝纤维水泥板是主要由水泥作为胶粘剂，细碎木屑与木条作为纤维增强材料，加入部分添加剂所压制而成的板材。

用于室内非地面铺装，如窗台、墙面等。

↑木丝纤维水泥板应用

木丝纤维水泥板比较环保，板材多运用于现代装修中，装饰效果也别有特点。

（3）纤维水泥压力板。纤维水泥压力板是在生产过程中由专用压机压制而成，它有更高的密度，防水、防火、隔声性能更高，承载、抗折、抗冲击性更强，其性能的高低除了原材料、配方、工艺以外，主要取决于压机的压力大小。

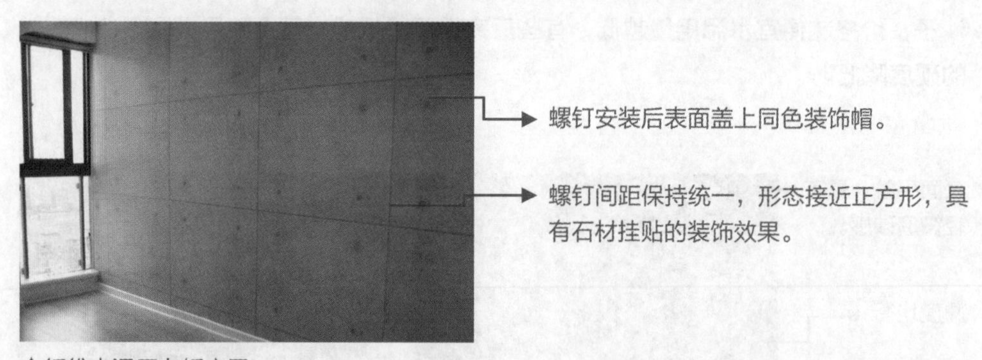

螺钉安装后表面盖上同色装饰帽。
螺钉间距保持统一，形态接近正方形，具有石材挂贴的装饰效果。

↑纤维水泥压力板应用

纤维水泥板广泛应用于大型商场、酒店、宾馆、文件会馆、封闭式服装市场、轻工市场以及影视剧院等公共场所。

2. 水泥板规格与价格

木丝纤维水泥板可以营造出独特的现代风格，一般铺贴在墙面、地面、家具、构造表面，同时可以用在卫生间等潮湿环境。木丝纤维水泥板的规格为

2440mm×1220mm，厚度为6～30mm，特殊规格可以预制加工，厚10mm的产品价格为100～200元/张。

3. 水泥板鉴别

（1）看密度。板材的质量与密度密切相连，可以根据板材的重量来判断，优质水泥压力板的密度为1800kg/m³，具体数据可以对照产品标签，较次的产品密度要低一些，为1500～1800kg/m³之间，硅酸钙板的密度为1200kg/m³左右。

（2）查看规格。可以询问商家有无特殊规格，一般厂家只生产厚6～12mm的板材，不能生产超薄板与超厚板产品，这说明生产条件有限，很难生产出优质产品。

（3）看品牌。可以多比较不同商家的产品，认清产品的品牌与生产厂家，可以上网查看其知名度与产品质量体系认证等情况。

（4）看质地。观察板材的质地，优质的水泥板应该平整坚实，可以采用0号砂纸打磨板材表面，优质产品不应该产生太多粉末，伪劣产品或硅酸钙板的粉末较多。

在光线充足的环境下，观察水泥板表面的纹理和平整度，优质的水泥板十分平整。

↑水泥板表面质地

取适当的砂纸轻轻打磨水泥板表面，观察掉粉情况，优质产品少掉粉或不掉粉。

↑水泥板样本打磨

表4-2 构造板材一览

品种	性能特点	用途	价格
石膏板	质量轻，防火，防潮，隔声，可钉，可刨，吸湿，透气	用于隔墙或吊顶装饰	2440mm×1220mm×9.5mm，20元/张
水泥板	质地坚硬，色差单一，产品体系丰富，耐磨损，不变形	主题墙、背景墙等重点部位装饰	2440mm×1220mm×10mm，100～200元/张

4.3 辅料配件：匹配的才是恰到好处的

识别难度： ★★★★☆

核心概念： 轻钢龙骨、木龙骨、隔声棉、泡沫填充剂、白乳胶、钉子

家具的辅料配件品种多样，范围广泛。在现代装修中，各种配件的发展越来越快，品种越来越多，而且装修的全程中都要用到各种配件，对于配件的要求一定不能降低，见表4-3。

4.3.1 轻钢龙骨

轻钢龙骨是采用冷轧钢板、镀锌钢板或彩色涂层钢板由特制轧机以多道工序轧制而成的一种支撑结构。

1. 轻钢龙骨种类

轻钢龙骨按照材质分，有镀锌钢板龙骨与冷轧卷带龙骨；按龙骨断面分，有U形龙骨、C形龙骨、T形龙骨及L形龙骨，U形与C形轻钢龙骨用于吊顶、隔断龙骨，T形轻钢龙骨只作为吊顶，其中大多为U形龙骨与C形龙骨。

（1）U形龙骨。通常由主龙骨、中龙骨、横撑龙骨、吊挂件、接插件与挂插件等组成，根据主龙骨的断面尺寸大小，即根据龙骨的负载能力及其适应的吊点距离的不同进行种类。通常将吊顶U形轻钢龙骨分为38、50、60等三种不同的系列，隔墙U形轻钢龙骨主要分为50、70、100等三种系列。龙骨的承重能力与龙骨的壁厚、大小及吊杆粗细有关。

（2）C形龙骨。主要配合U形龙骨，作为覆面龙骨使用，C形龙骨又被称为次龙骨，龙骨的凸出端头没有U形龙骨的转角收口，因此承载的强度较低，但是价格较便宜，且用量较大，具体规格与U形龙骨配套。

U形龙骨的特征在于倒弯钩。

↑U形龙骨

U形龙骨是一种吊顶材料，按用途分有大龙骨、中龙骨、小龙骨，按承重量分类有轻型、中型和重型龙骨。

C形龙骨的特征在于无倒弯钩。

↑C形龙骨

由于龙骨的截面形似字母C，因而被称为C形龙骨，目前在装饰装修中使用频率也较高。

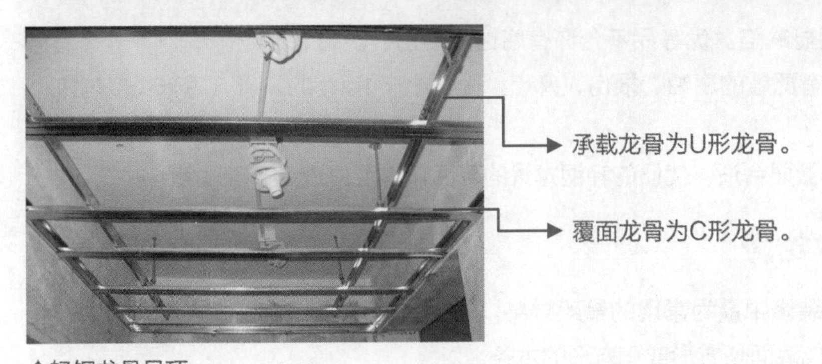

承载龙骨为U形龙骨。
覆面龙骨为C形龙骨。

↑轻钢龙骨吊顶

轻钢龙骨吊顶按承重分为上人轻钢龙骨吊顶和不上人轻钢龙骨吊顶。

（3）T形龙骨。又被称为三角龙骨，只作为吊顶专用，T形吊顶龙骨分为轻钢型与铝合金型两种，过去绝大多数是用铝合金材料制作的，近几年又出现烤漆龙骨与不锈钢龙骨等。

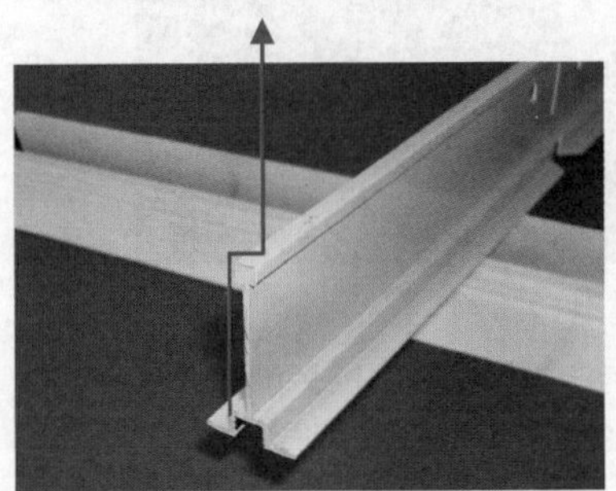

用于搁置吊顶板材，如硅钙板等。

↑T形龙骨

T形龙骨的特点是体轻，龙骨包括零配件和自身重量，总量为1.5kg/m^{2}左右。

用于插入吊顶板材，如铝合金扣板等。

↑T形插接龙骨

T形龙骨的造型根据吊顶板材来定制，主要有扣接龙骨与插接龙骨两种，适用于不同吊顶板材。

2. 轻钢龙骨规格与价格

隔墙龙骨配件按其主件规格分为Q50mm、Q75mm、Q100mm，吊顶龙骨按承载龙骨的规格分为D38mm、D45mm、D50mm、D60mm。装修用的轻钢龙骨的长度主要有3m与6m两种，特殊尺寸可以定制生产。价格根据具体型号来定，一般为5～10元/m。

3. 轻钢龙骨选购

（1）注重外观。选购轻钢龙骨时，应该注意外观质量，龙骨外形要平整，棱角清晰，切口不允许有影响使用的毛刺与变形，镀锌层不许有起皮、起瘤、脱落等缺陷。

（2）无明显缺陷。优等品不允许有腐蚀、损伤、黑斑、麻点等缺陷，一等品与合格品应该没有严重的腐蚀、损伤、麻点，面积小于1cm^{2}的黑斑，每米长度内应小于5处。

（3）镀锌量要合适。优质的轻钢龙骨的双面镀锌量应该大于80g/m^2。

4.3.2 木龙骨

木龙骨是装修中最为常用的骨架材料，主要由松木、椴木、杉木、进口烘干刨光等木材加工成截面长方形或正方形的木条。

表面平整光洁，纹理自然均衡。

↑木龙骨

木龙骨有多种型号，主要用于撑起外面的装饰板，起支架作用。

制作吊顶基层框架保持较高的平整度，截面规格不能低于30mm×40mm。

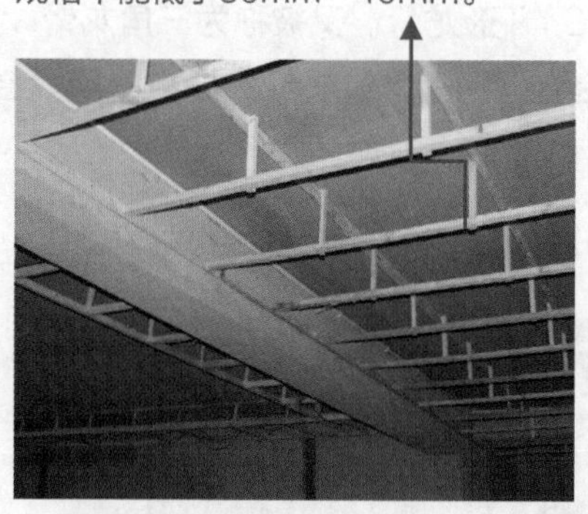

↑木龙骨制作吊顶

木龙骨制作的吊顶在目前装修中使用频率很高，也比较实用。

1. 木龙骨分类

木龙骨主要可以分为吊顶龙骨、竖墙龙骨、铺地龙骨以及悬挂龙骨等。

2. 木龙骨选购

（1）选购木龙骨时会发现商家一般是成捆销售，这时一定要将捆打开一根根挑选，新鲜的木龙骨略带红色，纹理清晰，如果其色彩呈现暗黄色，无光泽说明是朽木。将木龙骨放到平面上挑选无弯曲平直的，要选木疤节较少、较小的木龙骨。

（2）看所选木方横切面的规格是否符合要求，头尾是否光滑均匀，不能大小不一，要选择密度大、深沉的木龙骨，可以用手指甲抠抠看，好的木龙骨不会有明显的痕迹。选择干燥的，湿度大的木龙骨以后非常容易变形开裂。

（3）通常80mm见方的龙骨其实截面边长只有72mm，所以应测量木龙骨的厚度，看是否达到需求尺寸。

制作地台基层框架保持较高的平整度，截面规格不能低于50mm×70mm。

↑无弯曲木龙骨

无弯曲的木龙骨使用寿命会更长，稳定性也会更强，更适合选购。

结疤越多，价格越低，不宜选择结疤过多的木龙骨。

↑木疤节较小木龙骨

木疤节大且多，螺钉、钉子会拧不进去，易导致结构不牢固。

4.3.3 隔音棉

隔音棉是一种常见的建筑隔音材料，具有良好的吸声特性，可以做成墙板、天花板等。

隔音棉能够大量吸收房间声音，减少噪声，与人体皮肤直接接触，不会产生任何有害作用，是一种无毒、无害、无污染的新型吸声材料。

↑隔音棉

1. 隔音棉种类

（1）玻璃纤维隔音棉。分为棉卷和棉板，棉卷的重量比较小，价格一般在几块钱到十块钱之间，棉板可以定做，价格一般在15~20元/m^2。

（2）聚酸纤维隔音棉。价格比纤维隔音棉要贵一些，主要因为聚酸纤维是新型的环保材料，质地柔软。

2. 隔音棉选购

（1）选择有大量内外连通的小孔且质地分布均匀的材料。纵横能力强，触感柔软，表面平整。

（2）选购时选择不燃或阻燃防火等级较高的隔音棉，要求达到消防标准。

质地比较均衡，有少量纤维毛发脱落，气味较淡。

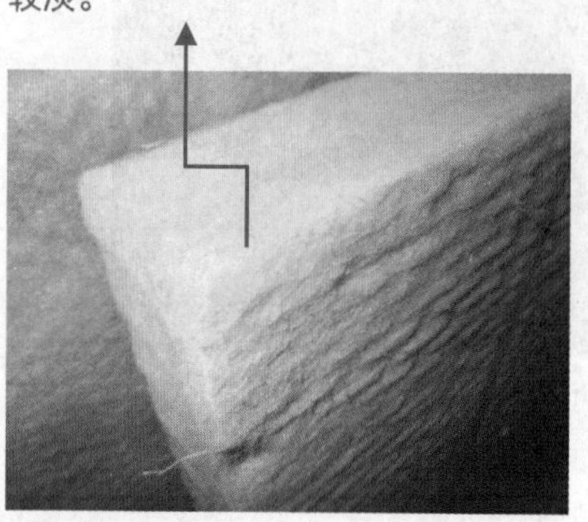

↑玻璃纤维隔音棉

玻璃纤维隔声棉具有良好的吸声、防火、保温以及隔热等优点，但纤维碎屑容易脱落。

整体质地较厚实，层级分明，没有纤维毛发脱落，无气味。

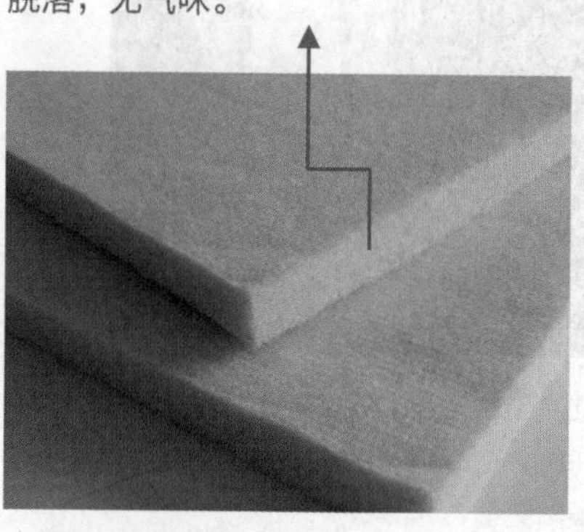

↑聚酸纤维隔音棉

聚酸纤维隔声棉易加工，具备良好的装饰性、阻燃性、环保性、稳定性和抗冲击性能等。

4.3.4 泡沫填充剂

泡沫填充剂又称为发泡剂、发泡胶、PU填缝剂。泡沫填充剂固化后的泡沫具有填缝、粘接、密封、隔热、吸声等多种效果，是一种环保节能，使用方便的装修填充材料。适用于密封堵漏、填空补缝、固定粘结、保温隔声，尤其适用于成品门窗与墙体之间的密封堵漏及防水。

发泡率是泡沫填充剂的重要指标。

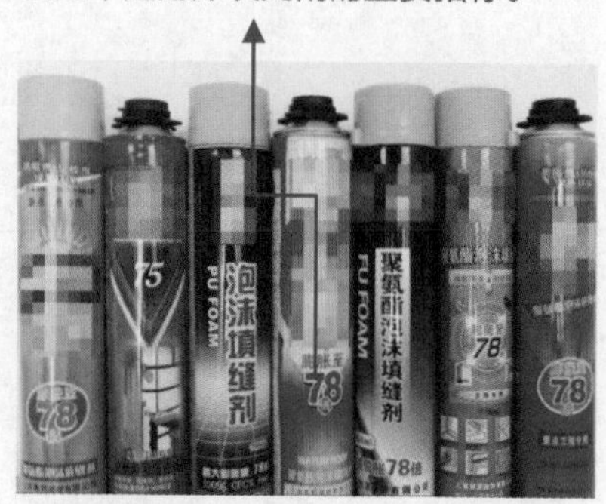

↑泡沫填充剂

泡沫填充剂是一种将聚氨酯预聚物、发泡剂、催化剂等物料装填于耐压气雾罐中的特殊材料。

填塞缝隙宽度、深度可达60mm，适用于门窗与墙体之间填充。

↑泡沫填充剂应用

泡沫填充剂经常运用于窗体填缝、墙体填缝等，可以很好地起到防水防漏的作用。

1. 泡沫填充剂规格与价格

泡沫填充剂常用包装为每罐500ml、750ml，其中750ml包装的产品价格为15～25元/罐。

2. 泡沫填充剂鉴别

（1）从出胶后颜色上判断。优质的发泡胶打出来后是乳白色的，颜色黑灰或者特别黄都不太好，颜色过黄的说明是用质量较次的原材料制成的成品。

（2）看发泡。好的泡沫发泡饱满浑圆，差的泡沫发泡小，并且呈现坍塌，可以切开泡沫，看泡孔，泡孔均匀细密为良好泡沫，如泡孔很大，并且密度不好则为不好。

发泡胶出胶时，打出的泡沫不能太稀也不能太稠，太稀的发泡会塌陷，太稠的泡沫会发干，比较容易收缩。

←发泡质地

（3）看泡沫表面。好的泡沫填缝剂打出的泡沫表面呈沟壑状，光滑但光泽不是很亮，劣质的泡沫表面平整，有褶皱。

（4）看黏接性。好的泡沫黏接力强，差的则黏接力差，黏结强度不好会造成建筑体表面与铝合金或门套黏结不牢固甚至挂不住等。

（5）看成胶后的稳定性。可以用手挤压发泡胶块，好胶的尺寸稳定性好，且完全固化后会有弹性，太软太硬的都不好。

4.3.5 白乳胶

白乳胶是用途最广、用量较大、历史最悠久的水溶性胶黏剂之一，具有成膜性好、黏结强度高，固化速度快、耐稀酸稀碱性好、使用方便、价格便宜、不含有机溶剂等特点。

1. 白乳胶特性

（1）对多孔材料如木材、纸张、棉布、皮革、陶瓷等有很强的黏结力，且初始黏度较高，固化后的胶膜有一定的韧性，耐稀碱、稀酸，且耐油性也很好。

（2）能够室温固化，且固化速度快，胶膜透明，不污染被粘物，并且便于加工。

（3）为单组份的黏稠液体，使用起来比较方便，以水为分散介质，不燃烧、不含有毒气体，不污染环境，安全无公害。

外部是桶装，内部是袋装，要防止快速干燥。

↑白乳胶

白乳胶广泛应用于木材、家具、装修、印刷、纺织、皮革、造纸等行业。

很黏稠的液态，质地均衡，无沉淀。

↑白乳胶搅拌

搅拌白乳胶时要沿着顺时针方向搅拌，以使白乳胶可以搅拌均匀。

2. 白乳胶鉴别

（1）看黏合强度。判断环保型白乳胶黏合强度是否合格，可将两块被黏材料沿黏合界面撕开，看其表面被黏材料是否被破坏。

（2）查看不同温度下是否有脱胶。有时性能较差的环保型白乳胶在高温或低温环境存放一段时间以后会出现脱胶、胶膜发脆等现象，因此有必要做高温热变及低温脆变实验来判定其质量是否可靠。

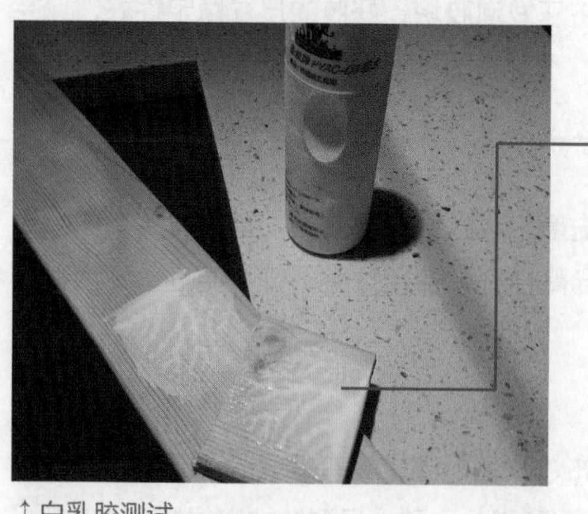

取两件样品，涂刷白乳胶，将其沿黏合界面撕开，若发现撕开后被黏材料遭到破坏，则证明黏合强度足够；若只是黏合界面分开，则表明环保型白乳胶强度不足。

↑白乳胶测试

4.3.6 钉子

钉子本属于五金配件，但是在现代装修中，钉子的品种越来越多，已经超越了传统木工的使用范围，其涉及装修的全过程，尤其是在基础工程与水电工程中显得尤为重要。

1. 圆钉

圆钉又被称为铁钉、木工钉，是最传统的钉子，以铁为主要原料，一端呈扁平状，另一端呈尖锐状的细棍形物件。圆钉是装修中不可缺少的辅材，主要用于基础工程中的木质脚手架、木梯、设备临时安装与固定，待后期木质家具的制作则更需要圆钉做强化加固，还可用于木、竹制品或零部件之间的接合，木质工程中的圆钉应用一般都被称为钉接合。

钉子的接近头端部位有横向条纹，与木材接触后起到摩擦固定的作用。

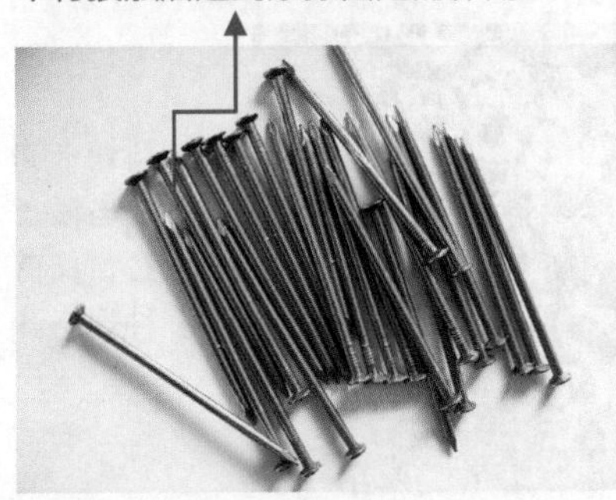

↑圆钉

用在装修中的圆钉都是平头锥尖型，以长度进行划分，可以多达几十种。

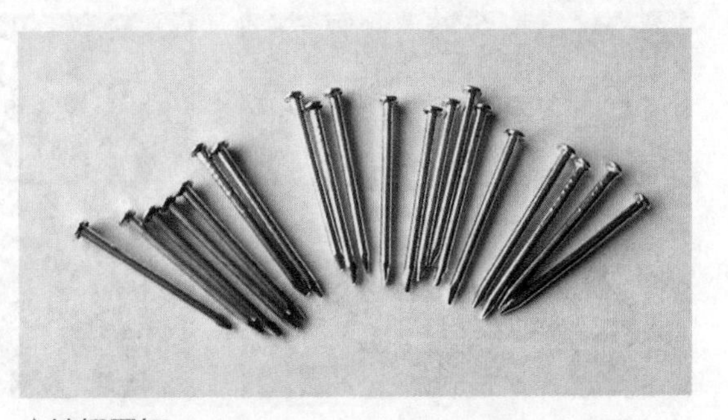

↑镀铜圆钉

镀铜圆钉表面镀有一层铜，视觉上比较美观，具有一定防锈功能。

（1）圆钉规格与价格。圆钉形态多样，要根据实际需要选择。圆钉的规格一般用长度与钉杆直径进行表示，主要长度为10～200mm，规格型号为10号～200号，ϕ0.9～ϕ6.5。以钉长制定规格型号，如50号圆钉，其钉长为50mm。此外，以钉杆直径的大小分为重型、标准型与轻型，如40号圆钉，重型钉杆为2.5mm，标准型钉杆为2.2mm，轻型钉杆为2mm。我国传统的规格单位为寸，如2寸的圆钉即钉长50mm，2寸半的圆钉即钉长60mm，4寸的圆钉即钉长100mm。

市场上销售的圆钉有散装与包装两种形式，散装圆钉容易生锈，不便于保存，但是价格较低，适用于即买即用。包装产品一般以盒为单位销售，无论圆钉大小，都以盒为单位，每盒圆钉净重约0.45kg，价格为3～5元/盒。此外，为了防止传统铁质圆钉生锈，现在也可以选用不锈钢圆钉。

（2）圆钉鉴别

1）观察包装的防锈措施是否到位，优质产品的包装纸盒内侧应该覆有一层塑料薄膜，或在内部采用塑料袋套装。

2）打开包装，圆钉表面应该略有油脂用于防锈，圆钉的色泽应该光亮晶莹，捏在手中不能有红色或褐色油迹。

3）观察多枚圆钉的钉尖形态是否一致，用手指触摸是否具有较强的扎刺感。

4）可以用铁锤敲击，检查圆钉是否容易变形或弯曲。

2. 水泥钉

水泥钉又被称为钢钉，是采用碳素钢生产的钉子。水泥钉的质地比较硬，粗而短，穿凿能力很强，当遇到普通圆钉难以钉入的界面时，选用水泥钉可以轻松钉入。

钉子尖头端角度较大，对硬质材质的积压很有帮助。

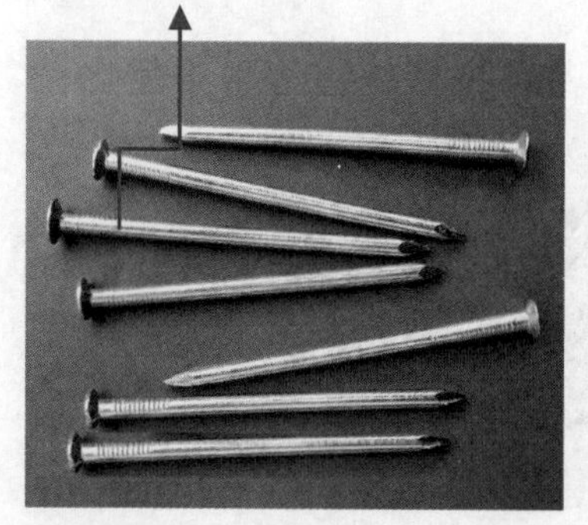

↑水泥钉

水泥钉的钉杆有滑竿、直纹、斜纹、螺旋以及竹节等多种，一般常见的是直纹或滑竿的。

塑料管卡的规格与线管一致，具有多种规格。

↑水泥钉管线卡

水泥钉管线卡即是水泥钉套上了一层塑料卡件，可以用于固定各种线管。

（1）水泥钉用途。水泥钉一般用于砖砌隔墙、硬质木料、石膏板等界面的安装，但是对于混凝土的穿透力不太大。

（2）水泥钉规格与价格。常规水泥钉ϕ1.8～ϕ4.6，长度20～125mm不等，价格要比圆钉高1.5～2倍。

（3）水泥钉鉴别。

1）水泥钉的选购方法与圆钉类似，但是尖头一般不太锐利，且锥角没有圆钉锐利。

2）将水泥钉钉入实心砖墙或混凝土墙体中，优质产品钉入实心砖墙比较轻松，钉入混凝土墙体稍有费力，而劣质产品钉入混凝土墙体会感到阻力较大，甚至会发生弯曲。

3. 射钉

射钉又被称为专用水泥钢钉，主要采用高强度钢材制作，比圆钉、水泥钉更为坚硬，可以钉入实心砖墙或混凝土构造上。

塑料飞翼能平衡钉子的射入角度，同时能提高钉子钉入后的摩擦力。

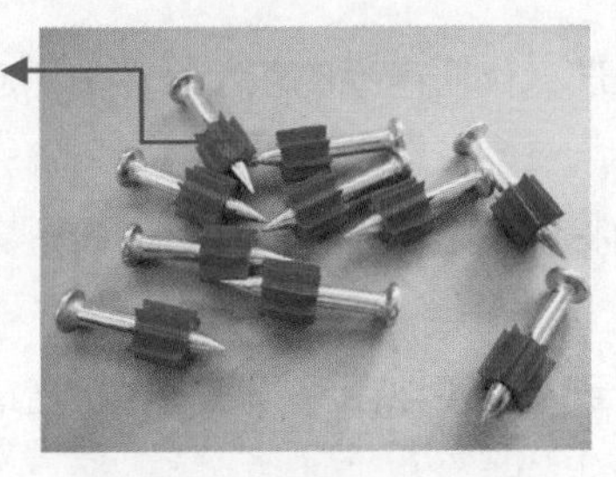

↑射钉

射钉通常由一颗钉子加齿圈或塑料定位卡圈构成，使用频率较多。

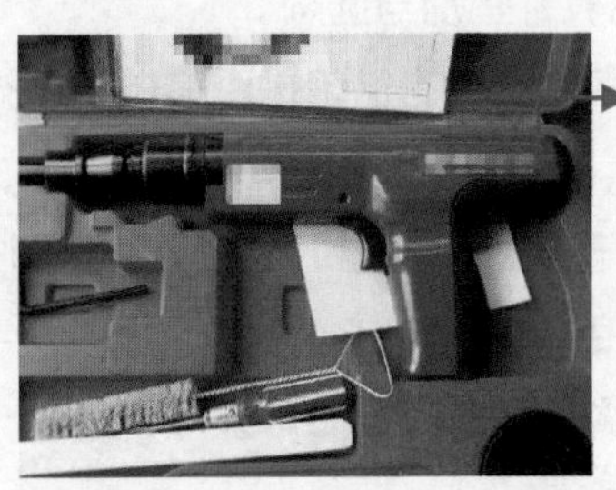

↑射钉枪

射钉一般会采用火药射钉枪发射，射程远，威力大，使用时要注意安全。

射钉枪使用需谨慎，不是常用这类设备的专业人员尽量不用。

在装修中，射钉主要用于固定承重力量较大的装饰结构，如吊柜、吊顶、壁橱等中大件家具，既可以使用铁锤钉入，也可以使用射钉枪发射。

（1）射钉规格与价格。射钉的规格全部统一，钉杆为3.5mm，长度规格为PS27、PS32、PS37、PS42、PS52等。以PS37射钉为例，长度为37mm，价格为5~6元/盒，每盒100枚。

（2）射钉选购。

1）要注意外观，看是否有缺陷，钉头是否残缺，钉身是否弯曲。

2）要看光泽如何，手感是否光滑，还可掂分量，同类型的重量重，质量好。

4. 地板钉

地板钉又被称为麻花钉，是在常规圆钉的基础上，将钉子的杆身加工成较圆滑的螺旋状，使钉子钉入时具有较强的摩擦力。

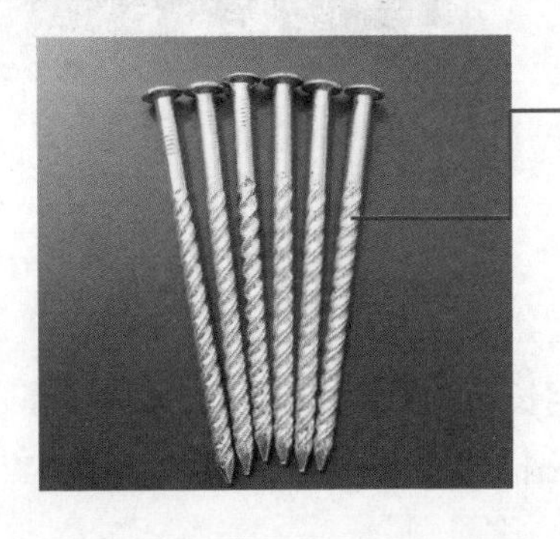

较浅的螺纹能与地板发生良好接触，产生强大附着力来提高牢固度。

←镀锌地板钉

地板钉专用于各种实木地板、竹地板安装，对于需要架设木龙骨安装的复合木地板也可以采用，镀锌地板钉防锈性能较好。

（1）地板钉规格与价格。地板钉的规格为ϕ2.1～ϕ4.1，长度38～100mm不等，其中长度38mm与50mm的地板钉最常用，适用于不同规格的地板、木龙骨或安装构造。地板钉的价格与普通圆钉相当，不锈钢产品的价格要贵1倍。

（2）地板钉鉴别与选购。

1）观察地板钉的包装是否有做防锈处理，优质产品的包装纸盒内侧应该覆有一层塑料薄膜，或在内部采用塑料袋套装。

2）打开包装，地板钉表面应该略有油脂用于防锈，色泽应该比较透亮，捏在手中不会有红色或褐色油迹。

3）观察多枚地板钉的钉尖形态是否一致，还可以用铁锤敲击，检查地板钉是否容易变形或弯曲。

5. 气排钉

气排钉又被称为气枪钉，材质与普通圆钉相同，是装修气钉枪的专用材料，根据使用部位可分为多种形态，如平钉、T形钉、马口钉等。

在装修中，气排钉已成为木质工程的主要辅材，用于钉制各种板式家具部件、实木封边条、实木框架、实木或石膏板构造等。经气钉枪钉入木材中而不漏痕迹，不影响木材继续刨削加工，表面也比较美观，且钉接速度快，质量好，因此应用范围十分广泛。

类似于订书钉的排列，其中有胶水粘接整齐。

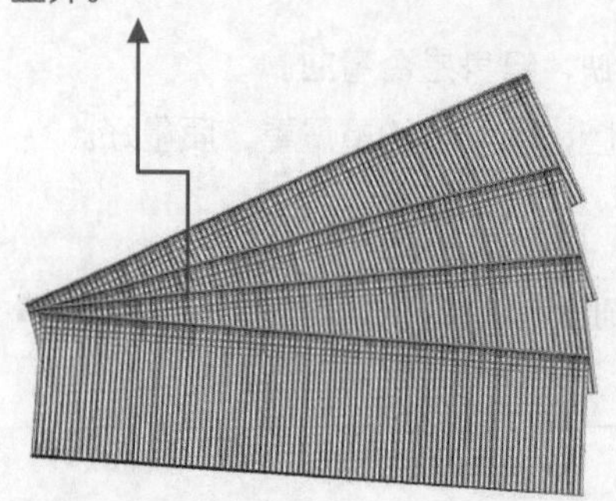

↑气排钉

气排钉之间要使用胶水粘接，钉子纤细，截面呈方形，末端平整，头端锥尖。

气钉枪一般通过高压空气提供动力，具有一定危险，使用需谨慎。

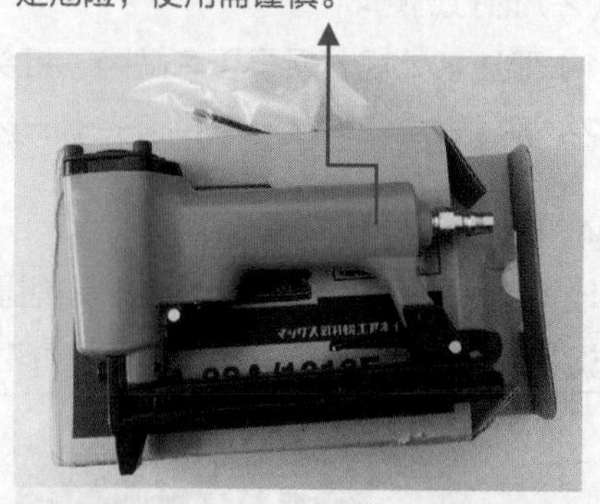

↑气钉枪

气排钉要配合专用气钉枪使用，通过空气压缩机加大气压推动气钉枪发射气排钉，隔空射程可达20m以上。

（1）气排钉规格与价格。气排钉常用长度的规格为10～50mm不等，产品包装以盒为单位，标准包装每盒5000枚，价格根据长度规格而不等，常用的25mm气排钉的价格为6～8元/盒。另外，还有高档不锈钢产品，其价格仍要贵1倍以上。

（2）气排钉鉴别。

1）看品牌。建议选择口碑较好的商家，产品的质量也会有保障。

2）看色泽。查看气排钉表面金属光泽是否亮丽，有无脱色现象。

6. 铆钉

铆钉是一种金属辅材，杆状的一端有帽，当穿入被连接构件后，在钉杆的外端打、压出另一头，将构件压紧、固定。

铆钉种类很多，而且不拘形式，常用的铆钉有半圆头、平头、沉头、抽芯、空心等形式，平头、沉头铆钉用于一般载荷的铆接构造。抽芯铆钉是专门用于单面铆接用的铆钉，但须使用拉铆枪进行铆接。空心铆钉重量轻，一般连接厚度小于8mm的构件用冷铆，厚度大于8mm的构件用热铆，铆接时使用铆钉器将细杆打入粗杆即可。

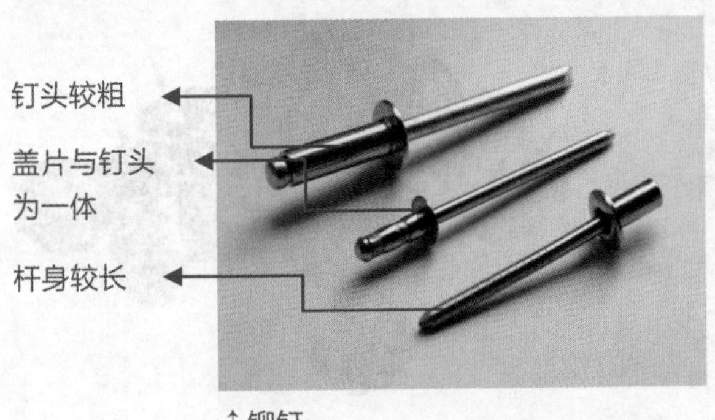

↑铆钉

在铆接工艺中，铆钉利用自身形变的特性来连接各种构件，一般采用不锈钢、铜、铝等各种合金金属制作。

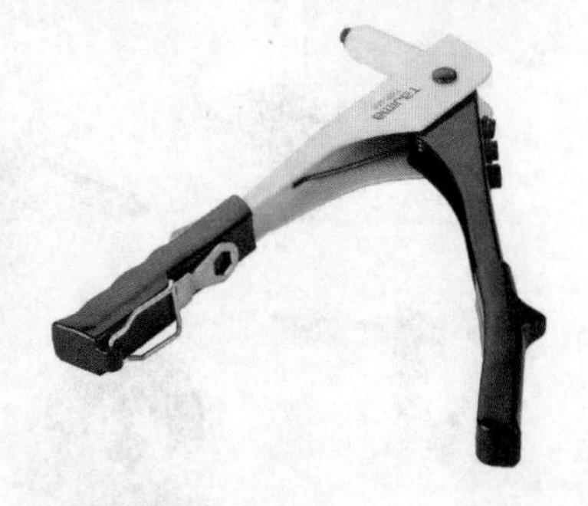

↑铆钉器

铆钉器可以方便将铆钉钉入所需材料内，能够加快施工进度，钉入程度也比较好控制。

在装修中，铆钉主要用于金属构件安装，钢结构楼板、楼梯固定，虽然应用不多，但是铆钉的连接力度特别大，且铆钉的成本低，施工效率高，非一般钉子、螺丝可比。

（1）铆钉规格与价格。铆钉的长度规格主要为10～100mm，$\phi3\sim\phi10$，其中长度每5～10mm为一个单位型号，价格根据材质而不同，常用的铝质铆钉，$\phi4$，长12mm，价格为5～6元/盒，每盒50枚。

（2）铆钉鉴别。

1）检查铆体直径、铆体杆长、铆体帽厚以及铆帽直径的尺寸是否符合标准。

2）检验铆钉的拉铆力足不足，钉芯防脱力如何等。

7. 泡钉

泡钉又被称为扣板图钉、底钉，质地与圆钉相同，既可以用于加固，也可以起到装饰作用，现在随着需求的发展，颜色也变得丰富而多样化，主要靠电镀得到不同的色彩效果，但电镀更重要的作用是防锈。

在装修中，泡钉的应用部位有很多，可以安装在落地家具、构造的底部，使家具底部免受磨损，还用于塑料扣板、防裂网等轻质材料的固定安装，固定媒介一般为木质、塑料等软质材料，施工方便，用手指按压即可，对于装修后期，具有压花纹理的泡钉还可以用于墙面软包、高档壁纸、固定沙发的边角加固或装饰。

与图钉类似，但是圆形盖帽较凸出，呈半球形。

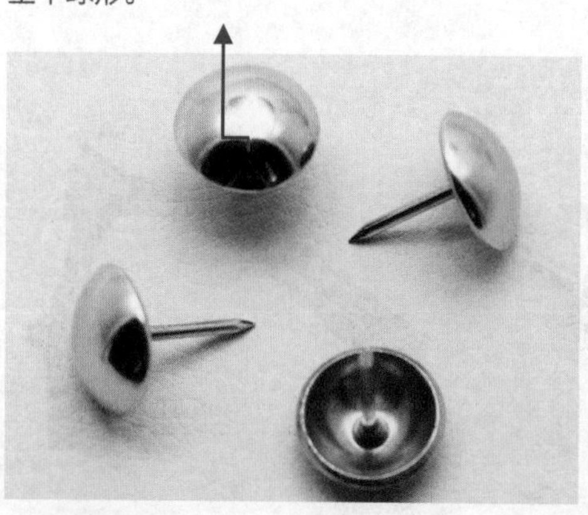

↑普通泡钉

钉身比普通图钉长，钉头比图钉凸出，表面通过镀锌或铜来改变色彩。

具有装饰压花的盖帽适用于固定皮革、布艺材料外露。

↑装饰泡钉

装饰泡钉采用仿古设计，钉头上有压花造型，具有怀旧风格。

（1）泡钉规格。泡钉的规格很多，钉帽长度3～50mm，特殊规格的泡钉可以定制加工。以固定塑料扣板的泡钉为例，钉身长度为14mm，钉帽6mm或8mm，价格为3～5元/盒，每盒约300枚。

（2）泡钉鉴别。

1）选购泡钉时要关注质量，主要观察泡钉表面的电镀效果，可以采用360号砂纸打磨，如果轻易就露出底色，容易褪色或生锈，则说明质量不高。

2）钉帽厚度与钉身的偏差也很关键，可以随意选几枚泡钉仔细比较，优质产品的钉身应该正好焊接在钉帽中央，无细微偏差。

表4-3 构造板材辅料配件一览

品种	性能特点	用途	价格
U形轻钢龙骨	规格较大，强度较高	吊顶、隔墙构造主要承载龙骨	Q75mm，8~10元/m
C形轻钢龙骨	规格适中，强度适中	吊顶、隔墙构造辅助龙骨或覆面龙骨	Q50mm，5~8元/m
T形轻钢龙骨	规格较小，强度适中	成品金属扣板安装龙骨	宽32mm，5~6元/m
隔音棉	质地轻盈、柔软，空隙较大，吸声效果一般，价格低廉	室内板材隔墙中空填充或家具背面填充	厚50mm，15~20元/m^2
泡沫填充剂	粘结力强、隔声、隔热、密封性也很强，且很环保	成品门窗与墙体之间的密封堵漏及防水	750ml，15~25元/罐
白乳胶	粘结力强、成膜性好、固化速度快、价格便宜	木材、纸张、陶瓷、皮革等的粘结	2kg，18~25元/桶
圆钉	形体完整端庄，与木材结合度好，但强度一般，且易生锈	木质板材钉接安装	长50mm，3~5元/盒

续表

品种	性能特点	用途	价格
水泥钉	形体粗壮，质地较重，强度比较高，不弯曲	砖砌墙体钉接安装	长50mm，5~8元/盒
射钉	形体粗壮，质地较重，强度高，不弯曲，中段带有红色塑料套	砖砌墙体、混凝土构造钉接安装	长37mm，5~6元/盒
地板钉	形体完整端庄，与木材接合度较好，强度一般，中间有螺旋状凹槽	各种地板辅助固定安装	长38mm，3~5元/盒
气排钉	价格低廉，结构紧凑，与木材结合度较好，强度较弱	木质饰面板材钉接和木构造辅助快速安装	长25mm，6~8元/盒
铆钉	形态多样，质地较硬，表面=平整，光洁度高	型钢、铝合金等薄金属构造连接安装	长12mm，ϕ4，5~6元/盒
泡钉	价格低廉，品种繁多，与木材接合度较好，强度一般	塑料扣板连接安装，家具饰面、软包安装	长14mm，ϕ8，3~5元/盒

Chapter 5

油漆涂料：绿色好环保

章节导读： 油漆涂料品种繁多，一般以专材专用的原则选购，尤其涂料的环保性也是我们选购的一个重要指标。油漆涂料能形成粘附牢固且具有一定强度与连续性的固态薄膜，对装修构造能起到保护、装饰以及标志作用。随着科技的飞速发展，现代装修中出现了越来越多的新型环保涂料，来替代传统产品，选购时务必要挑选对人体无害的绿色无毒产品。

5.1 家具漆：安全、环保是首选

识别难度：★★☆☆☆

核心概念：聚酯漆、硝基漆

家具漆是装修中常用的材料，主要用于各种家具、构造、墙面、顶面等界面涂装，种类繁多，选购时要认清产品的性质。家具漆还能够使各类家具更加美观亮丽，能改善家具的粗糙手感，还能保护家具不受天气干湿的影响，在选购家具漆时要根据各种家具漆的特性价格综合比较来选择，见表5-1。

5.1.1 聚酯漆

聚酯漆又叫不饱和漆，是一种多组分漆，它的漆膜丰满，层厚面硬。

1. 聚酯漆特点

（1）聚酯漆不仅色彩丰富，而且漆膜厚度大，喷涂两三遍即可，并能完全覆盖基层材料。聚酯漆的漆膜综合性能优异，硬度高，坚硬耐磨，耐湿热、干热以及多种化学药品，光泽度高。

（2）聚酯漆柔韧性差，受力时容易脆裂，一旦漆膜受损不易恢复。聚酯漆调配比较麻烦，比例要求严格，配漆后活化期短，需要随配随用，补性能比较差，损伤的漆膜修补后有印痕。

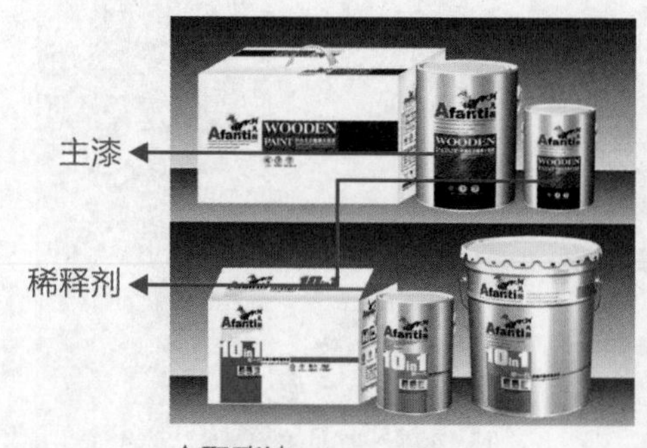

↑聚酯漆

聚酯漆的综合性能较优异，但干固时间慢，容易起皱，漆膜颜色也较白，主漆与稀释剂分开包装。

用于涂刷木质构造表面，能封闭木质纤维孔隙，避免外部污染。

↑聚酯漆光泽性好

聚酯漆保光保色性能好，具有很好的保护性和装饰性。

2. 聚酯漆选购

（1）选择品牌，有保障的，此外还要查看聚酯漆的产品标识，查看各项指标是否达标。

（2）看聚酯漆的固含量、硬度和耐磨性如何。

（3）看聚酯漆的透明程度如何，耐黄性能如何，施工性能如何。

5.1.2 硝基漆

1. 硝基漆特点

硝基漆装饰效果较好，不易氧化发黄，尤其是白色硝基漆质地细腻、平整，干燥迅速，对涂装环境的要求不高，具有较好的硬度与亮度，修补容易。

硝基漆固含量较低，需要较多的施工遍数才能达到较好的效果，此外，硝基漆的耐久性不太好，尤其是内用硝基漆，其保光保色性不好，使用时间稍长就容易出现诸如失光、开裂、变色等弊病。

在装修中，硝基漆主要用于木器及家具、金属、水泥等界面，一般以透明、白色为主。

2. 硝基漆规格与价格

硝基漆常用包装为0.5～10kg/桶，其中3kg包装产品价格为70～80元/桶，需要额外购置稀释剂调和使用。

↑硝基漆

硝基漆是比较常见的木器以及装修用的涂料，一般可用于装饰涂装、金属涂装和一般水泥涂装等。

色彩样本是经销商对外宣传的重要媒介，可作参考。

↑硝基漆色板

硝基漆色板拥有不同的色彩，可以方便消费者选择自己喜欢的色彩，一般商店都有此展板。

3. 硝基漆鉴别

（1）硝基漆的选购方法与清漆类似，只是硝基漆的固含量一般都大于40%，气味温和，劣质产品的固含量仅在20%左右且气味刺鼻。

（2）硝基漆在运输时应防止雨淋、日光曝晒，避免碰撞，应存放在阴凉通风处，防止日光直接照射，并隔绝火源，远离热源的部位。

喷涂距离300mm左右，压力均衡才能保证喷涂质量。

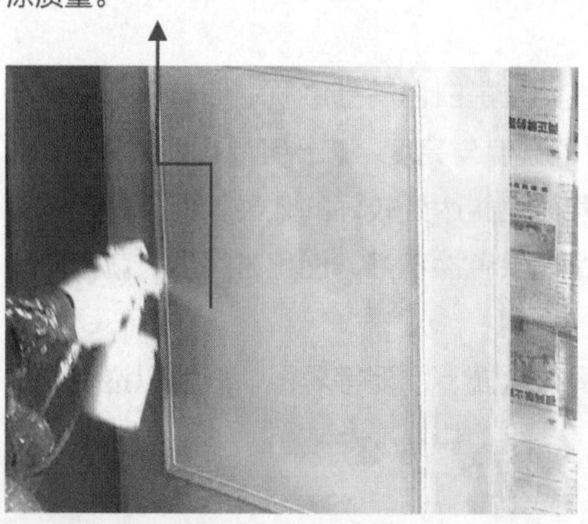

↑硝基漆喷涂

硝基漆主要以喷涂为主，在施工前应将被涂物表面彻底清理干净。

务必要用废旧报纸遮挡周边，否则很难清除周边残留油漆。

↑施工完毕

硝基漆施工完毕后要做好施工保护措施，以防家具漆被磨损掉。

表5-1　家具漆一览

品种	性能特点	用途	价格
聚酯漆	质地较清澈，涂装平整光洁易起白膜，需要稀释使用，干燥快，价格较高	室内家具、构造表面涂装	5kg，180～220元/组
硝基漆	质地单薄，涂装平整光滑，遮盖力弱，需要多次涂装，干燥快，单价适中，施工成本高	室内高档家具、构造表面涂装	3kg，100～150元/桶

5.2 墙面漆：绿色、装饰全都有

识别难度： ★★★☆☆

核心概念： 乳胶漆、真石漆、硅藻泥、液体壁纸

墙面漆是装修中用于墙面的主要饰材之一，在基础装修费中占一定的比例，选择优质的墙面漆是非常重要的，一般需要从环保指标、使用寿命以及遮盖力等方面出发，见表5-2。

5.2.1 乳胶漆

乳胶漆又称为合成树脂乳液涂料，是有机涂料的一种，它是以合成树脂乳液为基料加入颜料、填料及各种助剂配制的水性涂料。乳胶漆具备与传统墙面涂料不同的优点，它施工方便，干燥迅速，非常便于擦洗。

小容量金属桶包装是高档产品的标配。

←乳胶漆

1. 乳胶漆特点

（1）干燥速度快。乳胶漆干燥速度快，在25℃时，30min内表面即可干燥，120min左右就可以完全干燥。

（2）不易变形。乳胶漆耐碱性好，涂于碱性墙面、顶面及混凝土表面，不返粘，不易变色。

（3）色彩丰富。乳胶漆色彩柔和，漆膜坚硬，表面平整无光，色彩明快，颜色附着力强。

（4）施工方便。乳胶漆调制方便，易于施工，可以用清水稀释，能刷涂、滚涂、喷涂，工具用完后可用清水清洗，十分便利。

专业调色机调色，精准度高，并且可以多次调色，色彩效果也比较统一。

↑调色机

购买彩色颜料自行调色，在文具店或美术用品商店购买水粉颜料，加清水稀释后逐渐倒入白色乳胶漆中，搅拌均匀即可。

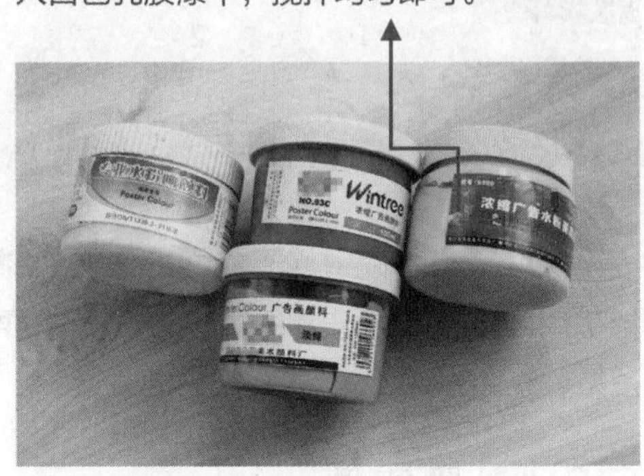

↑水粉颜料

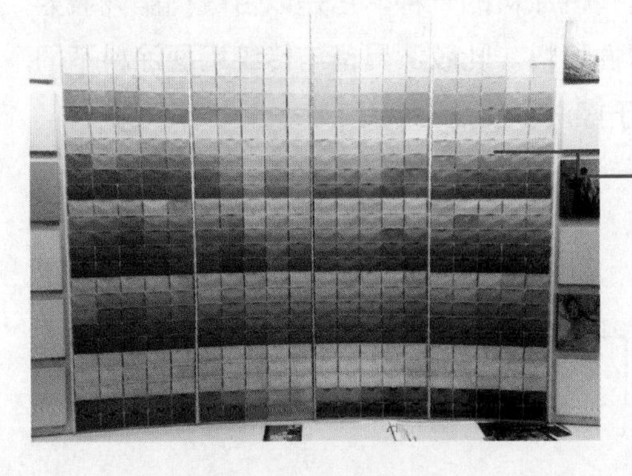

乳胶漆可以调制出各种色彩，知名品牌乳胶漆的经销商都提供调色服务，费用为购置产品的5%左右，调色前提供色板参考。

←乳胶漆色板

2. 乳胶漆规格与价格

乳胶漆常用包装为3～18kg/桶，其中18kg包装产品价格为150～400元/桶，知名品牌产品还有配套组合套装产品，即配置固底漆与罩面漆，价格为800～1200元/套，乳胶漆的用量一般为12～18m^2/L，涂装两遍。

3. 乳胶漆鉴别

（1）看重量。可以掂量包装，1桶5L包装的乳胶漆约重8kg，1桶18 L包装的乳胶漆约重25kg，还可以将桶提起来摇晃，优质乳胶漆晃动一般听不到声音，很容易晃动出声音则证明乳胶漆黏稠度不高。

（2）观察黏稠度。可以购买1桶小包装产品，打开包装后观察乳胶漆，优质产品比较黏稠，且细腻润滑。

（3）感受黏稠度。用手触摸乳胶漆，优质产品比较黏稠，呈乳白色液体，无硬块、搅拌后呈均匀状态。

用木棍挑起乳胶漆，优质产品的漆液自然垂落能形成均匀的扇面，不会断续或滴落。

↑挑起乳胶漆后

手轻蘸一些乳胶漆，漆液能在手指上均匀涂开，能在2min内干燥结膜，且结膜有一定的延展性的为优质品。

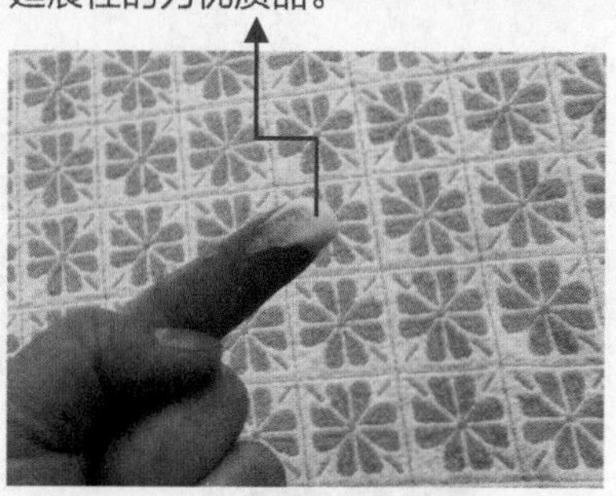

↑拿捏粘稠度

（4）闻气味。可以闻一下乳胶漆，优质产品有淡淡的清香，而伪劣产品具有泥土味，甚至带有刺鼻气味，或无任何气味。

5.2.2 真石漆

在现代装修中，真石漆主要用于室内各种背景墙涂装，或用于户外庭院空间墙面、构造表面涂装。真石漆又称为石质漆，主要由高分子聚合物、天然彩色砂石及相关助剂制成，干结固化后坚硬如石，看起来像天然花岗岩、大理石一样。

颗粒均匀，色彩清晰干净。

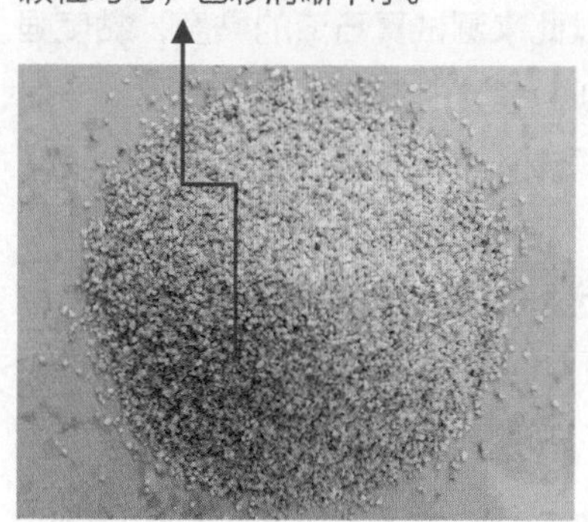

↑彩色石砂

彩色石砂成品后具有色彩自然质感，有害物质较少，且不易褪色。

样本质地与施工后的真实效果相差无几。

↑真石漆样本

真石漆样本囊括了各种色彩和纹理的真石漆，在涂料商店均有。

1. 真石漆特点

真石漆具有防火、防水、耐酸碱、耐污染、无毒、无味、黏结力强，永不褪色等特点。真石漆能有效地阻止外界环境对墙面的侵蚀，由于真石漆具备良好的附着力和耐冻融性能，因此特别适合在寒冷地区使用。真石漆施工简便，易干省时，施工方便等特点，优质的真石漆还具有天然真实的自然色泽。

金属桶包装，密封严格，内部材质有沉淀。

↑真石漆

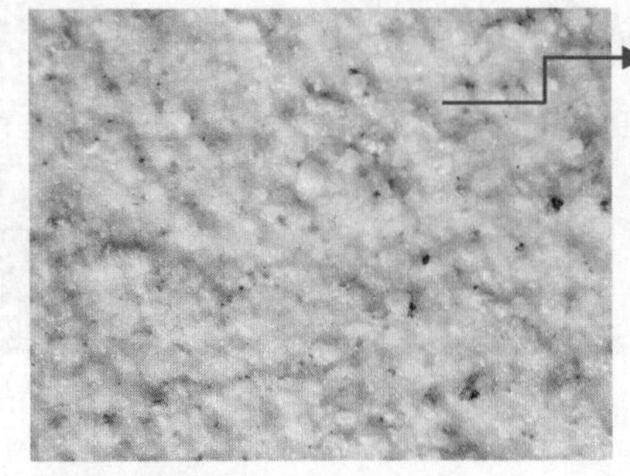

真石漆能给人以高雅、和谐以及庄重的美感，可以使墙面获得生动逼真，回归自然的效果。

↑真石漆效果

2. 真石漆规格与价格

真石漆常见桶装规格为为5~18kg/桶，其中10kg包装的产品价格为100~150元/桶，可涂装15~20m^2。

3. 真石漆选购

（1）看水润度。打开真石漆包装桶看真石漆的水润度如何，视觉上比较干的属于劣质品，乳液含量不够高。

（2）感受水润度。可用手去摸触摸真石漆，以此来测试真石漆的黏度，黏度强的属于优质品，可以先抓一把真石漆放在手里片刻，等乳液风干后再去洗手。一般好的乳液风干后会形成一层保护膜，必须用开水烫或清洁球之类才能洗干净，注意带上手套。

（3）看是否掉色。天然真石漆都是采用自然状态下的彩色石粉碾碎而成，除非是染色材料，否则不应该存在掉色问题。

取适量真石漆材料放置于净水中浸泡，观察水色是否变化，如果上层水液出现乳白色则为正常，出现黄色以及其他色泽，则可以初步断定乳液不合格或乳液中添加了染色成分。

←检验是否掉色

5.2.3 硅藻泥

硅藻涂料是以硅藻泥为主要原材料，添加多种助剂的粉末装饰涂料，它是一种天然环保内墙装饰材料，可以用来替代壁纸或乳胶漆。硅藻涂料适用于普通住宅、别墅、公寓、酒店以及医院等内墙装饰，是一种新型的环保涂料，具有消除甲醛、释放负氧离子等功能，同时也被称为会呼吸的环保功能性建材。

←硅藻泥包装

1. 硅藻泥特点

硅藻泥本身无任何的污染，不含任何有害物质及有害添加剂，为纯绿色环保产品。硅藻泥具备独特的吸附性能，可以有效去除空气中的游离甲醛、苯、氨等有害物质，以及因宠物、吸烟、垃圾所产生的异味，可以净化室内空气。

调和后呈黏稠状，比较黏手。

↑硅藻涂料调和

硅藻涂料调和后完全干燥需要48h，48h后可以用喷壶喷洒少许清水，以保证其湿润度。

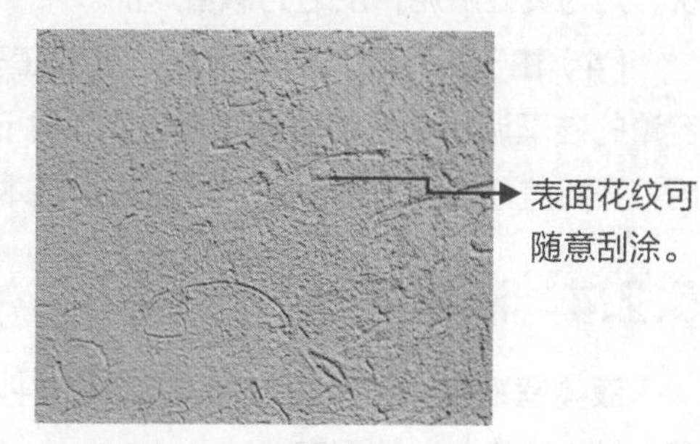

表面花纹可随意刮涂。

↑硅藻涂料效果

硅藻涂料涂刷后可以使墙面拥有更丰富的自然质感，纹样花饰等也变得更多样化。

2. 硅藻泥规格与价格

硅藻泥主要有桶装与袋装两种包装，桶装规格为5～18kg/桶，5kg包装的产品价格为100～150元/桶；袋装价格较低，袋装规格一般为20 kg/袋，价格为200～300元/袋，用量一般为1kg/m^2。

图形图案可用模具压印成形。

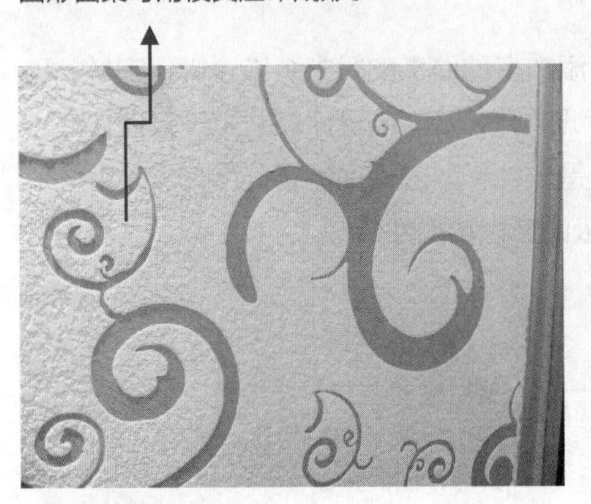

↑丰富的花纹

硅藻涂料选择主动性较高，所能选择的花纹也较丰富，使用频率高。

纵横向交替刮涂，形成的立体感强。

↑灰色调

硅藻涂料不同的色彩适用于不同的空间，也可以根据装饰风格进行选择。

3. 硅藻泥鉴别

（1）应选择知名品牌产品，选择有独立门店，且在当地口碑较好的品牌。

（2）优质硅藻泥粉末不吸水，用手拿捏为特别干燥的感觉。

（3）如果条件允许，可以取适量硅藻泥粉末放入水中，如果硅藻能够还原成泥状，则为真硅藻泥，反之为假冒产品。

（4）由于硅藻泥具有吸附性，可以在干燥的600ml纯净水塑料瓶内放置约50%容量的硅藻泥粉末，将香烟烟雾吹入其中而后封闭瓶盖，不断摇晃瓶身，约10min后打开瓶盖仔细闻一下，正宗产品应该基本没有烟味。

5.2.4 液体壁纸

液体壁纸是一种新型的艺术装饰涂料，为液态桶装，通过专有模具，可以在墙面上做出风格各异的图案。

1. 液体壁纸特点

液体壁纸施工时无须使用建筑胶水、聚乙烯醇等，所以不含铅、汞等重金属以及醛类物质，从而无毒、无污染。由于是水性材料，液体壁纸的抗污性很强，同时具有良好的防潮、抗菌性能，不易生虫，不易老化。

液体壁纸不仅克服了乳胶漆色彩单一、无层次感及壁纸易变色、翘边、起泡、有接缝、寿命短的缺点，而且具备乳胶漆易施工、图案精美等特点。

表面肌理质地丰富，具有一定凸凹效果。

↑液体壁纸铺装

液体壁纸取材于天然贝壳类生物的壳体表层，黏合剂也选用无毒、无害的有机胶体，是真正的天然、环保产品。

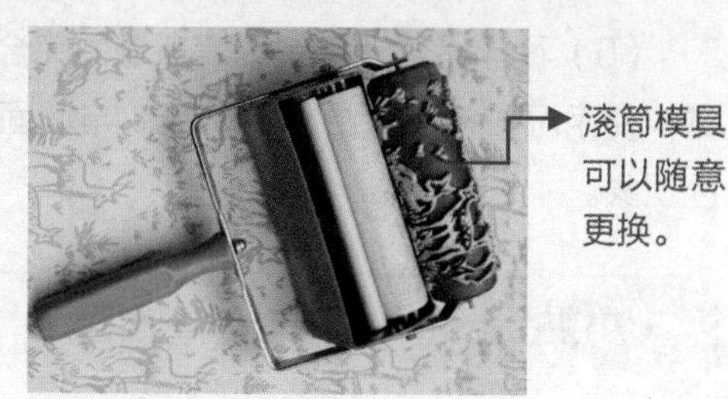

滚筒模具可以随意更换。

↑液体壁纸印花滚筒

印花滚筒具备不同的花纹，可以根据需要选择所需的印花滚筒，这种滚筒也很方便施工。

2. 液体壁纸价格

液体壁纸主要以每平方米来计算，一般是60～100元/m^2。

液体壁纸是集乳胶漆与壁纸的优点于一身的高科技产品，同时也具备了良好的装饰效果。

↑液体壁纸装饰

3. 液体壁纸选购

（1）看颜色。优质的液体壁纸漆颜色比较均匀，不会有沉淀和漂浮物，也不会有杂质和颗粒，质地比较细腻。

（2）闻气味。优质的液体壁纸漆不会有刺激性的气味或者油性气味，反而带有一股清香，对人体不会有伤害。

（3）看黏稠度。优质的液体壁纸漆浓度稠密，一般可以拉出大约200mm的细丝。

（4）看施工模具。施工模具外框为金属，图案清晰无垢，弹性强，膜面紧绷而有弹性，丝网分布光滑均匀，膜面牢固，绷力均匀、平滑的为优质品。

（5）看凝固时间。施工后的液体壁纸漆一般在墙面3～4min内会迅速成膜，不会有流淌现象，图案更不会有褶皱或模糊出现。

（6）看样品。液体壁纸漆在墙面完全凝固后用手抚摸会有舒适质感，无油腻感觉，使用湿布擦拭不会褪色，花纹与墙面结合紧密，用力擦拭也不会产生脱落和褪色现象。

★小贴士★

各类墙面漆注意事项

（1）乳胶漆调色要提前确定好基准色，并选购好调色材料，调色时应注意，所调配的颜色应比预想的色彩要深些，因为乳胶漆涂装完毕干燥后会变浅。

（2）真石漆应存放于5～40℃的阴凉干燥处，严防暴晒或霜冻，未开封常温下可以保存12个月。

（3）硅藻涂料墙面具有一定的凹凸感，在施工与使用中难免会受到污染，一般污迹可以用软橡皮、硬橡皮或细砂纸等简单工具清洁，即可不留任何痕迹。

表5-2　墙面漆一览

品种	性能特点	用途	价格
乳胶漆	质地均匀，遮盖力较强，较环保，价格低廉，不同品牌产品差价较大，质量识别难度大	室内墙面、顶面涂装	18kg，150～400元/桶
真石漆	质地浑厚，遮盖力强，具有石材的真实效果，色彩品种丰富，施工较复杂	室内外墙面、装饰构造涂装	10kg，100～150元/桶
硅藻泥	品种繁多，孔隙较大，能吸附异味，隔声效果好，施工复杂	室内墙面局部装饰涂装	5kg，100～150元/桶
液体壁纸	色彩繁多，纹理质感突出，配合滚筒模具使用，整体效果统一，无接缝，价格昂贵	室内墙面局部涂装	60～100元/m^2

5.3 特种涂料：特殊场合特殊用

识别难度： ★★★☆☆

核心概念： 防水涂料、防火涂料、防锈涂料

特种涂料是用于特殊场合，满足特殊功能的涂料，主要对涂装界面起到保护、封闭的作用，是现代装修必不可少的材料，见表5-3。

5.3.1 防水涂料

防水涂料是指涂刷在装修构造或住宅建筑表面，经化学反应形成一层薄膜，使被涂装表面与水隔绝，从而起到防水、密封的作用，其涂刷的黏稠液体统称为防水涂料。

1. 防水涂料种类

（1）溶剂型防水涂料。主要成膜物质是高分子材料，将溶解于有机溶剂中成为溶液，涂料通过溶剂挥发，经过高分子物质分子链接触、搭接等过程而结膜。

（2）水乳型防水涂料。主要成膜物质是高分子材料与微小颗粒稳定悬浮在水中。涂料干燥较慢，一次成膜的致密性较溶剂型涂料低，一般不宜在5℃以下施工。

溶剂型产品的塑料桶内再无其他包装，因此包装要注意封口的严密性，不能购买有渗漏的产品。

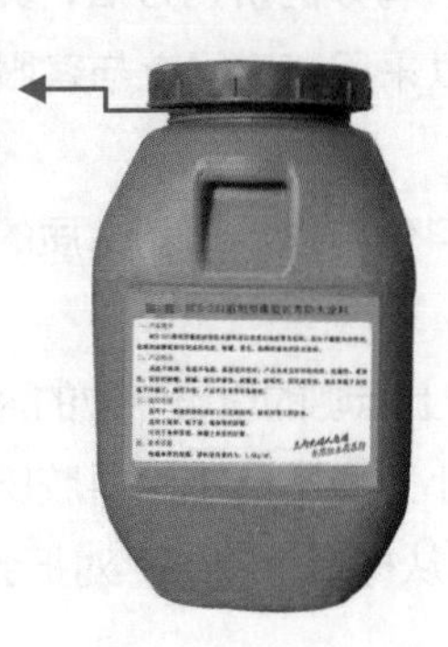

↑溶剂型防水涂料

溶剂型防水涂料干燥快，结膜较薄且致密，生产工艺简易，稳定性较好，但是易燃、易爆、有毒。

金属桶密封更严密，但是成本更高。

↑水乳型防水涂料

水乳型防水涂料通过水分蒸发，经过固体微粒接近、接触、变形等过程而结膜，无毒，不燃，生产、贮运、使用安全，操作简便又环保。

（3）反应型防水涂料。主要成膜物质是高分子材料，以液态形状存在。涂料通过液态的高分子预聚物与相应物质发生化学反应，变成结膜，无收缩，涂膜致密，价格较贵。

反应型防水涂料要进行多次搅拌，弹塑性和抗裂性能都很不错，同时对于温度变化的适应度也很强。

←反应型防水涂料

2. 防水涂料规格与价格

常见包装规格为1~5kg/桶，其中5kg包装的产品价格为150~200元/桶，可涂刷约12~15m^2。防水涂料应购买知名品牌产品，由于用量不多，可到大型建材超市或专卖店购买。

3. 防水涂料鉴别

（1）查看外部包装。优质的防水涂料外部包装颜色鲜明、字迹清晰不模糊，且规范标出生产日期、使用年限、名称以及产地等。

（2）查询防伪码。查询防伪码是最直接有效的辨别方法，真伪查询码是无法模仿的，且只能查询一次。除此之外，还可以采用在官网上与客服沟通查询及手机短信查询等多种方式。

（3）闻气味。优质的防水涂料中的液料气味很淡，而劣质的防水涂料会有一股很浓烈且刺鼻的气味。

（4）检验重量是否一致。实际重量与桶上标明的重量一致的为优质的防水涂料。

（5）检查防水效果。可以从样板上用小刀取下防水涂料胶皮，对折不会破，有延伸性的为优质品，劣质品会呈粉状，很难从样板上取下，对折会破。

5.3.2 防火涂料

防火涂料是用于可燃性装饰材料、构造表面，能降低被涂界面的可燃性、阻滞火灾的迅速蔓延，用以提高被涂材料耐火极限的特种涂料，除了一般涂料所具有的防锈、防水、防腐、耐磨以及涂层坚韧性、着色性、黏附性、易干性和一定的光泽以外，其自身应是不燃或难燃的，不起助燃作用的。

1. 防火涂料种类

（1）非膨胀型防火涂料。主要用于木材、纤维板等板材质的防火，用在木结构屋架、顶棚、门窗等表面。

（2）膨胀型防火涂料。主要用于保护电缆、聚乙烯管道、绝缘板，可用于建筑物、电力、电缆的防火。

防火涂料除防火助剂外，其他涂料组分在涂料中的作用和在普通涂料中的作用一样，但是在性能与用量上具有特殊要求。

↑防火涂料

电缆一旦出现事故很容易起火，涂刷防火涂料的电缆安全系数会更高。

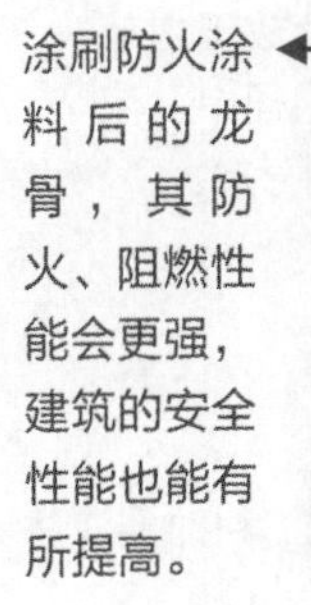

涂刷防火涂料后的龙骨，其防火、阻燃性能会更强，建筑的安全性能也能有所提高。

↑防火涂料涂刷龙骨

↑防火涂料涂刷电缆

2. 防火涂料规格与价格

防火涂料常见包装规格为5～20kg/桶，其中20kg包装的产品价格为200～300元/桶，其用量为1m²/kg。防火涂料应购买知名品牌产品，由于用量不多，可以到大型建材超市或专卖店购买。

3. 防火涂料选购

（1）选择知名品牌。购买防火涂料一定要货比三家，不要迷信涂料包装上的绿色二字，要认真看清楚产品的质量合格检测报告。

（2）观察桶身。观察防火涂料铁桶的接缝处有没有锈蚀、渗漏现象，注意铁桶上的明示标识是否齐全，以免买到仿冒的防火涂料。

（3）上网查询。可以上网查询防火涂料包装上的电话或商家信息，核实后再决定是否购买。

（4）燃烧试验。合格防火涂料在受到喷灯等强火灼烧时，会大量发泡膨胀，表面聚集凸起，数分钟内不会出现烧损现象，而假冒伪劣防火涂料则基本不发泡，会大量散落掉渣。

（5）看泡层厚度。正常的情况下，一级防火涂料的泡层厚度为20mm以上，二级防火涂料的泡层厚度为10mm以上，泡层应均匀致密。

5.3.3 防锈涂料

防锈涂料是指保护金属表面免受大气、水等物质腐蚀的涂料。在金属表面涂上防锈涂料能够有效地避免大气中各种腐蚀性物质的直接入侵，使得最大化地延长金属使用期限。防锈涂料主要用于金属材料的底层涂装，如各种型钢、钢结构楼梯、隔墙、楼板等构件，涂装后表面可再做其他装饰。

醇酸漆是主要的防锈涂料基层媒介，适用于黑色以及有色金属的防锈，不可燃，对环境没有污染。

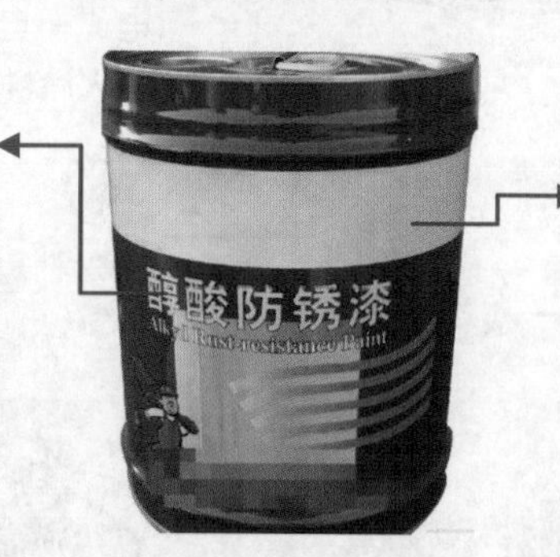

防锈涂料要存放于内部干燥、光滑的桶中，依次整齐地排列存放。

↑防锈涂料

金属窗沿涂刷防锈涂料时要注意垂直接缝处的细节处理。

顶部涂刷防锈涂料要重点注意顶部接缝处和其与墙面接缝处。

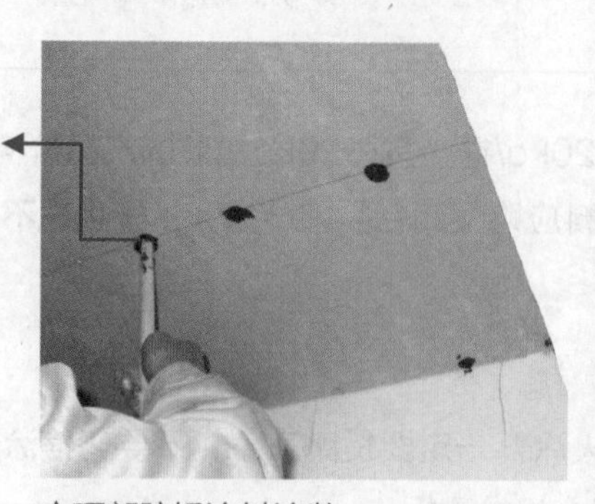

↑顶部防锈涂料涂装

↑窗沿防锈涂料涂装

1. 防锈涂料规格与价格

传统防锈涂料为醇酸漆，价格低廉，常用包装为0.5～10kg/桶，其中3kg包装产品价格为50～60元/桶，需要额外购置稀释剂调和使用。现代厚防锈涂料多用套装产品，1组包装内包括漆2kg、固化剂1kg、稀释剂2kg等三种包装，价格为200～300元/组，每组可涂刷12～20m^2。防锈涂料的选购、施工方法与厚漆基本一致。

2. 防锈涂料选购

（1）看品牌。建议选择有一定品牌知名度的涂料，这类防锈涂料一般来说质量上是有保障的，切记不要贪图小便宜。

（2）看产品标识。要仔细查看防锈涂料的产品标识，对于涂料的生产日期、保质期及防伪标签等基本信息，需要注意检查。

（3）查看漆液。购买时需要仔细查看容器内的漆液，观察漆液是否透明，色泽是否均匀、无杂质，是否具有良好的流动性等。

表5-3　特种涂料一览

品种	性能特点	用途	价格
防水涂料	质地均衡，需配置水泥等骨料使用，结膜性好，干燥快，具有一定弹性，价格较高	厨房、卫生间、庭院、阳台地面防水基层涂装	5kg，150～200元/桶
防火涂料	质地较稀，遮盖力强，涂膜均匀，能阻隔高温，价格适中	室内家具、构造木质基层涂装	20kg，200～300元/桶
防锈涂料	具备良好的抗腐蚀和防锈性能	金属材料的底层涂装	3kg，50～60元/桶

5.4 辅料配件：价格高一些也无妨

识别难度：★★★☆☆

核心概念：石膏粉、腻子粉、建筑胶水、砂纸

油漆涂料的辅料配件是在涂油漆或者涂料前做的基础工作或者涂刷油漆涂料过程中需要的辅助材料，有了优质的辅料配件以及精湛的施工技术才能把油漆涂料涂刷工作做好，因此，相应的辅料配件的选购也要仔细挑选，涂料辅料配件见表5-4。

5.4.1 石膏粉

石膏粉主要用于修补石膏板吊顶、隔墙填缝，刮平墙面上的线槽，刮平墙面上平整的部位，如裂缝凹陷等，能使表面具有防开裂、固化快、硬度高、易施工等特点。

石膏粉一般呈现白色粉末状。

↑石膏粉

石膏粉包装袋一般带有石膏粉的产地、商家、重量以及级别等信息。

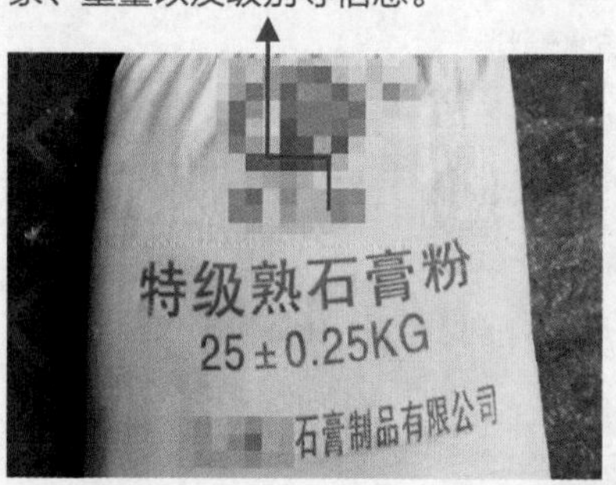

↑石膏粉包装

石膏粉需要加建筑胶水进行搅拌调和后使用，搅拌时要注意沿着一个方向搅拌。

↑石膏粉加胶水调和

石膏粉经搅拌过后，可使用刮板，提取适量的石膏粉，使其均匀地涂抹于墙面即可。

↑施工石膏粉刮墙

1. 石膏粉规格与价格

品牌石膏粉的包装规格一般为每袋5～50kg等多种，可以根据实际用量来选购，其中包装为20kg的品牌石膏粉价格为50～60元/袋，散装普通生石膏粉价格为2～3元/kg。

2. 石膏粉鉴别

（1）看包装袋。观察石膏粉的包装袋，劣质石膏粉的包装塑料编织袋做工粗糙、编织稀疏，颜色发灰，内部也没有防潮塑料袋。

优质石膏粉的包装袋做工精致、颜色发白、强度高、编织经纬密集、内部有防潮塑料袋、封口严密、外观印刷清晰、标识也很齐全。

←优质石膏粉

（2）看手感。用手的拇指和食指搓捻石膏粉，手感粗糙的，石膏粉的细度糙，质量较差、价格较低；而手感细腻的石膏粉说明其细度细，质量较好，但价格也会较高。

（3）看外观。白度高的石膏粉质量好，价格相对较高，而发灰发黑，里面有黑色杂质的石膏粉质量较差。

5.4.2 腻子粉

腻子粉是指在油漆涂料施工之前，对施工界面进行预处理的一种成品填充材料，主要目的是填充施工界面的孔隙并矫正施工面的平整度，为了获得均匀、平滑的施工界面打好基础。成品腻子粉绿色、环保，无毒、无味，不含甲醛、苯、二甲苯以及挥发性有害物质。

腻子粉保存时要注意防水、防潮，贮存期为6个月。

↑成品腻子粉

成品腻子粉可以在施工现场兑水即用，操作方便，工艺简单。

↑成品腻子粉调色搅拌

1. 腻子粉规格与价格

腻子粉的品种十分丰富，知名品牌腻子粉的包装规格一般为20kg/袋，价格为50～60元/袋。其他产品的包装一般为5～25kg/袋不等，可以根据实际用量来选购，其中包装为15kg的腻子粉价格为15～30元/袋。

2. 腻子粉鉴别

（1）闻气味。可以打开包装仔细闻一下腻子粉的气味，优质产品无任何气味，而有异味的一般为伪劣产品。

（2）感受触感。用手拿捏一些腻子粉，感受其干燥程度，优质产品应当特别细腻、干燥，在手中有轻微的灼热感，而冰凉的腻子粉则大多受潮。

（3）看所添加的材料。仔细阅读包装说明，优质产品只需加清水搅拌即可使用，而部分产品的包装说明上要求加入901建筑胶水或白乳胶，则说明这并不是真正的成品腻子。

（4）看产品信息。关注产品包装上的执行标准、质量、生产日期、包装运输或存放注意事项、厂家地址等信息，优质产品的包装信息应当特别完善。

5.4.3 901建筑胶水

901建筑胶水是以聚乙烯醇、水为主要原料，加入尿素、甲醛、盐酸、氢氧化钠等添加剂制成的胶水，一般认为，901建筑胶水中所含甲醛较少，基本在国家规定的范围以内，相对于传统107与801胶水而言较为环保，这是目前装修墙面施工基层处理的主要材料。

在装修施工中，901建筑胶水主要用于配制涂料腻子，也可以添加到水泥砂浆或混凝土中，以增强水泥砂浆或混凝土的胶粘强度，起到基层与涂料之间的过渡作用。优质901建筑胶水打开包装后无任何异味，搅拌时黏稠度适中，质地均匀且呈透。

901建筑胶水使用频率高，环保系数相对其他胶水要好。

↑901建筑胶水

901建筑胶水需要按照产品说明和所需的比例来调合。

↑901建筑胶水调和

1.901 建筑胶水规格与价格

901建筑胶水的常用包装规格为每桶3kg、10kg、18kg等，常见的18kg桶装产品价格为60～80元/桶，知名品牌正宗产品的价格为120～150元/桶。

2. 901 建筑胶水选购

尽量选择当地知名品牌产品，选择小包装容量产品，注意包装的密封性，注意甲醛含量，完全没有甲醛是不可能的。

正宗901建筑胶水为桶装产品，其他袋装产品易挥发易破损，不宜选购。

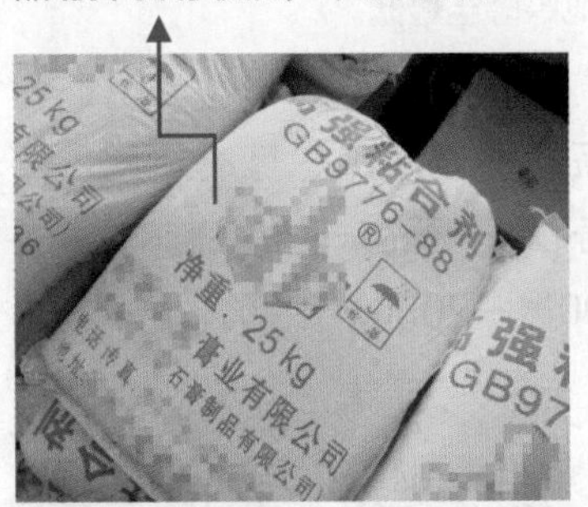

↑袋装建筑胶水

901建筑胶水应在施工现场调配，应按包装说明与其他材料按比例均匀搅拌，一般不宜直接使用，且不能将配制好的成品材料长时间存放。

↑建筑胶水

5.4.4 砂纸

砂纸俗称砂皮，是一种供研磨用的材料，用以研磨金属、木材等表面，以使其光洁平滑，通常在原纸上胶着各种研磨砂粒而成。砂纸纸质强韧，耐磨耐折，并有良好的耐水性。砂纸要根据需要选购，根据本身的需要选购适合的砂纸，例如，如果是用来打磨圆滑的东西，则可以选择海绵砂纸。

背面文字、品牌图案清晰，具有一定弹性。

↑海绵砂纸

海绵砂纸是砂磨工艺的主要工具，生产效率高，被加工表面质量好，生产成本也较低。

表面平整，具有强烈粗糙感。

↑干磨砂纸

干磨砂纸是以合成树脂为粘结剂将碳化硅磨料粘接在乳胶之上，并涂以抗静电的涂层制成高档产品。

表面细腻，无明显摩擦感。

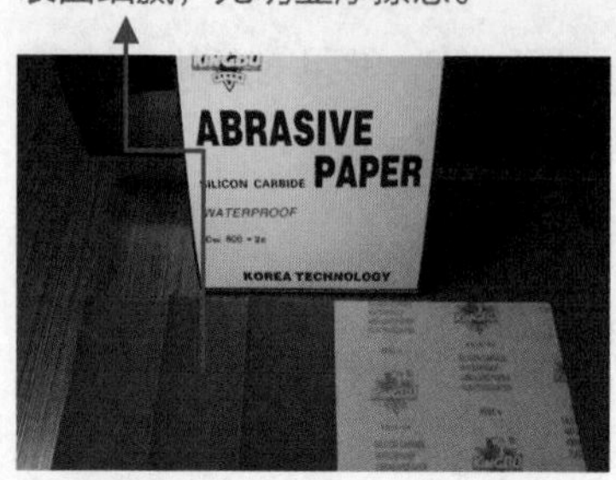

↑水磨砂纸

水磨砂纸质感比较细，适合打磨一些纹理较细腻的东西，而且适合后期加工。

网孔能将灰尘暂时吸附并缓慢脱落，避免灰尘飞扬。

↑无尘网砂纸

使用无尘网砂纸打磨，可以将有害微粒由于飘逸所造成的危害降至最低。

实木白坯打磨选用180号～240号砂纸，夹板或一道底漆的打磨选用220号～240号砂纸，平整底漆的打磨选用320号～400号砂纸，最后一道底漆或面漆的打磨选用600号～800号砂纸，面漆抛光打磨选用1500号～2000号砂纸。

表5-4　涂料辅料配件一览

品种	性能特点	用途	价格
石膏粉	遇水后具有一定膨胀性，白度高	各类墙面凹陷部位修补	2～3元/kg
腻子粉	复合加工产品，黏度较大，稳定性高，可调色彩	墙面乳胶漆、壁纸基层刮涂	20kg，50～60元/袋
建筑胶水	施工方便，流平性好，不卷皮	调配水泥，配制内墙涂料	18kg，60～80元/桶 品牌，120～150元/桶
砂纸	纸质强韧，耐磨耐折，并有良好的耐水性	研磨金属、木材等表面	0.5～3元/张

Chapter 6
窗帘、壁纸、地毯随心挑

章节导读： 窗帘、壁纸、地毯都是装修后期的重要材料，除各种油漆涂料外，窗帘、壁纸、地毯最能体现装修的质感、档次，由于很多装修业主都能自己动手铺装，因此成为材料选购的重点。窗帘、壁纸、地毯的生产原料多样，质地丰富，价格差距很大，选购窗帘、壁纸、地毯时，不仅要根据审美喜好选择花纹色彩，还要注意识别质量，注重施工工艺。

6.1 窗帘：多比较，选择易清洁的

识别难度：★★★☆☆

核心概念：窗帘面料、窗帘杆、滑轨

窗帘是用布、竹、苇、麻、纱、塑料、金属材料等制作的遮蔽窗户或调节室内光照的帘子，在选购窗帘时不只要注重功能性与美观性，还要选择比较容易清洗的布料，而且窗帘价格跨度比较大，一定要多比较，理性选购。

窗帘能与外界隔绝，保持空间的私密性，在减光、遮光的同时还能满足人对光线不同强度的需求，还具备了防风、除尘、隔热、保暖、消声以及防辐射的功能。

←窗帘

6.1.1 窗帘面料

窗帘布的面料有纯棉、麻、涤纶、真丝，也可集中原料混织而成。棉质面料质地柔软、手感好；麻质面料垂感好，肌理感强；真丝面料高贵、华丽，它是100%天然蚕丝构成，其特点为自然、粗犷、飘逸、层次感强；涤纶面料色泽鲜明、不褪色、不缩水。

1. 窗帘面料价格

各种窗帘布的价格跨度比较大，国产材料与进口材料可能会相差几十倍，像全棉的印花窗帘布宽幅的零售价一般在60～70元/m；麻料普通型在70～80元/m，好一点的要100元/m以上；人造丝的面料价格为60～200元/m不等。窗纱的价格跨度也很大，从10～100元/m都有，进口窗帘布的价格一般均在100元/m以上。

不同材质的窗帘面料，所售出的价格会有所不同，同时不同品牌的窗帘布料，价格也会有所不同，在选购时要依据实际所需来决定选择何种面料。

←窗帘面料

2. 窗帘布料选购

（1）依据风格、材质选购。不同风格、材质的家具宜配用不同质地或品种的窗帘，二者搭配，不会显得突兀，搭配合理，反而会有不一样的视觉效果，例如，现代家具可以搭配真丝、金属光泽的布艺帘。

楣帘用来遮挡窗帘滑轨。
垂帘折叠后可遮挡墙角。

↑古典实木家具搭配窗帘布

古典实木家具，最宜用提花布、色织布相配，配以植物、花卉、鱼虫图案，两者轻重相伴、刚柔相济、沉稳凝练又不失高雅大气。

外部纱帘，具有柔光效果。
内部布帘，具有遮光效果。

↑板式家具搭配窗帘布

板式家具更宜用质地轻薄、色泽明亮的印花布，可以充分调动线条、色块及几何图形的视觉感受，描绘出生动浪漫又简洁明快的现代生活场景。

（2）依据房间功能选购。在选择窗帘的质地时，首先应考虑房间的功能，例如，浴室、厨房就要选择实用性比较强且容易洗涤的布料，该布料要经得住蒸汽和油脂的污染，风格简单流畅。

↑客餐厅窗帘布

客厅、餐厅一般建议选择豪华、优美的面料，一来显得空间更大，二来也能烘托室内氛围。

↑卧室、书房窗帘布

卧室的窗帘布要求厚重、温馨、安全，书房窗帘布则要求透光性能好、明亮，建议选择淡雅的颜色。

（3）依据所需光线量选购。

1）布料的选择还取决于房间对光线的需求量，光线充足，可以选择薄纱、薄棉或丝质的布料。

2）房间光线过于充足，就应当选择稍厚的羊毛混纺或织锦缎来做窗帘，以抵挡强光照射。

3）房间对光线的要求不是十分严格，一般选用素面印花棉质或者麻质布料为宜。

（4）配合季节选购。

1）选购窗帘布料的色彩、质料，应配合季节的不同特点，夏季用质料轻薄、透明柔软的纱或绸，以浅色为佳。

2）冬天宜用质地厚、细密的绒布，颜色暖重，以突出厚密温暖。

3）春秋季用厚料冰丝、花布、仿真丝等为主，色泽以中色为宜。花布窗帘，活泼明快，四季皆宜。

6.1.2 窗帘杆

窗帘杆，材料以金属和木质为主，材质不同，风格有异，采用范围和搭配风格不太受限制，适用于各种功能的居室。

纯色表面为喷漆，容易受到磨损。

木纹表面为PVC覆膜，容易脱落起泡。

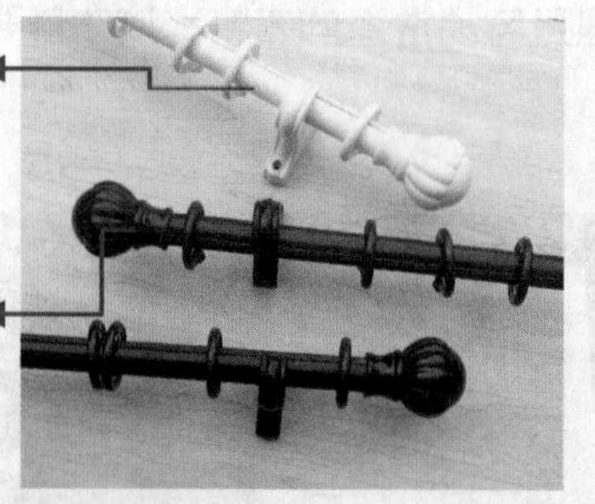

↑木质窗帘杆

木质雕琢的窗帘杆头，能够带给人一种十分温润的饱满感，质感也与金属杆头不同。

各色金属表面为电镀工艺制作。

↑金属窗帘杆

铁艺杆头的艺术窗帘杆，搭配丝质或纱质的装饰布，用在卧室中，能产生一种刚柔反差强烈的对比美。

1. 窗帘杆种类

（1）明杆。可以看到杆子颜色和装饰头造型的窗帘杆，它符合现代社会中“轻装修，重装饰”的流行趋势，目前被越来越多人欢迎和接受。

（2）暗杆。暗杆与明杆相反，往往放在窗帘盒中，人们轻易看不到杆子本身。

2. 窗帘杆选购

（1）看窗帘杆的品牌。要选购有品牌，有信誉，有实力，产品质量和售后服务都有保障的厂家生产的产品，这样，装饰效果才会更突出。

（2）看窗帘杆的材质。要选择材质坚固、经久耐用的，例如，一般塑料的容易老化；木制的容易虫蛀、开裂，长时间悬挂较为厚重的窗帘布，容易弯曲而且拉动窗帘时感觉很涩重。

铝合金表面色彩品种不多，均为电镀，呈哑光状。

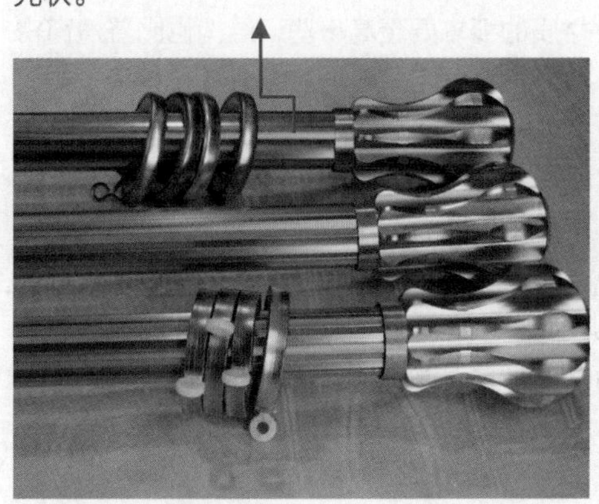

↑铝合金窗帘杆

铝合金窗帘杆颜色单一，铝合金包皮时间一长又很容易开胶，承重性能较差也不耐摩擦。

不锈钢材质光亮，耐磨损，但是色彩单一。

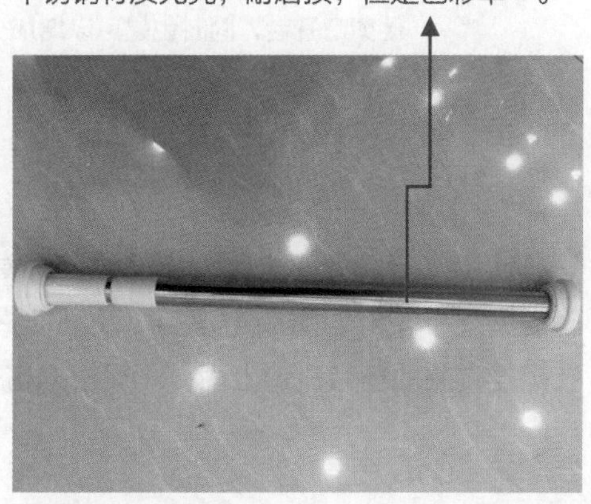

↑纯不锈钢窗帘杆

纯不锈钢窗帘杆在众多材质中质量最优，价格也更贵，而铁制窗帘杆后期表面如果处理不当，很容易掉漆。

（3）看窗帘杆的壁厚。窗帘杆壁厚越薄， 杆子的承重力越小，以后在使用过程中越容易出现意外，一般来讲是越厚越好的。

（4）看风格和颜色的搭配。窗帘杆的选择主要是颜色和风格的选择，根据装修和窗帘布的主色彩可以搭配不同颜色的窗帘杆，此外选择的窗帘杆要与整体风格相搭配，使居室整体色彩美感协调一致。

（5）看细节。可以查看窗帘杆上的螺丝是否太过突出，影响了窗帘整体的美观，要仔细检查加工工艺，其表面是否经过拉丝处理，喷涂的颜色是否均匀等。

6.1.3 滑轨

窗帘滑轨由滑轨、固定端构成，其特征在于其滑轨截面为凹凸形，其固定端为凹形槽，与滑轨固定连接，下端设置吊环。

↑窗帘滑轨

窗帘轨道主要用于悬挂窗帘，以便窗帘开合，同时也是可以增加窗帘布艺美观的窗帘配件。

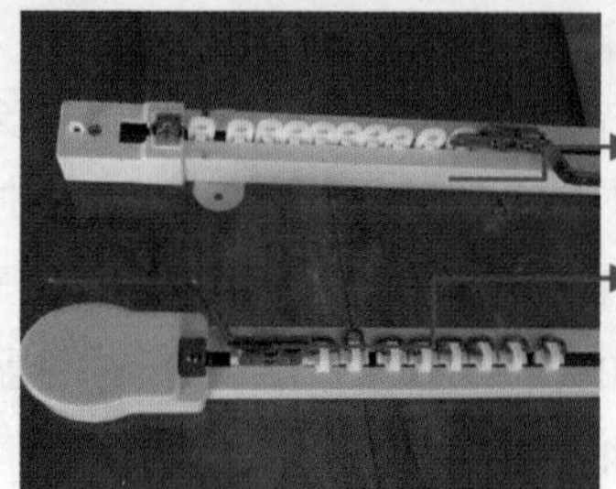

↑电动窗帘滑轨

电动窗帘滑轨主要用于电动窗帘开合，对于材质的要求要更高一些，结构也比普通窗帘滑轨要复杂。

1. 直轨

使用比较广泛的是比较直的那种轨道，安装也比较简单，首先根据窗户大小把轨道的尺寸裁好，然后用螺丝以及配件将轨道固定在顶上，最后将那些小钩钩都装在需要安装的窗帘轨道上面，一般根据布带上面的纱钩数量来确定。

2. 弯轨

弯轨的安装方法基本与上一种是一样的，不过中间要多用几个支架，特别是那种较厚的布艺窗帘，以防脱落，冬天这种可以折弯的窗帘轨道在折的时候要小心，以防折断。

弯轨轨道对滑轮的光洁度与精确度要求较高，价格较高，但是不宜涂抹润滑油，以免污染窗帘。

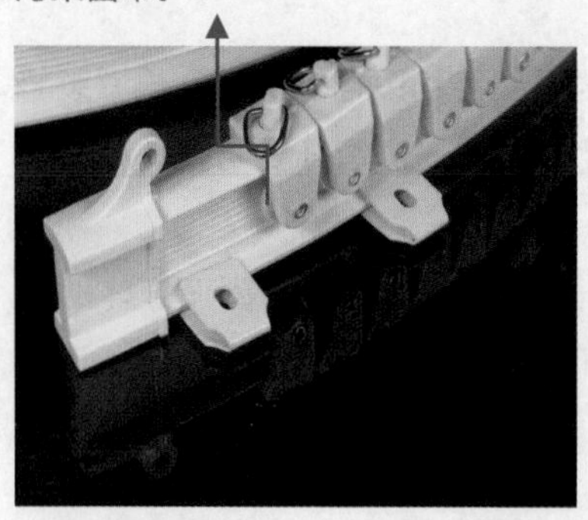

↑弯轨轨道

弯轨轨道可以折弯，适用于带拐角的窗户，施工也比较方便。

镀锌与镀铜都是对金属件的保护。

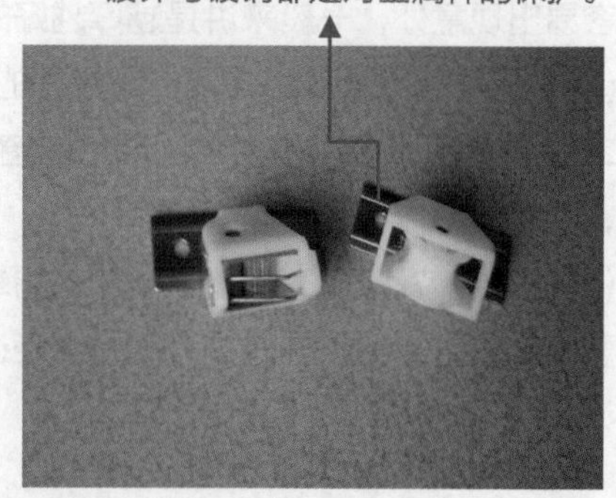

↑滑轮

滑轮是窗帘滑轨的配件之一，其他还有固定件、膨胀螺丝以及封口堵等。

6.2 壁纸：从专业角度选购更好

识别难度： ★★★☆☆

核心概念： 塑料壁纸、植绒壁纸、壁布

壁纸是裱糊室内墙面的装饰性纸张或布，也可以认为是墙壁装修的特种纸材，它应用发源于欧洲，现今在北欧、日本、韩国等国家和地区非常普及，同时壁纸也属于绿色环保材料，不散发有害人体健康的物质，见表6-1。

6.2.1 塑料壁纸

塑料壁纸是目前生产最多、销售最大的壁纸，它是以优质木浆纸为基层，以聚氯乙烯（PVC）塑料为面层，经过印刷、压花、发泡等工序加工而成的。塑料壁纸的底纸，要求能耐热、不卷曲，有一定强度，一般为80～150g/m^{2}的纸张。

塑料壁纸表面纹理为压印，与底部印刷色彩纹理结合，具有双层装饰效果。

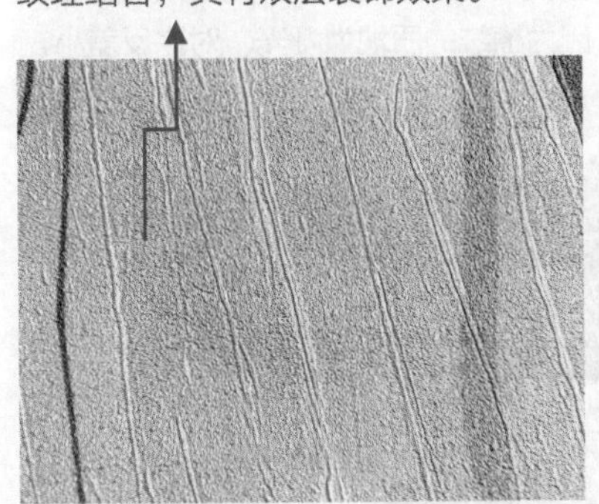

↑塑料壁纸

塑料壁纸拥有很好的装饰效果，同时也具备良好的平整性能和粘贴性能，耐光性也很好。

竖向条纹壁纸没有损耗，经济节约，为百搭款。

↑塑料壁纸应用

塑料壁纸拥有各种各样的色彩和花纹，可以应用于客厅、餐厅以及卧室等处。

1. 塑料壁纸种类

塑料壁纸具有一定的伸缩性、韧性、耐磨性与耐酸碱性，抗拉强度高，耐潮湿，吸声隔热，美观大方，施工时应采用涂胶器涂胶，传统手工涂胶很难达到均匀的效果。

（1）普通壁纸。是以80～100g/m^{2}的纸张作基材，涂有100g/m^{2}左右的PVC塑料，经印花、压花而成，这种壁纸适用面广，价格低廉，是目前最常用的壁纸产品。

（2）发泡壁纸。是以100～150g/m^{2}的纸张做基材，涂有300～400g/m^{2}掺有发泡剂的PVC糊状树脂，经印花后再加热发泡而成，是一种具有装饰与吸音功能的壁纸，图案逼真，立体感强，装饰效果好。

（3）特种壁纸。包括耐水壁纸、阻燃壁纸、彩砂壁纸等多个品种。

2. 塑料壁纸选购

（1）选择与室内风格搭配的。相融的色调，才能传达出整体的美感，而鲜艳对比的搭配，也会让空间活泼有变化，因此壁纸的色系和花样要仔细选择。

（2）选择易清理的。壁纸的易清理特性、防积尘和防水性都是需要考虑的因素，例如，可以直接用湿抹布来擦拭壁纸表面的污渍，看是否容易清理。

6.2.2 植绒壁纸

静电植绒壁纸是指采用静电植绒法将合成纤维短绒植于纸基上的新型壁纸，常用于点缀性极强的局部装饰，具备消声、杀菌以及耐磨等特性，且完全环保、不掉色、密度均匀、手感好，花型和色彩都十分丰富。

植绒壁纸适用于古典风格室内装修，要与家具风格相搭配。

↑静电植绒壁纸（一）

静电植绒壁纸具有不耐湿、不耐脏以及不便擦洗等缺点，因此在施工与使用时需注意保洁。

在同一空间中可选配2种不同花型纹理的植绒壁纸，因为植绒的质地为哑光，对比反差小。

↑静电植绒壁纸（二）

静电植绒壁纸还拥有丝绒的质感与手感，不反光，具有一定吸音效果，无气味，不褪色，具有植绒布的美感。

1. 植绒壁纸分类

植绒壁纸可以分为纸类植绒和膜类植绒，它既有植绒布所具有的美感和极佳的消声、防火和耐磨特性，又具有一般装饰壁纸所具有的容易粘贴在建筑物和室内墙面的特点。

2. 植绒壁纸鉴别

（1）看绒毛长度。绒毛长度合适的才是优质的。

（2）看绒毛牢度。可检验绒毛在底纸的附着牢度，可以用指甲扣划检验牢度。

（3）看绒毛密度。绒毛不密不疏的属于优质品

（4）看绒毛质量。尼龙毛优于粘胶毛，三角亮光尼龙毛优于圆的尼龙毛。

6.2.3 壁布

壁布实际上是壁纸的另一种形式，一样有着变幻多彩的图案、瑰丽无比的色泽，但在质感上则比壁纸更胜一筹。壁布也被称为墙上的时装，具有艺术与工艺附加值。

1. 壁布种类

（1）单层壁布。由一层材料编织而成，或丝绸、化纤、纯棉、布革，其中一种锦缎壁布最为绚丽多彩。

（2）复合型壁布。由两层以上的材料复合编织而成，分为表面材料和背衬材料，背衬材料又主要有发泡和低发泡两种。

单层壁布的花纹是在三种以上颜色的缎纹底上编织而成，更显雅致。

↑单层壁布

发泡壁布手感柔软，铺贴在墙上会有一种凹凸感，吸声效果较好。

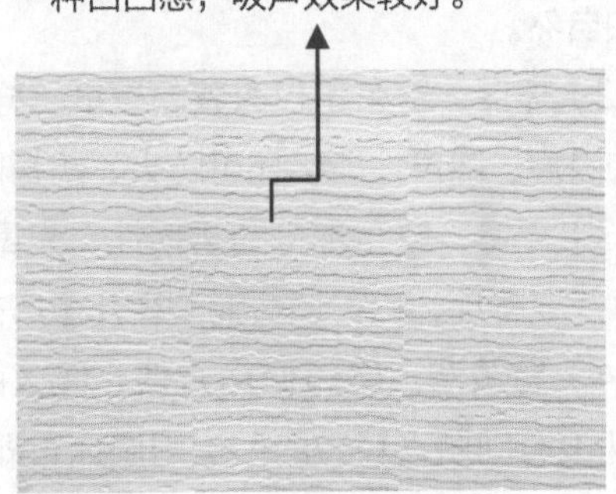

↑发泡壁布

低发泡壁布表面有同色彩的凹凸花纹图，纹样花丰富多彩，立体感强，有较强的装饰效果，适合客厅和走廊的装饰。

↑低发泡壁布

（3）玻璃纤维壁布。防潮性能良好、花样繁多，其中一种浮雕壁布因其特殊的结构，具有良好的透气性而不易滋生霉菌，能够适当地调节室内的微气候。

玻璃纤维壁布采用天然石英材料精制而成，集技术、美学和自然属性为一体，能给人一种高贵典雅，返璞归真的感觉。

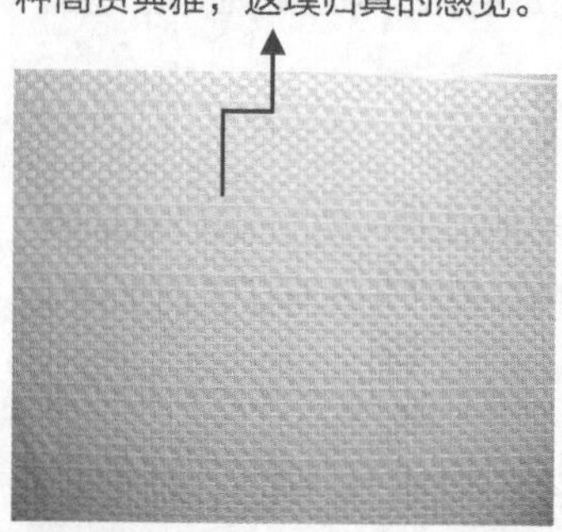

↑卧室壁布

天然材料织成的壁布质地柔软，风格古朴自然，具有浓厚的生活气息，较适合用于装饰卧室。

↑玻璃纤维壁布

2. 壁布优点

（1）天然。壁布表层材料的基材多为天然物质，无论是提花壁布、纱线壁布，还是无纺布壁布、浮雕壁布，经过特殊处理的表面，其质地都较柔软舒适，而且纹理更加自然。

（2）环保。壁布不仅有着与壁纸一样的环保特性，而且更新也很简便，并具有更强的吸声、隔声性能，还可防火、防霉防蛀，也非常耐擦洗。

（3）无毒。壁布本身的柔韧性、无毒、无味等特点，使其既适合铺装在人多热闹的客厅或餐厅，也更适合铺装在儿童房或有老人的居室里。

（4）易清洁。壁布使用方便，经久耐用，可擦可洗，更换容易，一般正常使用10年没有问题。轻微的污迹用湿抹布即可擦掉，而油烟、食品残渣以及钢笔涂鸦等，用抹布或牙刷蘸家用清洁剂即可擦掉。

（5）价格多样化。价格方面可以满足不同层次的需要，为30～60元/m^2。

3.壁布鉴别

（1）观察。看壁布的表面是否存在色差、皱褶和气泡，壁布的花案是否清晰、色彩均匀。

（2）触摸。可以用手摸一摸壁布，感觉它的质感是否好，纸的薄厚是否一致。

（3）闻味。这一点很重要，如果壁布有异味，很可能是甲醛、氯乙烯等挥发性物质含量较高。

（4）擦拭。可以裁一块壁布小样，用湿布擦拭纸面，看看是否有脱色的现象。

表6-1　壁纸一览

品种	性能特点	用途	价格（元/m^2）
塑料壁纸	外表光洁、干净，花色品种繁多，抗拉扯力较强，综合性能优越，价格低廉	室内墙面铺装	10～20
植绒壁纸	质地绚丽华贵，装饰效果独特，易受潮，纤维易脱落	室内墙面局部铺装	20～40
壁布	天然、环保、无毒、无味、易清洁，柔韧性也较好	室内墙面局部铺装	30～60

★小贴士★

壁纸、壁布采购用量与施工

壁纸壁布价格较高，尤其是购买大型花纹、图案壁纸进行装修，须认证计算壁纸的用量。多数壁纸产品都是按卷进行销售，常规壁纸每卷宽度为520mm与750mm两种，此外还有特殊壁纸需另外计算。每卷壁纸的长度一般为10m或20m。

壁纸壁布用量计算方式为（房间周长×房间高度－门窗、家具面积）÷每卷铺装的平米数×损耗率，一般标准壁纸壁布每卷可铺装5.2m^2，损耗率一般为3%～10%。损耗率的高低与花纹大小、宽度有关，碎花浅色产品损耗率较低，为3%，大型图案耗率较高，为10%。

施工后注意事项。刚刚铺装壁布以后的房间应该关闭门窗，阴干处理，因为刚铺完的壁布的房间立刻通风会导致壁布翘边和起鼓；待壁布铺装结束3天后应该用潮湿的毛巾轻轻擦去壁布接缝处残留的壁布胶；壁布比较耐擦洗，但是不耐钝物的磕碰，如果发现小处的表面的破损，可用近似颜色的颜料或油漆补救；非凹凸壁布，平日只需用鸡毛掸子清洁即可。

6.3 地毯：装饰和舒适是前提

识别难度：★★★☆☆

核心概念：纯毛地毯、化纤地毯、混纺地毯、剑麻地毯

地毯是以棉、麻、毛、丝、草等天然纤维或化学合成纤维为原料，经手工或机械工艺进行编结、栽绒或纺织而成的地面铺装材料。广义上的地毯还包括铺垫、坐垫、壁挂、帐幕、鞍褥、门帘、台毯等，在选购地毯时要根据需求来选择不同特性的地毯，见表6-2。

6.3.1 纯毛地毯

纯羊毛地毯主要原料为粗绵羊毛，毛质细密，弹性较好，受压后能很快恢复原状。它采用天然纤维，不带静电，不易吸尘土，还具有一定阻燃性，属于高档地面装饰材料。

纯毛地毯优点甚多，但是它属于天然材料产品，抗潮湿性相对较差，而且容易发霉、虫蛀，影响地毯外观，缩短使用寿命。

纯毛地毯价格较高，多用于局部铺设。

↑纯毛地毯应用

纯毛地毯应用于客厅、餐厅或其他区域时，与板式家具相搭配，在质感上能给人不一样的感觉。

自然形态的纯毛地毯更能体现环境氛围。

↑纯毛地毯

纯毛地毯具有图案精美，色泽典雅，不易老化以及褪色等特点，同时还具备吸声、保暖、脚感舒适等特点。

1. 纯毛地毯种类

（1）手工编织地毯。手工编织的纯毛地毯是我国传统纯毛地毯中的高档品，它采用优质绵羊毛纺纱，经过染色后织成图案，再以专用机械平整毯面，最后洗出丝光。

↑手工编织纯毛地毯

手工编织纯毛地毯具有图案优美、色泽鲜艳、富丽堂皇、质地厚实、富有弹性、柔软舒适、保温隔热、吸声隔声以及经久耐用等特点。

（2）机织纯毛地毯。是现代工业发展起来的新品种，机织纯毛地毯具有毯面平整、光泽好、富有弹性、脚感柔软、抗磨耐用等特点，其性能与纯毛手工地毯相似，但价格远低于手工地毯，其回弹性、抗静电、抗老化、耐燃性等都优于化纤地毯。

2. 纯毛地毯选购

（1）看外观。优质的纯毛地毯图案清晰美观，绒面富有光泽，色彩均匀，花纹层次分明，毛绒柔软，而劣质地毯则色泽黯淡，图案模糊，毛绒稀疏，容易起球沾灰且不耐脏。

（2）看原料。优质纯毛地毯的原料一般是精细羊毛物工纺织而成，毛长而均匀，十分柔软，富有有弹性，劣质地毯的原料混有发霉变质的劣质毛以及腈纶、丙纶纤维等，手摸时无弹性。

（3）看脚感。优质纯毛地毯脚感舒适，不粘不滑，回弹性很好， 踩后毯面可以立即恢复原样，而劣质地毯的弹力很小，踩后会有倒毛现象，脚感粗糙，且常常伴有硬物感觉。

（4）看工艺。优质纯毛地毯工艺精湛，毯面平直，纹路有规则，劣质地毯做工粗糙，漏线和露底处较多，重量也明显低于优质品。

6.3.2 化纤地毯

化纤地毯的出现是为了弥补纯毛地毯价格高、易磨损的缺陷。化纤地毯相对纯毛地毯而言，比较粗糙，质地硬，一般用在走道、客厅、餐厅、书房等空间，价格很低，尤其放在书房的办公桌下，能减少转椅滑轮与地面的摩擦。

化纤地毯价格低廉，适用于大面积铺装。

↑化纤地毯

化纤地毯具有很好的耐磨性，可用于地面铺装，且装饰性也不错。

位于公共空间的化纤地毯可为廉价产品，一次性使用，遇到污染磨损即更换。

↑化纤地毯台阶铺装

楼梯人流量比较大，使用化纤地毯可以减少其磨损程度。

1. 化纤地毯种类

（1）锦纶地毯。耐磨性好，易清洗、不腐蚀、不虫蛀、不霉变，但易变形，易产生静电，遇火会局部熔解。

（2）腈纶地毯。柔软、保暖、弹性好，在低伸长范围内的弹性恢复力接近羊毛，比羊毛质轻，不霉变、不腐蚀、不虫蛀，缺点是耐磨性差。

（3）丙纶地毯。质轻、弹性好、强度高，原料丰富，生产成本低。涤纶地毯耐磨性仅次于锦纶，耐热、耐晒、不霉变、不虫蛀，但染色困难。

2. 化纤地毯鉴别

（1）选购时应注意观察地毯的绒头密度，可用手去触摸地毯。

（2）化纤地毯的绒头质量高，毯面就丰满，这样的地毯弹性好、耐踩踏、耐磨损、舒适耐用。

（3）要注意观察化纤地毯的毯背是否有脱衬、渗胶等现象。

6.3.3 混纺地毯

混纺地毯是以纯毛纤维与各种合成纤维混纺而成的地毯，因掺有合成纤维，所以价格较低，使用性能有所提高。例如，在羊毛纤维中加入20%的尼龙纤维混纺后，可使地毯的耐磨性提高5倍。

在装修运用中，混纺地毯的性价比最高，色彩及样式繁多，既耐磨又柔软，在室内空间可以大面积铺设，如书房、客卧室、棋牌室等，但是日常维护比较麻烦。混纺地毯在图案花色、质地、手感等方面却与纯毛地毯相差无几，装饰性能不亚于纯毛地毯，并且价格比纯毛地毯便宜。

混纺地毯价格适中，性能也比较好，适合使用在经济性装修的空间中。

↑混纺地毯

混纺地毯能够营造一种高贵感，运用于客厅中和沙发搭配刚好。

↑混纺地毯运用

1. 混纺地毯种类

混纺地毯的品种极多，常以毛纤维与其他合成纤维混纺制成，例如，80%的羊毛纤维与20%的尼龙纤维混纺，或70%的羊毛纤维与30%的烯丙酸纤维混纺。混纺地毯价格适中，同时还克服了纯毛地毯不耐虫蛀和易腐蚀等缺点，在弹性与舒适度上又优于化纤地毯。

2. 混纺地毯选购

（1）观察表面图案。仔细观察地毯的整体构图，图案线条圆润、清晰，颜色与颜色之间轮廓鲜明的为优质混纺地毯。

（2）看表面纹理道数。道数代表的是地毯的紧致程度，道数越多打结数越多，图案也就会越精美。

（3）看价格。目前市场上普通的混纺地毯价格在150元/m^2，高档次的混纺地毯价格会更高一些，但是要注意看出产地。

（4）看表面光泽度。优质的混纺地毯不会有变色和异色的地方，且颜色也十分均匀，不会忽浓忽淡，但购买后要注意避免长期将地毯置于强光下。

优质的混纺地毯，毯面应该是平整的，线头处也十分紧致，没有明显的缺陷。

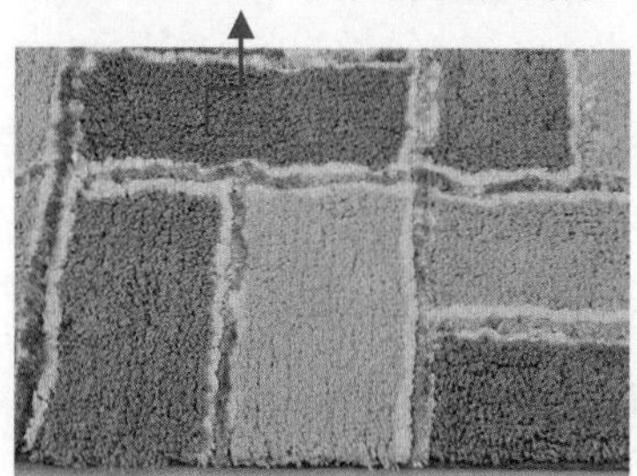

↑看图案

将混纺地毯平铺在光线明亮处，观察毛毯颜色是否协调，染色均匀的为优质品。

↑看表面光泽

6.3.4 剑麻地毯

剑麻地毯属于植物纤维地毯，以剑麻纤维为原料，经纺纱编织、涂胶及硫化等工序制成，产品分素色与染色两种，有斜纹、鱼骨纹、帆布平纹等多种花色。

纹理均衡，具有凸凹不平的肌理效果。

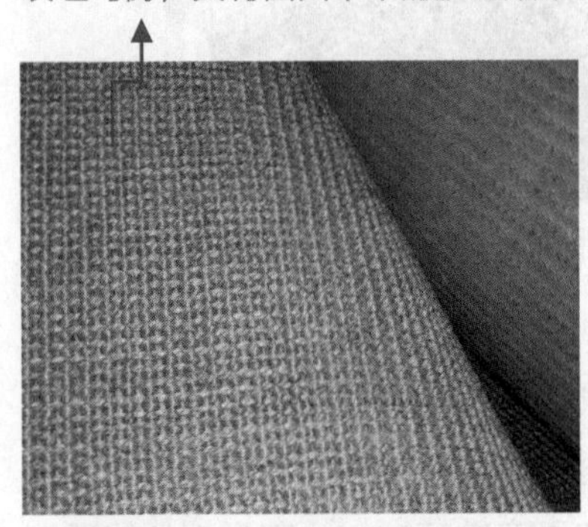

↑剑麻地毯

剑麻地毯是一种全天然的产品，可随环境变化而吸湿，也可调节环境。

适用于东方国家民族风格室内装饰。

↑剑麻地毯运用

剑麻地毯用于地面铺装，要避免与明火接触，否则容易燃烧。

1. 剑麻地毯特点

（1）综合性能强。剑麻地毯纤维是从龙舌兰植物叶片中抽取，有易纺织，色泽洁白，质地坚韧，强力大，耐酸碱，耐腐蚀，不易打滑等特点。

剑麻地毯还具有节能、可降解、防虫蛀、阻燃、防静电、高弹性、吸声、隔热以及耐磨损等优点，可以很好地为生活服务。

←优质的剑麻地毯

（2）经济、实用。剑麻地毯与羊毛地毯相比更为经济实用，但是，剑麻地毯的弹性与其他地毯相比，就要略逊一筹，手感也较为粗糙。

（3）可调节环境。剑麻地毯纤维中含有水分，可以随环境变化放出水分来调节环境和空气温度。

2. 剑麻地毯选购

（1）看价格。选购时建议货比三家，选择价格适中，又有一定品牌的。

（2）看色泽。将剑麻地毯置于光线充足的环境下，观察其表面纹理、图案、色泽等是否一致，并检查是否有脱线情况。

表6-2 地毯一览

品种	性能特点	用途	价格
纯毛地毯	质地真实、柔软、平和，舒适性好，档次高，价格昂贵	客厅、书房、卧室等空间地面局部铺装	100元/m^{2}以上
化纤地毯	质地平和，较硬，较单薄，耐磨损，花色品种多，价格低廉	室内各空间地面整体或局部铺装	50元/m^{2}以下
混纺地毯	品种、规格多样，柔和舒适，价格较高	室内各空间地面整体或局部铺装	50～100元/m^2
剑麻地毯	质地硬朗，舒适凉爽，纹理朴素，有宽厚包边，价格适中	客厅、书房、卧室等空间地面局部铺装	100～150元/m^2

6.4 辅料配件：精挑细选才靠谱

识别难度：★★★☆☆

核心概念：基膜、壁纸胶、万能胶、倒刺板

6.4.1 基膜

基膜是一种专业抗碱、防潮、防霉的墙面处理材料，也被称为防潮膜，能有效地防止施工基面的潮气水分及碱性物质外渗。

基膜能避免对墙体装饰材料，如墙纸、涂料层、胶合板以及装饰板等产生返潮、发霉发黑等不良损害。

↑基膜

↑基膜液体

基膜呈白色液体状，有一定黏稠度的为优质基膜，一般用于壁纸铺贴前的墙体基层处理。

专业防潮膜是水性高科技材料研制而成，对人体无害，无不良气体挥发。比起使用传统的油性醇酸清漆来说，基膜可有效地保护室内环境，并比油性醇酸清漆使用寿命延长三至五倍。防潮膜采用了弹性分子材料，能在墙体出现微裂缝的情况下，有效保护墙面。

1. 基膜用途

（1）墙纸、墙布、装饰板材基面的隔潮防霉。防潮膜可配套墙纸、墙布、高档装饰板材使用，能有效防止施工基面的潮气及碱性物质外渗，在施工基面喷或刷1~2道，再铺设墙纸、三合板等。

（2）内墙防潮，卫生间、厨房间的地面防潮。卫生间、厨房在铲除霉烂、松软起壳层至基底，用防水砂浆抹刮平后喷、刷两遍防潮膜再铺设面砖、低砖，可有效防止渗水和隔潮。

（3）水泥地面铺木地板的隔潮。水泥地面收干，钉上木搁栅后喷、刷两遍防潮膜，即可隔断地下水上溯的毛细管道，有效防止地板受潮。

2. 基膜使用注意事项

（1）施工面积一般应为每升原液可兑水60%～80%，施工面积约为20～25 m^2。

（2）运输及储存时应按非危险品储存及运输，应储存于0～40℃的干燥室内。

3. 基膜的鉴别与选购

（1）环保认证。检查所选购的基膜是否通过“中国环境标志产品认证”，或者是国际欧盟SVHC环保检测标准。

↑中国环境标志产品认证

（2）看基膜流动性。打开基膜的瓶盖，观察基膜的光泽和流动性是否良好，如果基膜的光泽好、透明、流动性好，这就说明基膜的质量比较好，劣质的基膜则相反。

（3）检验基膜的黏度。用手蘸取原液，优质基膜具有一定的黏性，而劣质基膜的原液黏性则比较差或没有黏性。

（4）检验防水性。将基膜小面积地均匀倒在瓷砖或玻璃上，待24h干透后，在基膜膜层滴入少量的水进行擦拭，劣质基膜易与水融合，膜层松散，而优质的基膜则可以有效防水，膜层完好如初。

（5）检验牢固性。小面积用基膜试刷墙面，劣质的基膜，撕掉墙纸后墙面基层直接被带起，而优质的基膜，墙面撕掉墙纸后基层依旧牢固，纸基干净。

6.4.2 壁纸胶

壁纸胶是一种用来粘住墙纸的粘胶制品，保证墙纸的粘贴性和使用寿命是基本功能，同时还要求产品环保无害。

1. 壁纸胶种类

（1）糯米胶。是目前性价比较高的一款壁纸胶，广泛用于家庭墙纸铺贴，优质糯米胶通过了欧盟环保检测，已达到可食用级别。

（2）功能胶。主要包括防霉胶、柏宁胶等，能够针对性解决墙纸施工难题，环保性也达到国家绿色十环认证，并且无须兑水，可直接使用。

（3）胶粉。一般用于工程墙纸铺贴，环保度较高，但是调配复杂，比例不好掌握。

塑料袋真空包装，避免空气进入变质。

↑糯米胶

糯米胶适用于各种墙纸及墙布，尤其适用于粘贴金属特殊墙纸。

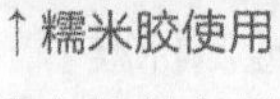

质地黏稠，具有食品质感。

↑糯米胶使用

糯米胶兑水后即可使用，呈白色固体状，且黏度高，施工便利。

颗粒大小不一，但是呈分散状。

↑胶粉

胶粉呈白色粉片状，调配融合后可用于墙面壁纸铺贴，牢固性较强。

多为小容量包装，可作为壁纸胶的辅助添加剂使用。

↑胶粉包装

胶粉由具有防水性能的无纺布包装而成，包装上会注明相关产品信息。

2. 检查与补救

壁纸铺贴完成后需要做一系列的检查工作，包括查看接缝处以及表面平整度等。

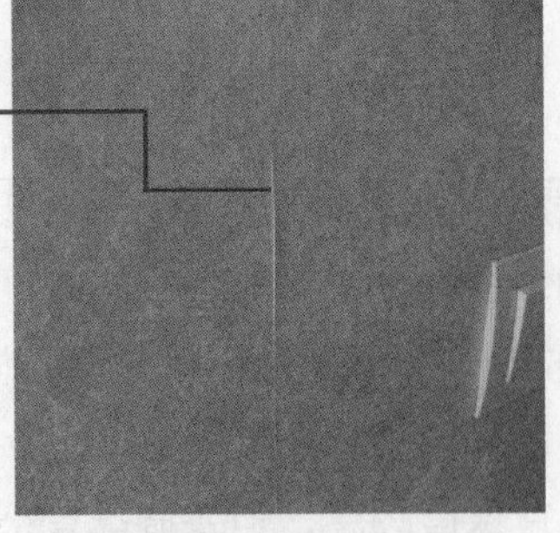

翘边可以在缝隙处局部填胶修补。

↑壁纸接缝

壁纸铺贴完成后仔细查看壁纸接缝处是否存在对齐，是否有翘边现象。

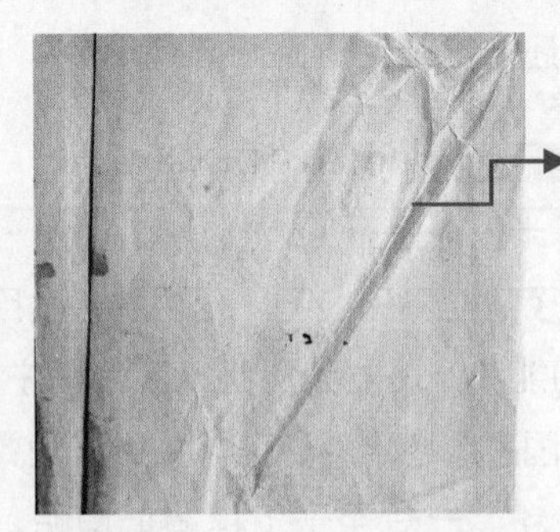

皱褶应当用刮板刮平，或揭开重新涂胶铺贴。

↑褶痕

壁纸铺贴完成后还需要检查壁纸内部是否存在起泡现象，是否存在褶痕等。

（1）接缝松开。如果壁纸出现接缝松开的情况，可以用刀子挑起接缝，从细缝注入胶水，用刮板刮平整，擦去多余胶水。

（2）气泡。如果壁纸内部存在起泡，可以用美工刀切开，在开口处注入胶水，并刮抹到平整，擦去多余胶水。

（3）起褶痕。如果壁纸起了褶痕，可以用美工刀切开褶痕，加上胶水，用滚子滚平整。

3. 壁纸胶鉴别

（1）看标识。可以通过直接查看壁纸胶的相关环保标识来判断，检查壁纸胶是否已经通过“中国环境标志产品认证”或者国际欧盟SVHC环保检测标准。

（2）看外观。可以从外观鉴别胶粉，查看片状大小，马铃薯胶粉会呈线不规则片状体，其他胶粉会呈现细小的颗粒。

（3）看味道。可以在安全距离内嗅闻是否有任何异味，有味产品可能含有过量的甲苯、乙苯等有害物质，会有致癌的影响。

6.4.3　万能胶

万能胶又名107胶，为无色透明溶液，易溶于水，在建筑业有广泛应用，如用于粘接瓷砖、壁纸、外墙饰面等。新型万能胶具有涂胶容易、固化较快、初黏力大、牢固耐久以及气味小等特点，正确使用不影响人体健康。

1. 万能胶种类

（1）氯丁无苯万能胶。是一种应用于建筑装饰行业的氯丁无苯阻燃万能胶，使用性能好，在－22℃～25℃的情况下也不冻结、气味小、涂刷省力、黏结力强、快干省时、无苯毒、又阻燃。

（2）环保型喷刷万能胶。无毒环保，黏度低，能用喷枪喷涂，省胶且大大提高施工效率。

←氯丁无苯万能胶

氯丁无苯万能胶黏结广泛，可适用于各种板材、防火板及金属板，还可渗透到皮革、橡胶、塑料等行业，抗老化性比一般的万能胶要好。

←环保型喷刷万能胶

环保型喷刷万能胶因其环保性能较高，各方面性能也十分不错，目前在市场上的应用频率也较高。

（3）溶剂油型无苯毒快干万能胶。是无苯毒、无卤烃类的黏合剂，符合国家要求标准，不怕水泡。耐酸、碱、粘接强度很高，干得快，节省施工工时，可做印刷附膜胶。

（4）特级万能胶。属于低毒万能胶的绿色产品，是一种无苯低毒万能胶。

（5）水性防腐万能胶。具有防腐蚀功能，能用水调和。

（6）环保型建筑防水万能胶。属于一种绿色环保型的强力建筑防水多功能胶，具有无毒害，生产无三废，黏结力强等特点，且有极佳的防水性和渗透性。

←溶剂油型无苯毒快干万能胶

溶剂油型无苯毒快干万能胶耐酸、碱、黏结强度很高，干得快，节省施工工时，可做印刷附膜胶。

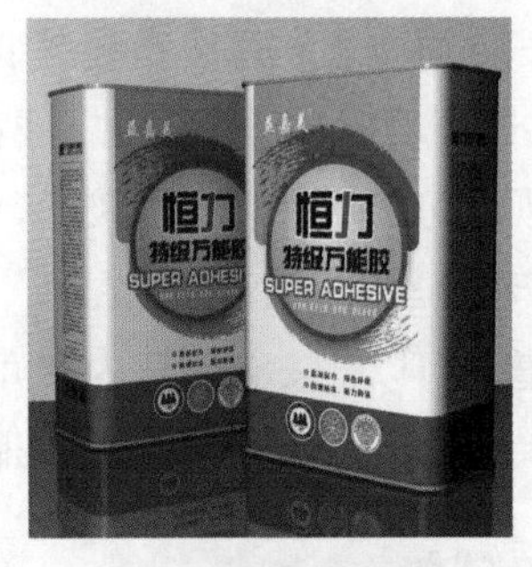

←特级万能胶

特级万能胶毒性在可控范围内，和其他万能胶一样，广泛应用于建筑装修中，价格因品牌而有所不同。

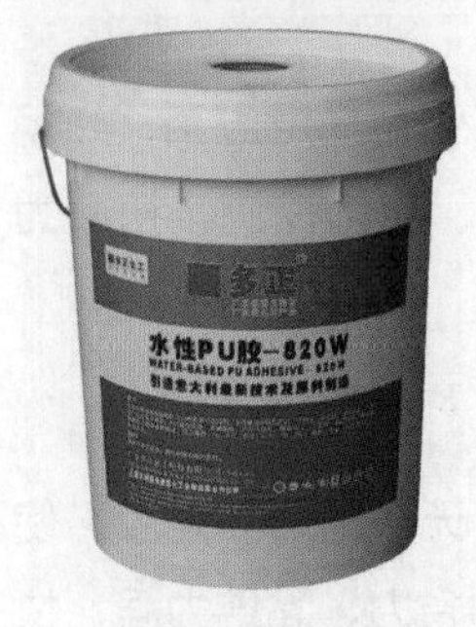

←水性防腐万能胶

水性防腐万能胶是一种具有耐水、防腐、无毒、无污染，性能优良且适用范围广泛的万能胶，粘接力强，使用寿命可达10年以上。

←环保型建筑防水万能胶

环保型建筑防水万能胶有极佳的防水性和渗透性，以及易施工，经济价廉等优点。

2. 万能胶选购

（1）从多方面选购。在选购万能胶时要考虑到使用时的条件因素，例如温度、湿度、化学介质以及户外环境等，选择最合适的万能胶。

（2）选择品牌。万能胶虽小，但十分重要，选购万能胶时建议选择品牌质量较好的，不仅售后有保障，服务相对也会比较好。

（3）选择环保的。在选购万能胶时首先要考虑的就是其环保性能是否达标，可以查看相关产品信息，查看产品级别，多方考虑后再购买。

6.4.4 倒刺板

倒刺板不同地方可能有不同的叫法，一般叫倒刺钉板条，因为它是条状的，所以也称它为钉条，顾名思义，就是有钉子的木板条。

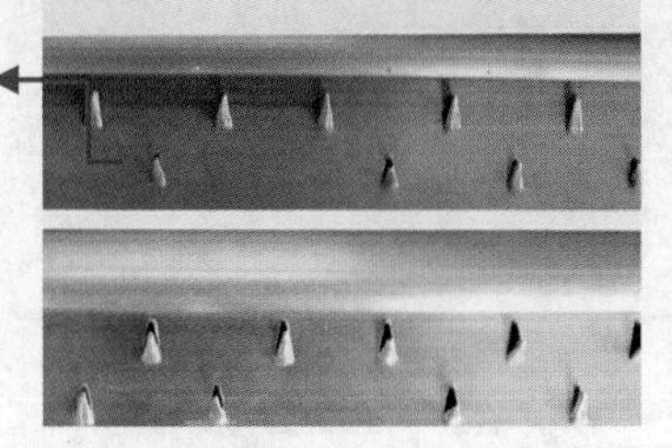
铝合金型材的
厚度不宜低于
1.5mm。

↑铝合金倒刺板

铝合金倒刺板使用年限较长，使用时要注意戴上手套，以防划伤。

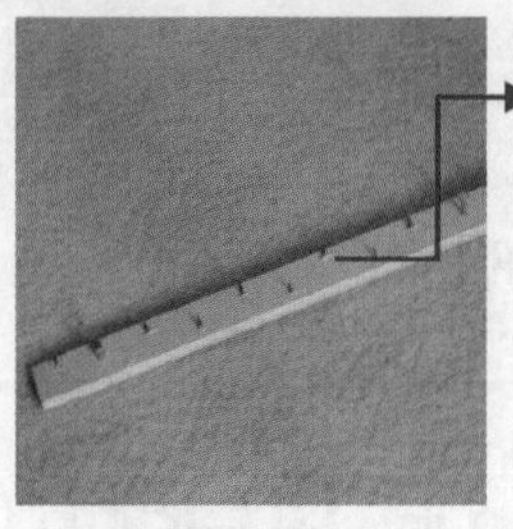
可用5mm厚
胶合板与木钉
现场制作。

↑木质倒刺条

木质倒刺条同样也属于倒刺板的一种，使用时对准倒刺条。

1. 倒刺板规格

根据不同的毯子和不同的铺设场合会有所不同，可以有很多规格，一般是长：1200mm；宽：24mm；厚6mm。

2. 倒刺板使用

（1）倒刺板是三合板裁成条，再在其上斜向钉两排钉，排钉的间距为35~40mm。

（2）再在相反的一面钉若干个高强水泥钢钉，并均匀分布在整个木条上，水泥钢钉间距约400mm，距两端各约100mm。

（3）将钉条钉到水泥地上，使有斜钉的一面朝上，且钉尖向墙面指向，不要指向地面，然后，在其上铺设地毯，这样地毯就不会倒翻、卷边、起皱和移位。

★小贴士★

万能胶使用注意事项

（1）万能胶储存。应该储存在阴凉、干爽且远离儿童的地方，勿让阳光直接照射，气温过高、密封性不好或暴露时间长，溶剂挥发后将造成黏度过大，无法施工。可用甲苯、醋酸乙酯、丁酮或丙酮或冲稀，能搅拌均匀的继续使用。

（2）万能胶去除方法。可以用电吹风机吹，软了以后撕下来，然后蘸上小苏打水加干布弄干净。

（3）去除胶纸撕去后留下的污垢。

1）用酒精。用纸巾蘸一些酒精，最好用工业酒精擦拭。

2）用丙酮。丙酮用量少且彻底，最棒的是它能极迅速地去掉这些残留的胶质，比酒精更好使。

3）用洗甲水。用法和酒精丙酮一样，洗甲水不要求质量，好的或一般的都行。

4）用护手霜。可以先将表面的印制品撕掉，然后再把护手霜挤一些在上面，慢慢地用大拇指搓，搓一会儿就能把粘的残胶都搓下来。

Chapter 7
地板万里挑一有高招

章节导读： 人类使用天然木材铺设地面已经有几千年的历史。最初是以木质建筑、木质家具为身体的平托物，后来发现在众多的材料中，只有木材的导热性适合人体体温，并且方便开采、加工，于是以木材为主的地面铺设材料诞生了。在今天的工业技术中，地面铺设材料主要以木材为主，涵盖的成熟产品很多，主要可以分为实木地板、实木复合地板、强化复合木地板、竹木地板等，各种类型地板的性能需要正确认识。

7.1 实木地板：色调合适，视觉上更舒适

识别难度： ★★★☆☆

核心概念： 松木地板、橡木地板、柚木地板、蚁木地板、防腐木地板

实木地板是由木材拼接加工而成的，脚感比较好，色调自然、木纹清晰，且实木地板对树种要求较高，档次也由树种拉开，地板用材一般以阔叶材为多，档次较高；针叶材较少，档次较低，见表7-1。

实木地板纹理自然，具有一定肌理效果。

中高档实木地板展示效果华丽。

↑实木地板铺设

实木地板是采用天然木材，经过加工处理后制成条板或块状的地面铺设材料。

↑实木地板展示

商场内展示的实木地板都标明了产品的型号、规格、价格以及商家等。

7.1.1 松木地板

松木属于针叶林种，森林覆盖率高，具有先天的价格优势，而加工不同，松木地板的分类也不同。

1. 松木地板特点

（1）环保美观。松木地板相对其他地板来说会更环保时尚，尤其是目前很多经过油漆喷涂过的地板含甲醛量都是极高的。松木具有清晰简单的原木纹路，原木的色调让人赏心悦目，质感突出，这也是很多田园风格爱好者选择的原因之一。

（2）保养简单，易于运输。平时经常用软布顺着木纹的纹理为地板去尘即可。采用可拆装结构的松木地板，在运输的过程中极为方便。

纹理清晰明朗，经过加工后木质纤维细腻。

↑松木地板

没有经过油漆喷涂的松木地板，会保留原来的特点，拥有自然的纹路，且无污染。

有节地板价格较低，根据设计风格来选择。

↑松木地板铺贴

松木地板弹性和透气性强，铺贴后脚感好，即使是涂了油漆的松木地板，甲醛的含量也会大大低于其他地板。

（3）不耐晒，易变色。由于松木本身的特性，含水量高，质地软，所以没有其他实木那般的牢固，比较容易出现开裂和变形。不经过油漆加工的松木自然朴素清新亮丽，但强烈日照后容易变色，影响整体美观性。松木地板在潮湿的天气容易出现变色的状态，且易受潮。

经过暴晒后松木地板就会出现变色的现象，使用寿命会大幅度降低，也会而影响其天然的美观。

↑变色松木地板

南方梅雨天气较多，雨水量比较大，松木地板受天气影响，非常容易受潮，受潮后的地板很容易滋生细菌。

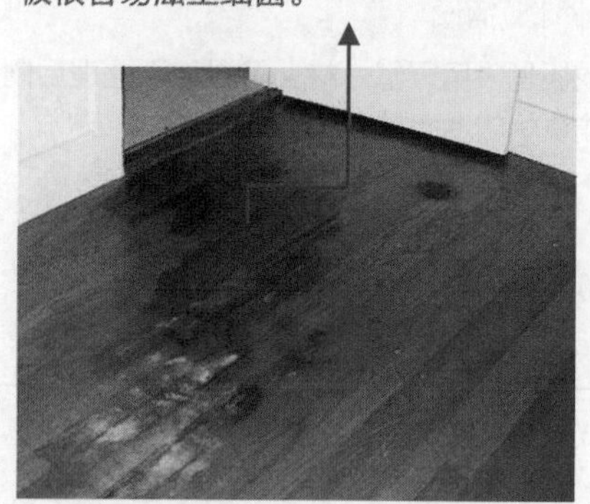

↑受潮松木地板

2. 松木地板选购

（1）看表面光泽。优质的松木地板表面具有金色光泽，整体给人一种通透感，且视觉上十分舒适。

（2）看结构和纹理。纹理直，径面略具交错纹理，结构均匀，质量及强度中等，硬度略硬的属于优质松木地板。

（3）看气味和综合性能。优质的松木地板没有特殊气味，且表面油漆粘结性好，不易翘裂，耐腐及抗虫性能都比较强。

7.1.2　橡木地板

橡木，又称柞木、栎木，橡木地板是橡木经刨切加工后做成的实木地板或者实木多层地板。

橡木质地浑厚，纹理层次丰富。

↑橡木地板

有美丽的天然纹理，制作成地板后装饰性强，可搭配各种风格的装修。

纹理颜色偏中浅，适用于现代风格的室内环境。

↑橡木地板纹理

橡木地板纹理交错，结构中等，纹理丰富美丽，花纹自然。

1. 橡木地板特点

橡木是很受人喜欢的树种，木材重而硬，强度及韧性高，稳定性佳，且花色品种多，纹理丰富美丽，花纹自然；冬暖夏凉，脚感舒适。

2. 橡木地板选购

（1）购买和铺设由同一单位负责。优质的实木地板和实木复合地板产品厂家一般会拥有专业的铺装团队或者专业的铺装指南，来保证售出的产品铺装服务。

（2）不要过分地追求纹理一致。橡木地板是天然的木制品，树木由于种植的地点不同，阳光补充不同等因素，木材的颜色也大不相同，就算是同一木材剖锯下来的板材，根据其位置不同，颜色深浅程度不同，纹理也不会有一致的。

（3）安装时加铺木芯板。为了追求脚感，很多木地板上都加上了一层木芯板，而劣质的会影响橡木地板的铺装质量。所以，如果非要要求好的脚感，就要选市场上品牌的木芯板产品，高仿的产品较多，大家一定要认清厂家和品牌认证，资质认证，避免上当受骗。

由于生长原因的限制，橡木地板会存在有纹理不一致的现象，这个很正常。

↑纹理不一致橡木地板

各面都应当覆盖油漆，以免渗透灰尘与水，对地板造成侵害。

↑关注正、反、侧面油漆

7.1.3 柚木地板

柚木被誉为“万木之王”，是世界公认最好的地板木材。全世界柚木以缅甸柚木为上品，柚木是唯一可经历海水浸蚀和阳光暴晒却不会发生弯曲和开裂的木材。

纹理浑厚，颜色较深，木质硬朗。

↑柚木地板

柚木地板色泽亮丽，装饰效果好，脚感舒适，适合大部分家庭选购。

纹理对比较强，色彩偏暖。

↑柚木地板纹理

柚木地板纹理丰富，色彩丰富，材料自带天然感，适用于各类空间。

1. 柚木地板特点

（1）柚木地板富含铁质和油质，能驱蛇、虫、鼠、蚁。

（2）柚木地板稳定性好，经专业干燥处理后，尺寸稳定，是所有木材中干缩湿胀变形最小的一种。

（3）柚木地板极耐磨，且具有防潮、防腐、防虫蛀、防酸碱的鲜明特点。

（4）柚木地板还拥有高贵的色泽，且极富装饰效果。

（5）柚木地板弹性也比较好，脚感舒适，是实木地板中的极品。

（6）柚木地板带有特有的醇香，对人的神经系统能起到镇静作用。

2. 柚木地板鉴别

（1）看纹理。真柚木地板有明显的墨线和油斑，假柚木地板或无墨线或墨线浅而散。

（2）亲手摸。真柚木地板摸上去滑滑的，手感十分细腻，仿佛被油浸泡过，假柚木地板则明显很粗糙。

取一小件柚木地板样品，在光线充足的情况下仔细观察表面纹理，看纹理印记是否清晰，色泽是否亮丽等。

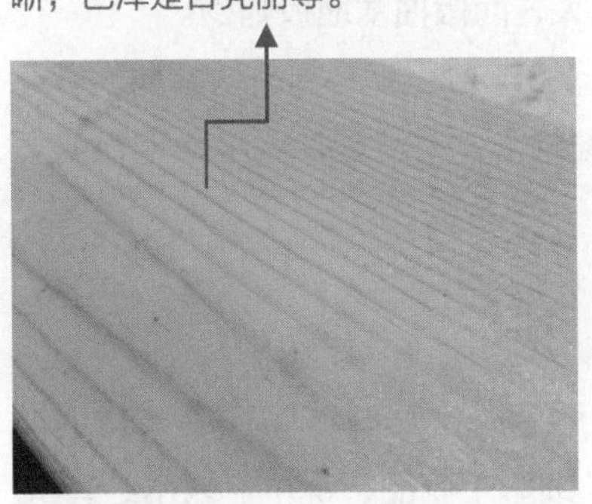

↑看纹理

取柚木地板样品，用手触摸其表面，感受表面光滑度，注意慢慢触摸，以免手被划伤。

↑用手摸

（3）闻气味。真柚木地板散发一种特殊的香味，如果柚木量大甚至整个展厅全部是柚木的话，走进去就能闻到这种香味。

（4）水测试。柚木地板富含油质，水和油是不相容的，所以真柚木地板水不被吸收，且成珠状分布。用纸巾擦干水渍的时候，会发现真柚木地板上的水由于不会渗入且板面有油性光滑，很快就擦干了，不留痕迹，假柚木地板由于水已经渗入且表面粗糙，水渍擦不干，并有纸屑。

取少量柚木地板，嗅闻表面气味，此香味闻到十分舒服，假柚木地板无香味、或有难闻气味。

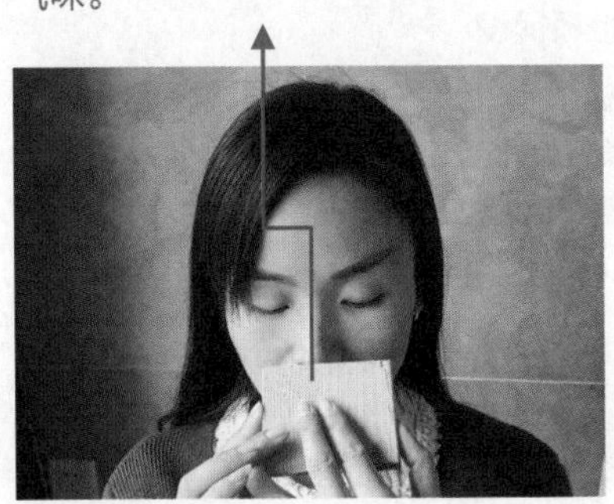

↑闻气味

滴一滴水在柚木地板的无漆处，真柚木地板上的水呈珠状分布，不会渗入，而假柚木地板上的水则会或快或慢渗入。

↑水测试

（5）掂重量。真柚木地板纤密度为0.67～0.73g/cm^3，比花梨木轻，但比铁杉重，假柚木地板则普遍偏重。

（6）看锯末。在地板安装环节比较好辨认，真柚木地板的锯末有很重的油质，用手捏时有软乎乎的感觉，而假柚木地板的锯末则干燥松散。

（7）水浸泡。将地板放入水中浸泡24h后观察其变化，无任何变化的则为真柚木地板；若发生扭曲、膨胀等变形现象则为假柚木地板。

（8）火燃烧。这是带破坏性的试验，一般店面都有柚木地板的小样，取一小块干燥的地板进行燃烧，真柚木地板散发的烟雾浓且大，而假柚木地板则少。

（9）好坏鉴别。柚木特有的铁质、油质和香味的丰富程度是判断柚木地板好坏的关键标准。柚木的油性越足，铁质越丰富，纤维越密，香味越浓，柚木地板的质地就越好。

7.1.4 蚁木地板

蚁木地板光泽度好，无特殊气味，材质硬，耐磨、抗压抗弯强度高、材色悦目、纹理诱人，适宜制作普通、拼花和承重地板及细木工制品、枕木。蚁木约有30种商品材，主要分为重蚁木、红蚁木和白蚁木三类商品材。

色彩深，质地厚重，纹理浑厚模糊。

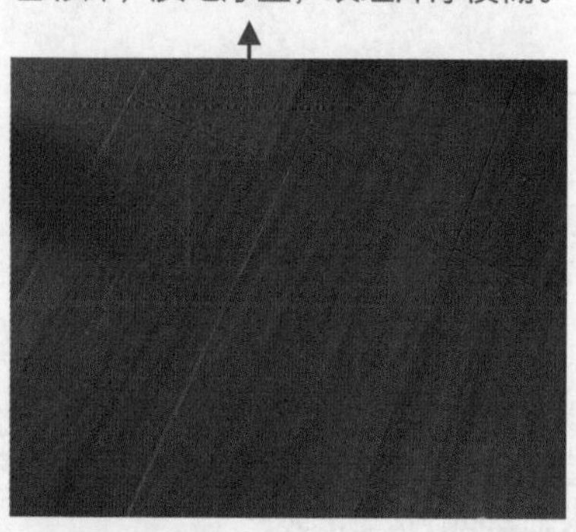

↑蚁木地板

蚁木地板纹理通常不规则，直至深交错，结构细至中，略均匀，有油性感。

与古典风格相匹配。

↑蚁木地板铺设

蚁木地板稳定性良好，木材质量较重，且材料比较耐磨；抗压强度高，适用于大部分室内空间铺贴，承重性较好。

1. 蚁木地板特点

（1）耐腐蚀甚至能抗白蚁及蠹虫危害。

（2）旋切性能好，刨面平滑，用腻子或其他填充剂后，涂饰性良好。抛光和胶黏性好，由于木材在使用中受大气湿度的影响一次比一次减小，特别是胀缩率小的蚁木地板，在铺装时宜紧拼，否则板间会有观感不良的缝隙。

（3）蚁木地板铺装速度快时，会有开裂和变形的状况，加工困难，因木材重硬，锯刨刃口易钝，宜用合金钢锯片。纵锯时如材料过厚，锯条发热；横锯时震动很大，锯条常常断裂。

（4）锯刨时产生的黄色锯屑飞尘是似硫状、有刺激性的，可引起皮炎的黄色粉末物。

蚁木单板承重性能较好，纹理也都比较丰富，很适宜制作装饰单板。

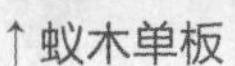

↑蚁木单板

蚁木制作的工艺品带有一种天然的香味，且花纹丰富，样式美观。

↑蚁木工艺品

2. 蚁木地板选购

（1）看材料构造。优质的蚁木地板结构稳定，连接处都十分紧密，而劣质的蚁木地板结构处时间久了以后很容易发生翘起现象。

（2）看品牌。选择一个优质的品牌十分重要，可以多参考几家的价格，综合选购。

（3）掂量重量。挑选蚁木地板，一定要掂量一下地板的重量，与其他的木地板材质相比，蚁木地板的重量要重出许多，在选购重蚁木地板时，尽量挑选重量较重的蚁木地板来购买，以免上当受骗。

7.1.5 防腐木地板

防腐木地板是指将木材经过特殊防腐处理的木地板，一般是将防腐剂经真空加压压入木材，然后经200℃左右高温处理，使其具有防腐烂、防白蚁、防真菌的功效。

防腐木地板主要用于庭院施工，是阳台、庭院等户外木地板、木栈道及其他木质构造的首选材料。

1. 防腐木地板特点

（1）抑菌。我国防腐木的主要原材料是樟子松，樟子松树质细、纹理直，经过防腐处理后，能够有效地防止霉菌、白蚁、微生物的侵蛀，抑制木材含水率的变化，减少木材的开裂程度。

（2）绿色、环保。碳化木是一种不经防腐剂处理的防腐木，被称为深度碳化木，又称热处理木，它是将木材的有效营养成分碳化，通过切断腐朽菌生存的营养链进而达到防腐的目的，是一种真正的绿色环保材料。

（3）装饰效果强。防腐木的颜色一般呈黄绿色、蜂蜜色或褐色，易于上涂料及着色，根据设计要求，可以达到美轮美奂的效果。

色彩较浅，且颜色接近原色木纹的防腐木多为中高档品种，以天然防腐性能为主。

↑防腐木花架

防腐木非常容易着色，能满足各种设计的要求，可用于各种的庭院构造制作。

色彩较深或偏褐色的防腐木，多为防腐溶剂浸泡产品，有一定污染，一般用于室外。

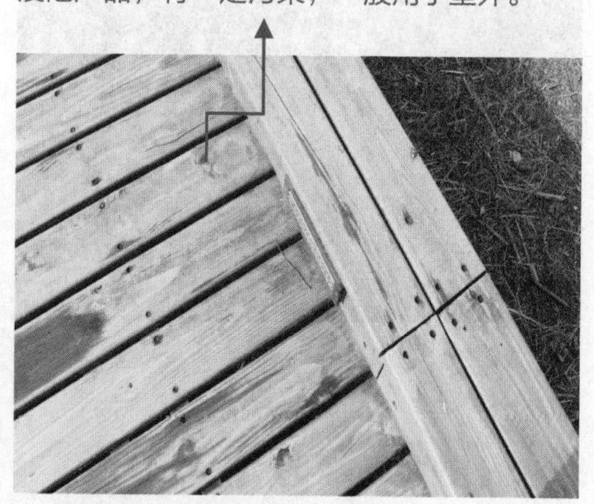

↑防腐木地板

防腐木地板具有良好的亲水效果，能在各种户外气候的环境中使用15~50年。

2. 防腐木地板选购

（1）看载药量。选购防腐木产品时不能只看颜色和外表，应着重看其载药量和渗透深度，以CCA-C型木材防腐剂处理的防腐木为例，如果用在户外，但不接触地面，防腐木应达到的载药量需大于或等于4kg/m³，渗透深度应大于或等于85%；如果用在户外，接触地面或浸在淡水中，防腐木应达到的载药量需大于或等于9.6kg/m³，渗透深度应大于或等于95%。

（2）看合格证。优质的防腐木地板应该具有环保证书，且相应的参数也应清晰地标明，环保指数也要达到标准。

7.2 复合地板：环保，脚感都要重视

识别难度： ★★★☆☆

核心概念： 实木复合地板、强化复合地板、竹地板、塑料地板

复合地板是地板的其中一种，但复合地板是被人为改变地板材料的天然结构，达到性能符合预期要求的一种地板。复合地板不仅具有一般实木地板的优点，相比天然的实木地板，耐磨度更好，价格也可能更便宜。

7.2.1 实木复合地板

实木复合地板是利用珍贵木材或木材中的优质部分以及其他装饰性强的材料做表层，材质较差或成本低廉的竹、木材料作中层或底层，构成经高温、高压制成的多层结构的地板。

1. 实木复合地板规格

现代实木复合地板主要以三层为主，采用三层不同的木材黏合制成，表层使用硬质木材，如榉木、桦木、柞木、樱桃木、水曲柳等，中间层与底层使用软质木材或纤维板。

板材背面纹理应当均衡，不应有拼接的现象。

↑挑选实木复合地板

在挑选复合地板时，一定要确保主要指标合格，避免上当受骗。很多指标都有国家规定的标准，包括耐磨性、甲醛释放量、吸水厚度膨胀率等。

侧面多层构造紧密，被油漆覆盖。

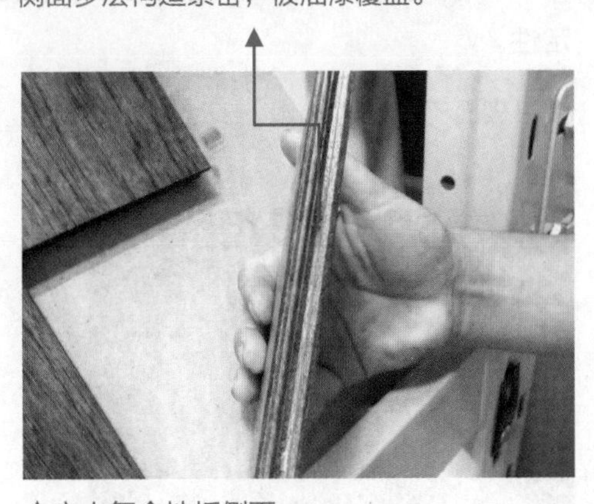

↑实木复合地板侧面

从侧面可以看出，实木复合地板不仅充分利用了优质材料，提高了制品的装饰性，而且所采用的加工工艺也不同程度地提高了产品的力学性能。

2. 实木地板价格

实木复合地板主要是以实木为原料制成的，规格与实木地板相当，有的产品规格可能会大些，但是价格要比实木地板低，中档产品的价格一般为200～400元/m²。

3. 实木复合地板鉴别

（1）注意观察表层厚度。实木复合地板的表层厚度决定其使用寿命，表层板材越厚，耐磨损的时间就越长，进口优质实木复合地板的表层厚度一般在4mm以上，此外还须观察表层材质和四周榫槽是否有缺损。

（2）检查规格尺寸公差值。可以用尺子实测或与不同品种相比较，拼合后观察其榫槽结合是否严密，结合的松紧程度如何，拼接表面是否平整。

（3）检验防水性能。可以取不同品牌小块样品浸渍到水中，试验其吸水性和黏合度如何，浸渍剥离速度越低越好，胶合黏度越强越好。按照国家规定，地板甲醛含量应小于9mg/100g。如果近距离接触木地板，有刺鼻或刺眼的感觉，则说明甲醛含量超标了。

7.2.2 强化复合木地板

强化复合木地板由多层不同材料复合而成，其主要复合层从上至下依次为强化耐磨层、着色印刷层、高密度板层、防震缓冲层以及防潮树脂层。

1. 强化复合木地板特点

（1）强化复合木地板采用高标准的材料和合理的加工手段，具有较好的尺寸稳定性。

板材表面不透水不渗水，安装紧密，纹理交错。

↑强化复合木地板铺装

强化复合木地板具有良好的耐污染腐蚀、抗紫外线光以及耐香烟灼烧等性能，适合地面铺装。

缝隙一定对接紧密，边缘有封蜡处理，能放置渗水。

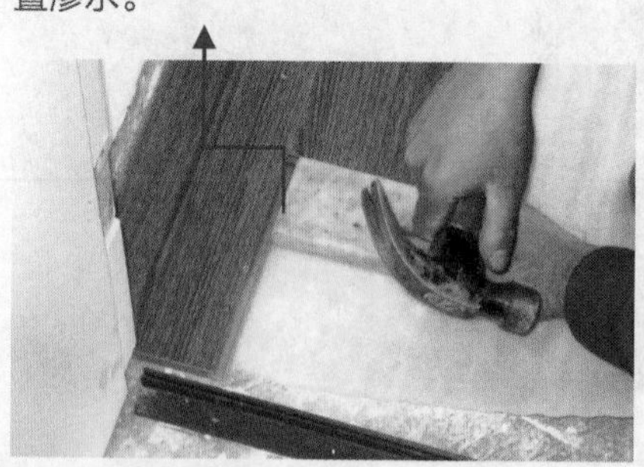

↑强化复合木地板安装

强化复合木地板安装简便，维护保养简单，一般采用泡沫隔离缓冲层即泡沫防潮毡悬浮铺设的方法，施工简单，效率高。

（2）强化复合木地板具有很高的耐磨性，表面耐磨度为普通油漆木地板的10～30倍。

（3）着色印刷层为饰面贴纸，纹理色彩丰富，设计感较强。

（4）产品的内结合强度、表面胶合强度和冲击韧性力学强度都较好。

（5）防震缓冲及树脂层垫置在高密度板层下方，用于防潮、防磨损，起到保护基层板的作用。

2. 强化复合木地板规格与价格

强化复合木地板的规格长度为900～1500mm，宽度为180～350mm，厚度为8～18mm，其中，厚度越厚，价格越高。目前市场上售卖的复合木地板以12mm居多，价格为80～120元/m^2。

高档优质强化复合木地板还增加了约2mm厚的天然软木，具有实木脚感，噪声小、弹性好。购买地板时，商家一般会附送配套的踢脚线、分界边条、防潮毡等配件，并负责运输安装。在现代装修中，强化复合木地板成为年轻业主的首选。

3. 强化复合木地板鉴别

（1）检测耐磨转数。耐磨转数是衡量强化复合地板质量的一项重要指标，一般而言，耐磨转数越高，地板使用的时间就越长，地板的耐磨转数达到1万转为优等品，不足1万转的产品，在使用1～3年后就可能出现不同程度的磨损现象。

用0号的粗砂纸在地板表面反复打磨，约50次，如果没有褪色或磨花，就说明地板质量还不错。

↑砂纸打磨

（2）观察表面光洁度。强化复合木地板的表面一般有沟槽型、麻面型、光滑型等三种，本身无优劣之分，但都要求表面光洁无毛刺，但是背面要求有防潮层。还要注意观察企口的拼装效果，可以拿两块地板的样板拼装一下，看拼装后企口是否整齐、严密。

手保持干燥，平抚地板表面，有粗糙感和刺痛感的为劣质复合地板。

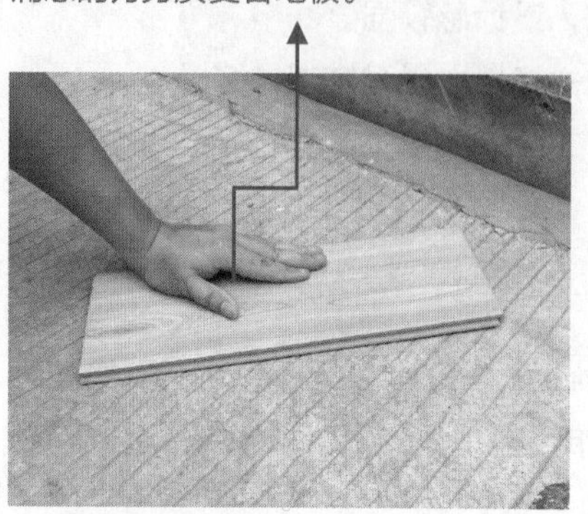

↑平抚表面

优质的强化复合地板背部都会有防潮层，防潮层和面板贴合紧密，且沾水不轻易脱落的为优质品。

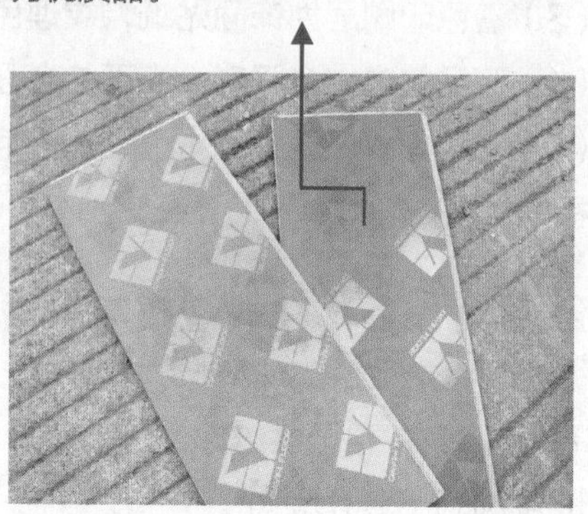

↑背部防潮层

优质强化复合地板的侧部企口应该细密、平整，手触碰也不会有刺痛感。

↑侧部企口

可以取两件强化复合地板样品，自由拼接在一起，优质品拼接后无缝隙。

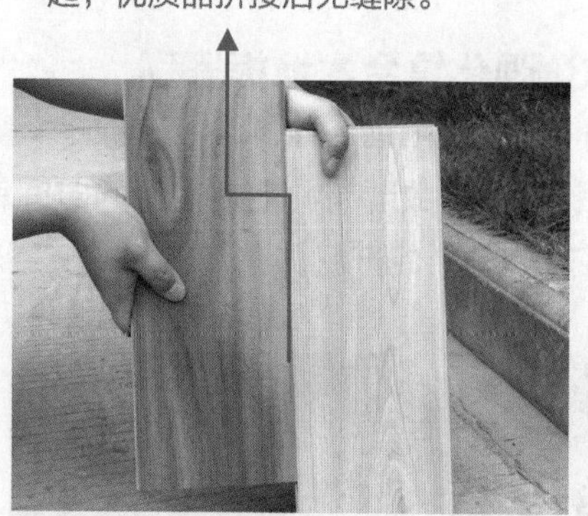

↑预拼接

（3）查看地板厚度与重量。选择强化复合地板应该以厚度厚些的为宜，复合木地板的厚度越厚，使用寿命也就相对延长，但同时要考虑装修的实际成本。同时，复合木地板的重量主要取决于其基材的密度，基材决定着地板的稳定性、抗冲击性等诸项指标，因此基材越好，密度越高，地板也就越重。

（4）了解产品的配套材料。在购买过程中需要查看正规证书和检验报告，选择地板时一定要弄清商家有无相关证书和质量检验报告，例如甲醛含量，按照欧洲标准，地板甲醛含量应小于9mg/100g，如果大于9mg则属于不合格产品。可以从包装中取出一块地板，用鼻子仔细闻一下，如果没有刺激性气味就说明质量合格。

收口线条属于强化复合地板的配套材料，在选购时一定要辨明相关的质量和价格。

↑收口线条

7.2.3 竹地板

竹地板是竹子经处理后制成的地板，与木材相比，竹材作为地板原料有许多特点。

1. 竹地板特点

竹子具有优良的物理力学性能，竹材的干缩湿胀小，尺寸稳定性高，因而竹地板不易变形开裂，同时竹材的力学强度比木材高，耐磨性好。

板材纹理细腻，具有竹材特有的斑点。

↑竹地板铺装

竹木地板具有良好的质地和质感，竹材的组织结构细密，材质坚硬，具有较好的弹性，脚感舒适，铺装后装饰自然而大方。

色彩偏中性，搭配风格多样。

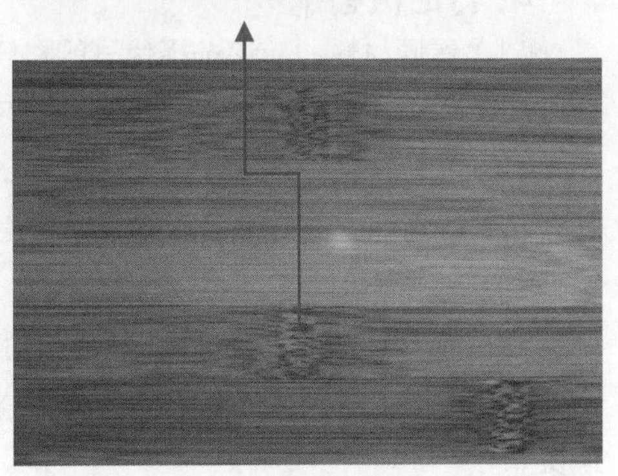

↑竹地板

制作竹地板的竹子具有别具一格的装饰性，竹材色泽淡雅，色差小，整体视觉上给人一种清新感。

2. 竹地板种类

（1）本色竹地板。本色竹地板保持了竹材原有的色泽，色调清雅，装饰效果比较自然。

（2）碳化竹地板。碳化竹地板的竹条要经过高温高压的碳化处理，使竹片的颜色加深。

↑竹地板细节

竹地板所使用的竹材纹理通直，有规律，竹节上还有点状放射性花纹。

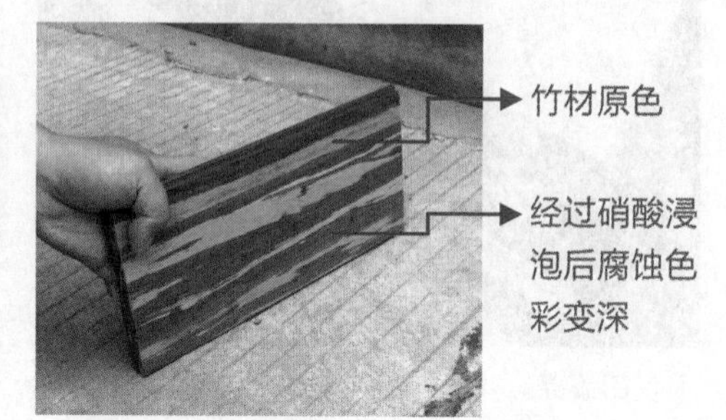

↑竹地板表面纹理

优质的竹地板表面纹理清晰，色调深浅有序，极具装饰性。

3. 竹地板规格与价格

价格也介乎实木地板与强化复合木地板之间，规格与实木地板相当，中档产品的价格一般为150~300元/m^2。

4. 竹地板鉴别

（1）看原材料。应该选择优异的材质，正宗的楠竹较其他竹类纤维坚硬密实，抗压抗弯强度高，耐磨，不易吸潮、密度高、韧性好、伸缩性小。

（2）看含水率。各地由于湿度不同，选购竹地板含水率标准也不一样，必须注意含水率对当地的适应性，含水率直接影响到地板生虫霉变，选购竹地板时应该强调防虫防霉的质量保证。

（3）观察竹地板的胶合技术。竹地板经高温高压胶合而成，市场上有的厂家和个体户利用手工压制或简易机械压制，施胶质量无法保证，很容易出现开裂开胶等现象。

（4）查看产品资料是否齐全。正规的产品按照国家明文规定应该有一套完整的产品资料，包括生产厂家、品牌、产品标准、检验等级、使用说明、售后服务等资料，如果资料齐备，则说明该生产企业是具有一定规模的正规企业，即使出现问题也有据可查。

（5）从外观上看。优质竹地板是六面淋漆。由于竹地板是绿色的自然产品，表面带有毛细孔，因为存在吸潮概率从而引发变形，所以必须将四周全部封漆，并粘贴防潮层，但正常顺弯地板不会影响使用质量，安装时可自动整平。

封漆可以有效避免水渍渗透到竹地板中，也能有效减少蛀虫的滋生。

↑竹地板截面封漆

和强化复合地板一样，竹地板为了增强防潮性能，其表面也粘结有防潮层。

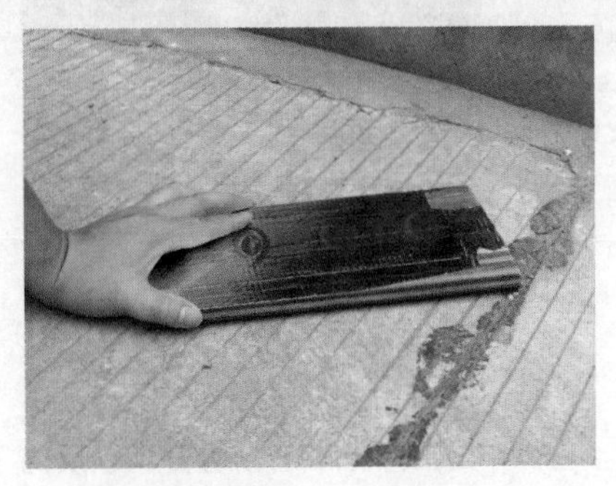

↑竹地板表面防潮

7.2.4 塑料地板

塑料地板，即采用塑料材料铺设的地板，以高分子化合物所制成的地板覆盖材料称为塑料地板，其基本原料主要为聚氯乙烯（PVC），具有较好的耐燃性与自熄性，加上它可以通过改变增塑剂和填充剂的加入量以变化性能，所以，目前PVC塑料地板使用面最广。

1. 塑料地板种类

（1）块材地板。块材地板的主要优点是，在使用过程中如果出现局部破损，可以局部更换而不影响整个地面的外观，但接缝较多，施工速度较慢。块材地板为硬质或半硬质地板，质量可靠，颜色有单色或拉花两个品种，其厚度大于5mm。

块材塑料地板属于低档地板，可以解决混凝土地面冷、硬、灰、潮、响的缺点，同时使环境能够得到一定程度上的美化。

←块材塑料地板

（2）软质卷材地板。大部分产品的厚度只有0.8mm，它解决不了冷、硬、响的弊病，还由于其强度低，使用一段时间后，绝大部分会发生起鼓及边角破裂等现象。弹性卷材地板能解决混凝土地面的冷、硬、灰、潮、响的缺点，且装饰效果好，脚感舒适，采用不燃塑料制造，不易引起火灾。

厚度越薄，卷曲幅度越大，多数卷材塑料地板厚度为1.5mm。

↑卷材塑料地板

卷材塑料地板纹样自然、逼真，有仿木纹、仿石纹以及仿织物纹样等图案。

无纺布卷材地板厚度较大，可达3mm。

↑无纺布卷材塑料地板

无纺布卷材塑料地板是以无纺布为基础材料，表面耐磨性较差，且防翘曲性能也较差。

2. 塑料地板特点

（1）防水防滑。塑料地板表面密度高，具有遇水不滑，铺装后可解除老年人及儿童的安全顾虑，其特性是石材、瓷砖等所无法比拟的。

弹性卷材塑料地板铺装后不仅具有良好的装饰性，且能提高居室的安全性能。

↑弹性卷材塑料地板铺装

（2）超强耐磨。地面材料的耐磨程度，取决于表面耐磨层的材质与厚度，并非单看其地砖的总厚度。

（3）质轻。塑料地板施工之后重量比木地板施工后的重量轻10倍，比瓷砖施工后的重量轻20倍，比石材施工后的重量轻25倍。

底部具有基础架空层的产品，架空层厚度达10mm，具有排水效果。

↑使用中的块材塑料地板

塑料地板表面覆盖有0.2～0.8mm厚的高分子特殊材质，耐磨程度高，为同类产品中最佳。

无纺布的经纬结构密度直接影响地板的强度。

↑质轻的块材塑料地板

质量颇轻的塑料地板最适合高层建筑住宅室内装修，能够减低建筑的承重，安全性有保证，且搬运方便。

（4）导热保暖性好。导热只需几分钟，散热均匀，绝无石材、瓷砖的冰冷感觉，适用于安装在有地暖的房间。

（5）保养方便。塑料地板易于保养，易擦，易洗，易干，使用寿命长，平常用清水拖把擦洗即可，若遇污渍，用橡皮擦或稀料擦拭即可干净。

（6）绿色环保。无毒无害，对人体、环境绝无副作用，且不含放射性元素。通过防火测试，离开火源即自动熄灭，生命安全有保障。通过各项专业指标测试，防潮、防虫蛀、不怕腐蚀。

3. 塑料地板价格

塑料地板按其色彩可以分为单色与复色两种。单色地板一般用新方法生产，价格略高些，约有10～15种颜色。塑料地板的价格与地毯、木质地板、石材、陶瓷地面材料相比，其价格相对便宜。常见的软质卷材地板成卷销售，也可以根据实际的使用面积按直米裁切销售，一般产品宽度为1.8～3.6m，10m/卷，裁切后铺装，平均价格为15～20元/m^2。

卷材产品厚度应当达2.5mm以上，具有一定耐磨能力。

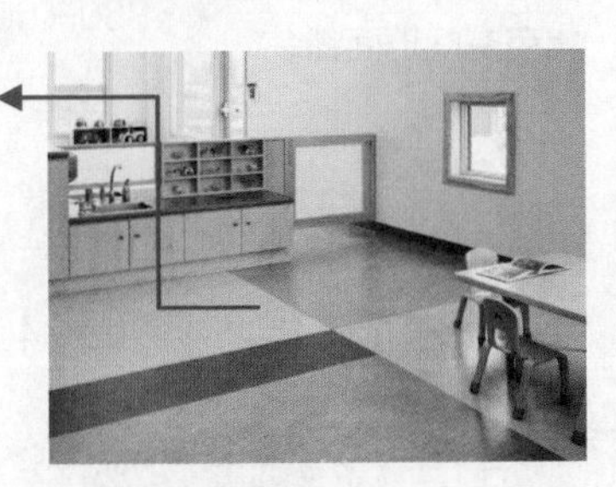

↑塑料地板铺装

塑料地板的装饰效果好，其品种、花样、图案、色彩、质地以及形状都十分多样化。

用于会客区的卷材产品厚度应当达3mm以上，具有一定弹性。

↑塑料地板应用

塑料地板能够满足不同人群的爱好和各种用途的需要，例如可以模仿的天然材料，且装饰效果十分逼真。

4. 塑料地板鉴别

（1）看表面花纹。优质产品的表面应该平整、光滑、无压痕、折印、脱胶，周边方正，切口整齐，关注颜色、花纹、色泽、平整度和伤裂等状态。

（2）看色泽和弹性。一般在600mm的距离外目测不可以有凹凸不平、光泽与色调不匀、裂痕等现象，要求塑料地板能够在长期荷载状态下依旧保持较好的弹性回复率。

（3）看耐磨耗性。耐磨耗性是塑料地板的重要性能指标之一，可以采用360号砂纸在塑料地板表面反复打磨10～20次，若表面无褪色或划痕即为合格，还可以用

4H绘图铅笔在地板表面用力刻划，如没有划痕即为合格，容易划伤的塑料地板则说明不耐用，很快就会被磨穿。

（4）看阻燃性。塑料在空气中加热容易燃烧、发烟、熔融滴落，甚至会产生有毒气体。可以用打火机点燃塑料地板的边角，优质地板材料离开火焰后会自动熄灭，从消防的角度出发，应该选用阻燃、自熄性塑料地板。

（5）看耐久性及其他性能。在大气氧化的作用下，塑料地板可能会出现失光、变少、龟裂及破损等老化现象。耐久性很难通过一次性测定，必须通过长期使用观测，还需观察其抗冲击、防滑、导热、抗静电以及绝缘等性能。质量差的地板遇到化学药品会出现斑点、气泡，受污染时会褪色、失去光泽等，所以必须谨慎选购。

表7-1　地板一览

品种	性能特点	用途	价格（元/m^2）
实木地板	质地厚实，纹理丰富，产品具有真实感，导热均衡，具有较强的亲和力，价格多样	客厅、书房、卧室等常用空间地面铺装	300～600
复合实木地板	层次丰富，舒适感较好，综合性能稳定，纹理丰富，价格适中	室内各空间地面铺装	200～400
强化复合木地板	品种、规格多样，柔和舒适，价格较高	室内各空间地面铺装	80～120
竹地板	质地硬朗，舒适凉爽，纹理朴素，有宽厚包边，价格适中	客厅、书房、卧室等常用空间地面铺装	150～300
塑料地板	质地轻盈、柔软，花色品种较多，耐磨性稍弱，价格低廉	室内各空间地面铺装	15～20

7.3 辅料配件：细节处见真章

识别难度：★★☆☆☆

核心概念：踢脚线、地板钉、装饰线条、地垫

7.3.1 踢脚线

踢脚线，顾名思义就是脚踢得着的墙面区域，所以易受到冲击。阴角线、腰线、踢脚线可以起到视觉的平衡作用，利用它们的线形感觉及材质、色彩等在室内相互呼应，可以起到较好的美化装饰效果。

1. 踢脚线种类

（1）木踢脚线。木踢脚线有实木和密度板制作的两种踢脚线，实木的非常少见，且成本较高，效果较好，安装时要注意气候变化后产生起拱的现象。

（2）PVC踢脚线。PVC踢脚线是木踢脚的便宜替代品，外观一般模仿木踢脚，用贴皮呈现出木纹或者油漆的效果，便宜，但贴皮层可能脱落，而且视觉效果也比木踢脚差。

表层油漆
内部实木

↑木踢脚线

木踢脚线比较好施工，装饰效果也比较好，且与墙面缝隙小，能很好地防潮。

PVC整体铸造成型，表面覆膜。

↑PVC踢脚线

PVC踢脚线价格比较便宜，色彩和花纹都比较丰富，但容易碎裂，日常损耗较大。

（3）瓷砖或石材踢脚线。瓷砖或石材踢脚线比较耐用，但一般适合于墙面也使用石材或瓷砖的房间。

（4）PS高分子踢脚线。PS高分子踢脚线替代了实木踢脚线和不锈钢及其石材踢脚线等，本质上是用塑料高分子为主要材质，表面使用木色或者大理石纹理来装饰。

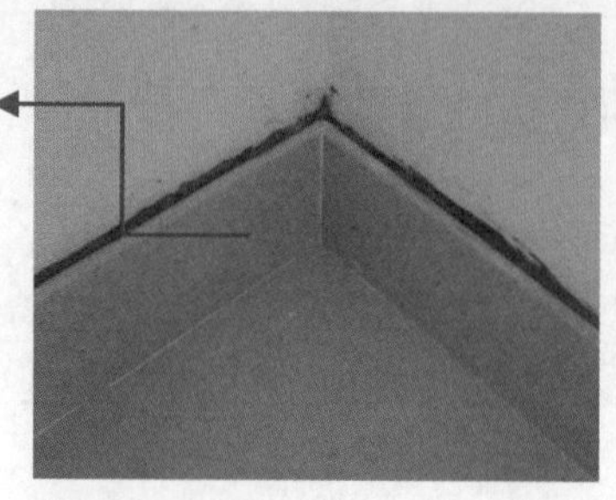

比地砖密度低，但是比实木强度高。

↑瓷砖踢脚线

瓷砖踢脚线色泽和表面样式都比较丰富，且防水和防潮性能都较好，但使用时要注意与墙面贴合紧密。

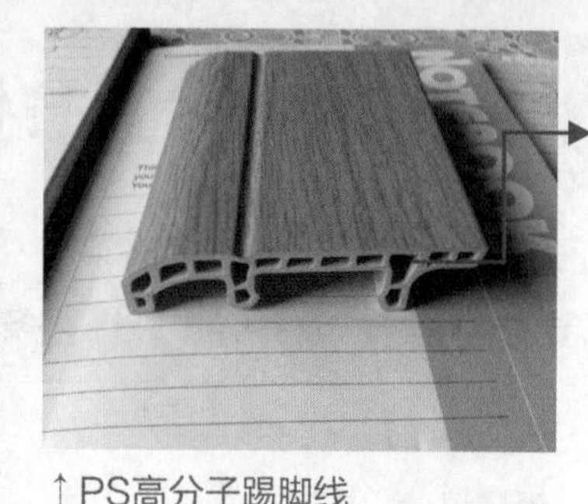

内部空隙具有很强的抗压能力。

↑PS高分子踢脚线

PS高分子踢脚线比较防水、耐磨、表面处理档次高，成本高于PVC和密度板踢脚线。

（5）不锈钢踢脚线。不锈钢踢脚线一般只适合一些现代风格的装修中，白色、黄色、墨绿色混油和金属相配，不锈钢踢脚线或铝质的踢脚线，已成为这种时尚装修的一部分。

价格高，厚度应达到1.0mm以上。

↑不锈钢踢脚线

不锈钢踢脚线成本非常高，安装也比较复杂，但经久耐用，几乎没有任何维护的麻烦。

质地相对较软，需要装基础构件进行固定。

↑铝合金踢脚线

铝合金踢脚线硬度比较高，耐磨性能也比其他材质的踢脚线要好，目前使用频率较高。

（6）木塑踢脚线。木塑踢脚线是用国内当前蓬勃兴起的一类新型复合材料，是利用聚乙烯、聚丙烯和聚氯乙烯等，代替通常的树脂胶粘剂，与木粉混合成新的木质材料。

（7）人造石踢脚线。人造石制造技术一直在进步，根据添加色糊和颗粒的不同，从浅色至深色，从素色到含有颗粒的花色，市场上都能见到。由于人造石的物理和化学特性，数米长的石材踢脚线在现场施工能做到无缝拼接，没有疤痕印记，眼光所到之处都是光滑的曲线。

（8）玻璃踢脚线。玻璃踢脚线是以玻璃为主材料，经切割，精细打磨，表面喷涂了优质进口纳米材料，但易碎，所以只为那些极重装饰的家庭所挚爱。

花色品种多，强度适中。

↑人造石踢脚线

人造石踢脚线的原料主要是天然石粉聚酯树脂、颜料和氢氧化铝，对人体无害。

一般为彩釉钢化玻璃，厚度为8mm以上。

↑玻璃踢脚线

玻璃踢脚线具有晶莹剔透的特性，但容易脆裂，用在踢脚线上不太安全，尤其不适用于有老人和小孩的家庭。

2. 踢脚线特点

（1）做踢脚线可以更好地使墙体和地面之间结合牢固，减少墙体变形，避免外力碰撞造成破坏。

（2）踢脚线也比较容易擦洗，如果拖地溅上脏水，擦洗非常方便。

（3）踢脚线除了它本身的保护墙面的功能之外，在美观上的比重占有相当大的比例。

（4）踢脚线是地面的轮廓线，视线经常会很自然地落在上面，一般装修中踢脚线出墙厚度为50～120mm。

3. 踢脚线选购

（1）要了解清楚踢脚线的环保性和抗压变形性，确定其受季节、气候影响不会过多。

（2）根据高度选择，踢脚线的高度一般是660mm或者是700mm。

（3）根据颜色选择，踢脚线颜色选择可以根据地板颜色和墙面颜色来，选相近或者反差较大的颜色。

★小贴士★

踢脚线的色彩选择

（1）接近法。所选择踢脚线的颜色和地砖颜色一致或者接近的选择方法。

（2）反差法。所选择的踢脚线的颜色和地砖的颜色形成反差。一般来说，对于浅色的地砖，不建议选择浅色的踢脚线，建议选择中性的咖啡色的踢脚线。

7.3.2 装饰线条

装饰线条在装饰装修工程中是必不可少的配件材料，主要用于划分装饰界面、层次界面以及收口封边。

1. 装饰线条种类

（1）实木线条。实木线条是使用车床将中高档原木挤压、裁切、雕琢而成，主要用于木质工程中门窗套、家具边角、家具台面等构造上。实木线条规格一般以宽度来区分应用部位，一般为10～80mm，厚度应大于3mm，宽度大于60mm，一般可以定制加工成各种花纹或条纹，厚度也相应可以增加，长度为1800～3600mm不等。在选购实木装饰线条时，应该注意含水率须控制在11%～12%。

木材品种多样，名贵树种厚度较薄，价格高，需要定制生产。

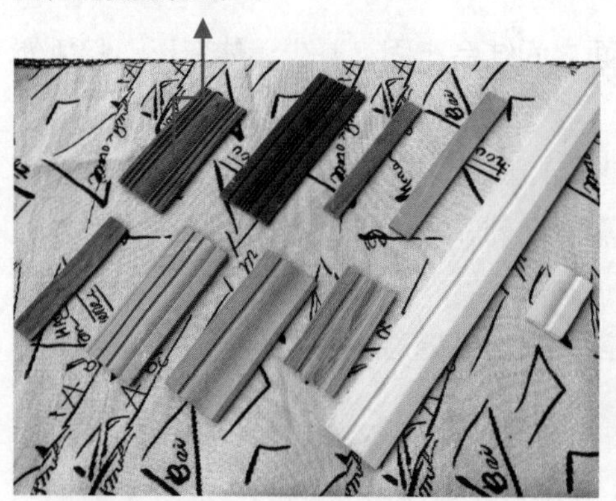

↑实木线条

实木线条纹理自然、浑厚，名贵的木材配合同类薄木装饰面板使用，装饰效果浑然一体，但成本颇高。

转角处需经过精密旋切。

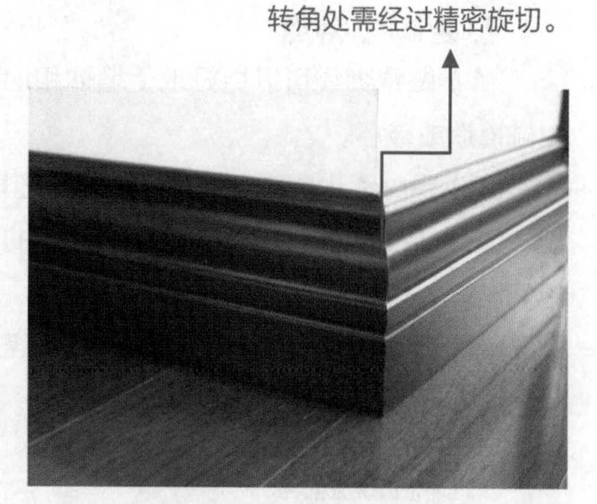

↑实木踢脚线

实木线条在施工中一般使用钉接与胶水粘接相结合，安装实木踢脚线时应该在基层构造上涂刷防水涂料或铺贴防潮毡。

（2）复合板线条。复合板线条是以中密度纤维板为基材，表面通过贴塑、喷涂等工艺形成丰富的装饰色彩，一般配合复合板家具及装饰构造的收边封口，此外还用于复合木地板的踢脚线、分界线，可以用肉眼观其直线度，表面必须相同，判定是否已因吸潮而变形。

PVC覆膜层
高密度纤维板

↑复合板线条

复合板线条表面光洁，手感光滑，质感好，每根线条的色彩应均匀，没有霉点、虫眼及污迹。

转角台阶处采用铝合金边条覆盖。

↑复合板线条应用

复合板线条可用于楼梯踏板处，选购时要注意装饰表层是否粘接牢固，对于复合木地板配送的踢脚线条要注意留意是否有色差。

2. 装饰线条特点

（1）装饰线条可以强化结构造型，增强装饰效果，突出装饰特色，部分装饰线条还可起到连接、固定的作用。

（2）木质线条造型丰富，可塑性强，制作成本低廉，从材料上分为实木线条与人造复合板线条，从形态上又分为平板线条、圆角线条、槽板线条等。

3. 装饰线条选购

（1）看表面。优质的装饰线条表面应该是光滑平整，没有毛刺的，质感也比较好，而劣质的装饰线条可能有扭曲和斜弯的现象，线条还可能因吸潮而变形。

（2）看色彩。在选购装饰线条时，要看看其色彩是否均匀，漆面是否光洁，有无霉点，是否有开裂、腐朽和虫眼等现象。

（3）看触感。触摸装饰线条，摸上去不会扎手，不会有毛刺的属于优质品，通过触感还能感觉表面是否平滑。

（4）看加工工艺。装饰线条加工工艺的优劣，对上漆后的形态和视觉效果有直接影响，在选购时千万不能采用外表带有毛刺，有腐朽、开裂、节子、虫眼等现象的装饰线条。装饰线条的长宽各式各样，所以购买之前还要测量好尺寸，计算精确，以免造成不必要的损失。

7.3.3 地垫

地垫是地板与地面之间的隔层，它在地板铺设中主要起到防潮和平衡的作用，市场上所销售的地垫产品一般都能达到用户的基本使用要求。地垫只是起到防潮、减震、静音的作用，最终还是看地板质量的好坏和铺装师傅的手艺。

普通防潮垫具有防水减震功能，厚度为5mm左右。

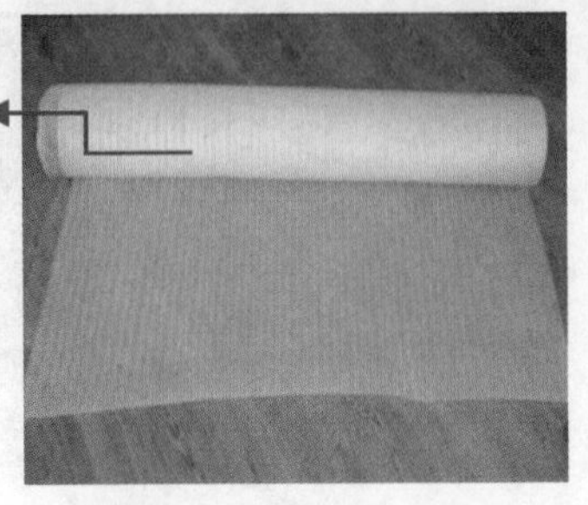

↑防潮地垫

防潮地垫拥有良好的防水、防潮性能，铺贴于地板下，一定程度上可以增强地板的使用寿命。

铝膜防潮垫还具有保温功能，厚度为6mm以上，适用于地暖地面。

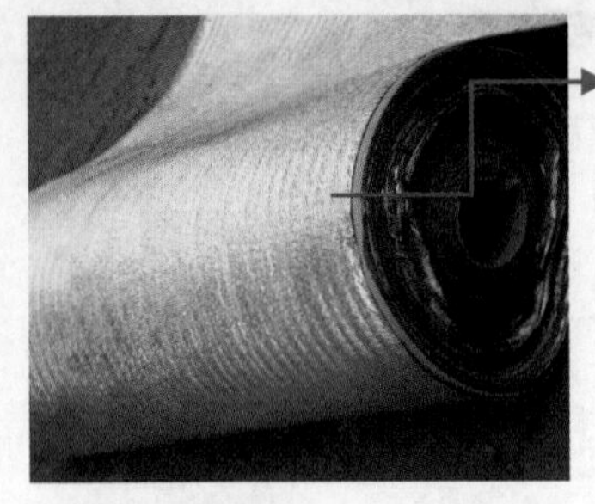

↑防潮地垫种类

地垫种类繁多，防潮地垫是其中一种，其他还有普通地垫、铝膜地垫、塑料膜地垫以及特种塑胶地垫等。

1. 地垫特点

地垫是一种能有效地在入口处刮除泥尘和水分，保持室内地面整洁的产品，特点是弹性柔软，脚感舒适，含有独特的抗紫外线添加剂，防止褪色及脆化现象，能承受日晒雨淋的室外环境。

2. 地垫选购

（1）塑料膜地垫选购主要是看其韧性，优质地垫的韧性很好。

（2）铝膜地垫选购则要注意其表面的铝膜和塑料膜粘接是否紧密，好的铝膜地垫它的那层铝膜是不容易脱落的。

（3）在选购时应注意，地垫并非越厚越好，一般2mm左右就可以了，太厚的话，地板回旋余地比较大，时间长了容易起拱。

★小贴士★

正确保养竹地板

（1）保持通风。经常保持室内通风，既可以使竹地板中的化学物质加速挥发，又可以使室内的潮湿空气与室外交换。

（2）避免暴晒或水淋。阳光或雨水直接从窗户进入室内会对竹地板产生危害，阳光会加速漆面老化，引起地板干缩、开裂，而雨水淋湿后，竹材吸收水分引起膨胀变形、发霉。

（3）避免损坏表面。竹地板漆面既是地板的装饰层，又是竹地板的保护层，应该避免硬物的撞击，利器的划伤、金属的摩擦等。

（4）正确清洁打理。应经常清洁竹地板，可先用干净的扫帚把灰尘和杂物扫净，再用拧干水的抹布人工擦拭。如果面积太大时，可将布拖把洗干净，再挂起来滴干水滴，用来拖净地面，一定不能用水洗，也不能用湿漉漉的抹布或拖把清理。

普通清洁具有平整光亮的效果。

↑竹地板上家具

在竹地板上搬运、移动家具时应该小心轻放，家具的落脚部位应该垫放或粘贴脚垫等。

蜡能填补地板表面轻微缝隙，达到特别平整的目的。

↑上蜡后的竹地板

平时如果有含水物质泼洒在地面时，应立即用干抹布抹干，如果条件允许，应间隔一段时间打地板蜡。

Chapter 8

洁具灯具实惠价值高

章节导读：洁具和灯具是装修中不可或缺的重要部分，既要求功能完善，又要求美观实用。洁具主要包括卫生间的各种配件，灯具根据建筑空间各个地方需求不同对应有不同的款式，洁具和灯具的选购可以体现用户的审美水平，根据风格选择洁具和灯具是必须要做的功课。

8.1 洁具：与结构相配的才最合适

识别难度： ★★☆☆☆

核心概念： 洗面盆、淋浴花洒、淋浴房、浴缸、坐便器、蹲便器、热水器、取暖器

卫生洁具是现代装修中不可缺少的重要组成部分，既要满足功能使用，又要考虑节能、节水要求。卫生器具的材质主要是陶瓷、搪瓷生铁、搪瓷钢板等。卫生洁具的五金配件也由一般的镀铬表面发展到全铝合金、不锈钢等多种材料，以获得更美观的视觉效果。在购买洁具之前要了解清楚卫生间的大小和结构，避免买回来后洁具与卫生间大小不符，见表8-1。

8.1.1 洗面盆

洗面盆是卫生间必备洁具，其种类、款式、造型非常丰富，洗面盆可以分为台盆、挂盆、柱盆，而台盆又可分为台上盆、台下盆、半嵌盆。

1. 洗面盆种类

（1）陶瓷洗面盆。一直是市场的首选，经济实惠，现代新产品完美造型，使陶瓷洗面盆也不乏个性。

半嵌洗面盆应当预先购买，根据台盆的尺寸来制作台面。

↑半嵌洗面盆

半嵌洗面盆体积比较小，半嵌式的结构也使得这类面盆比较节省空间。

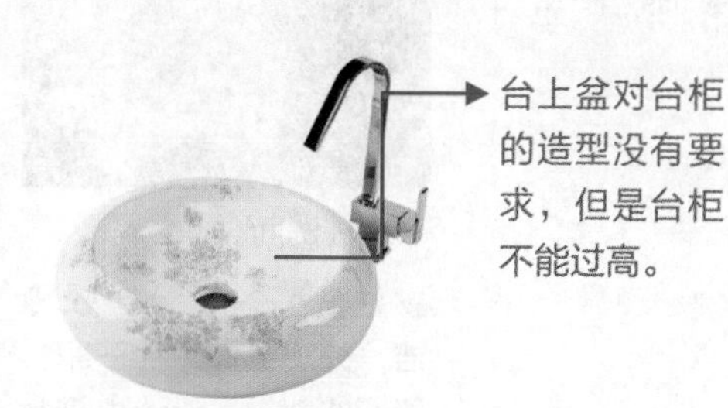

台上盆对台柜的造型没有要求，但是台柜不能过高。

↑陶瓷洗面盆

陶瓷洗面盆与不锈钢、玻璃以及石材洗面盆相比，价格要优惠很多。

（2）不锈钢洗面盆。与卫生间内其他钢质浴室配件一起，烘托出特有的现代感。市场上销售不锈钢面盆的厂家并不多，且价格偏贵，其突出特点就是容易清洁。

（3）玻璃洗面盆。晶莹透明，款式新颖，可以与洗面台连为一体，玻璃面盆的清洁保养与普通陶瓷面盆没有区别，只是注意不要用重物撞击或锐器刻划即可。

不锈钢材质应达到304，厚度要达到1.5mm，防止受到撞击而变形。

↑不锈钢洗面盆

不锈钢洗面盆硬度较高，不易破裂，防锈性能也不错，但样式不太美观。

玻璃盆要经过钢化处理，能耐120℃以上高温。

↑钢化玻璃洗面盆

钢化玻璃洗面盆的盆壁厚度比较多样化，主要有12mm、15mm以及19mm等。

2. 洗面台选购与鉴别

在选购洗面盆时应根据卫生间环境与生活习惯来确定洗面盆的款式，卫生间面积较小，一般选购立柱洗面盆，卫生间较大，可以选购台盆并自制台面配套，但目前比较流行的是厂家预制生产的成品台面、浴室柜及配套产品，造型美观，方便适用。

立柱盆下部立柱能遮挡住给排水管，具有简洁的装饰效果。

↑立柱洗面盆

立柱洗面盆设计比较简洁，外观给人一种干净、舒适的感觉，设计也符合人体舒适要求。

安装台上盆只需在台柜上钻孔排水孔即可，安装方便。

↑台上盆

台盆可以分为台上盆和台下盆两种，两者所选的台盆柜的尺寸也有所不同，且一般台上盆比较占据空间。

（1）对于销量最大的陶瓷洗面盆而言，最重要的是注意陶瓷釉面质量，优质产品的釉面不容易挂脏，表面易清洁，长期使用仍光亮如新。

（2）选购时可以在充足的光线下，从陶瓷的侧面多角度观察，优质产品的釉面应没有色斑、针孔、砂眼、气泡，表面非常光滑。

（3）吸水率也是陶瓷洗面盆的重要指标，吸水率越低的产品越好，低档产品吸水后的陶瓷会产生膨胀，容易使陶瓷釉面产生龟裂。脏物与异味容易吸入陶瓷，一般吸水率小于3%的产品为高档陶瓷洗面盆。

（4）可以在陶瓷洗面盆表面滴上酱油等有色液体，待30分钟后擦拭，也可以用360＃砂纸在表面打磨，优质产品表面均无任何痕迹。

在洗面盆上倒上少量的酱油，一般劣质洗面盆容易吸入脏物与异味，优质的陶瓷洗面盆吸水率会小于3%。

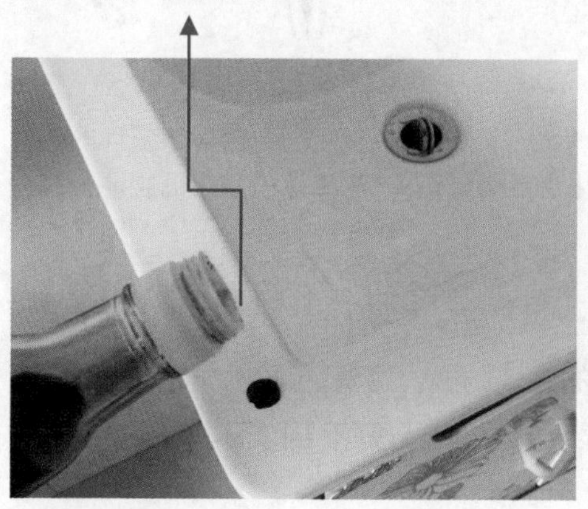

↑酱油测试

选用适量的砂纸轻轻摩擦陶瓷洗面盆的表面，摩擦一会儿后，查看表面有无明显痕迹。

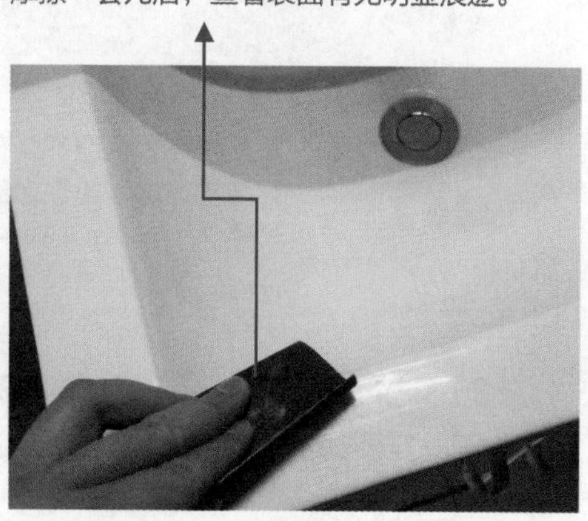

↑砂纸打磨

8.1.2 淋浴花洒

淋浴花洒是又称淋浴喷头，是淋浴器最主要组成部分。现在市面上的花洒样式越来越多，功能也越来越多。

1. 看材质

（1）镀层。在卫生间等比较潮湿的环境中，花洒外表如果不经过电镀处理就会影响到本身的材质，但同样是电镀，工艺处置差异也大有不同。

（2）管体。优质的管体在潮湿环境使用中也不会变黑，出现起泡掉落等现象。有一些商家会用铸铁管冒充全铜管，可以通过敲管体来辨别，全铜管的敲击声音洪亮，铸铁管的敲击声音小而发闷。

淋浴花洒种类繁多，而随着科技的进步，逐渐出现了吊顶式淋浴花洒和多功能淋浴花洒，也使得人们的生活更便捷。

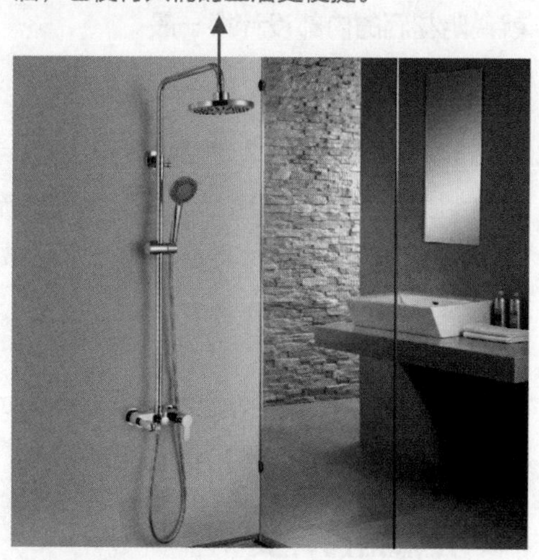

↑淋浴花洒

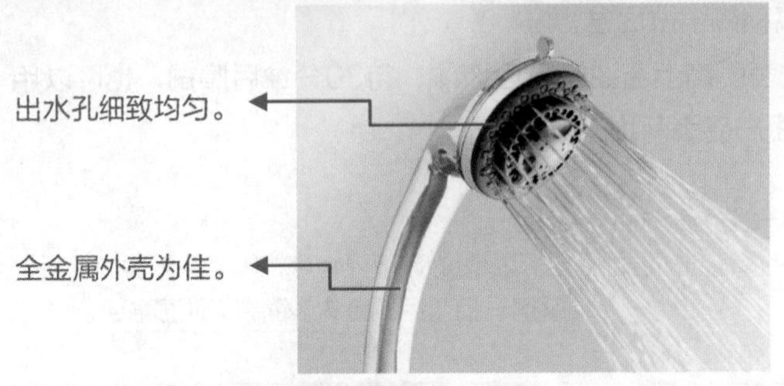

↑花洒喷头

在光线充足情况下，花洒龙头表面应该黑亮如镜，无任何氧化斑点，烧焦痕迹。

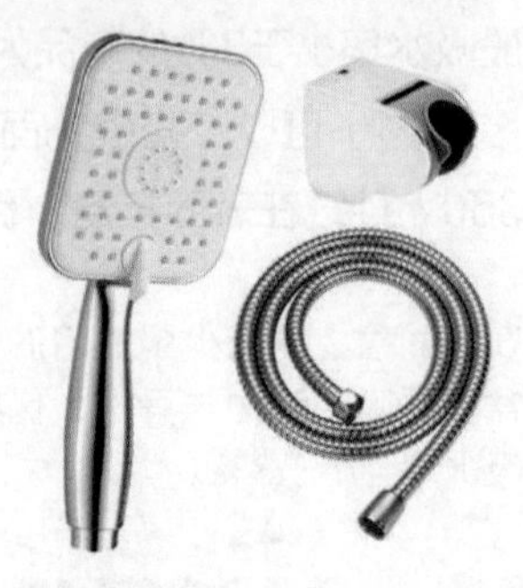

↑淋浴配件

优质的花洒淋浴配件的管体应该是采用全铜质地，并且外表要经过打磨、抛光、除尘、镀镍、镀铬等工艺。

（3）阀芯。好的阀芯会采用硬度极高的陶瓷制成，顺滑、耐磨，杜绝滴漏。消费者自己一定要动手扭动开关试一试，如果手感较差，最好不要购买。

2. 看配件

（1）使用舒适度。花洒配件会直接影响到其使用的舒适度，需要格外留意。

（2）配件灵活度。查看水管和升降杆是否灵活，花洒软管抗屈能力如何，花洒连接处是否设有防扭缠的滚球轴承，升降杆上是否有旋转控制器等。

（3）出水率。选择花洒一定要看出水，设计良好的花洒能保证每个喷孔分配的水量都基本相同。挑选时让花洒倾斜出水，如果顶部的喷孔出水明显小或者没有，就说明花洒的内部设计很一般。

3. 看节水功能

节水功能是选购花洒需要考虑的重点。有些花洒采用钢球阀芯，并配以调节热水控制器。可以调节热水进入混水槽的流入量，使热水可以迅速准确地流出，这类设计比较合理的花洒比普通花洒节水50%。

8.1.3 淋浴房

淋浴房又称为淋浴隔间，是充分利用室内一角，用围屏将淋浴范围清晰划分出来，形成相对独立的洗浴空间。

1. 淋浴房种类

淋浴房按形式可分为转角形淋浴房、一字形淋浴房、圆弧形淋浴房、浴缸上淋浴房等；按底盘的形状分方形、全圆形、扇形、钻石形淋浴房等；按门结构分移门、折叠门以及平开门淋浴房等。

←扇形淋浴房

扇形淋浴房是目前使用频率较高的一种淋浴房，样式也比较美观。

←移门淋浴房

移门淋浴房开合比较方便，适用于空间面积较小的卫生间中。

←折叠门淋浴房

折叠门淋浴房比较少见，通常采用硬度比较高的材料来制作框架。

←平开门淋浴房

平开门淋浴房一般在旅店中比较常见，设计比较简单，款式单一。

2. 淋浴房价格

目前，市场上比较流行整体淋浴房，带蒸汽功能的整体淋浴房又称为蒸汽房。与传统淋浴房相比，整体淋浴房有顶盖、围屏、盆底组成，款式丰富，其底盆质地有陶瓷、亚克力、人造石等，底坎或底盆上安装塑料或钢化玻璃。

普通淋浴房价格为2000～5000元/件，整体淋浴房价格很高，甚至达2万元/件。

←整体淋浴房

3. 淋浴房鉴别

（1）查看环保标识。观察玻璃，看玻璃是否通透，有无杂点、气泡等缺陷，玻璃原片上是否有3C标志认证。

（2）看配件。仔细观察金属配件，查看铝材的表面是否光滑，有无色差、砂眼，并注意剖面的光洁度。

拥有3C标志认证的淋浴房证明其各项指标均达标，可放心使用。

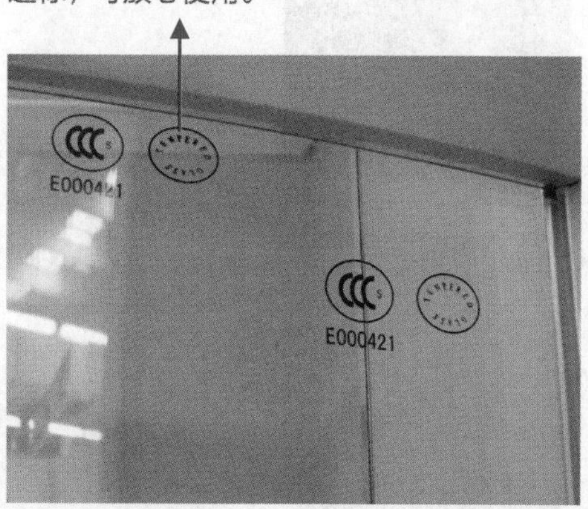

↑标志认证

轻触淋浴房框架，有光滑感，不扎手的为优质的淋浴房。

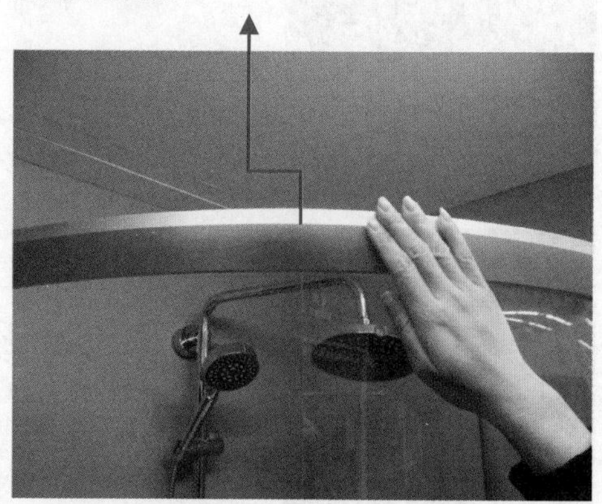

↑触摸铝材表面

（3）看铝材厚度。淋浴房铝材需要支撑玻璃的重量，合格的淋浴房铝材厚度均在1.5mm以上，铝材的硬度可以通过手压铝框测试，成人很难用手压使其变形，而回收的废旧铝材表面的处理光滑度不够，会有明显色差与砂眼，特别剖面的光洁度偏暗。

（4）看滑轮。滑轮的轮座要使用抗压、耐重的材料，例如304不锈钢，轮座的密封性要好，水汽不容易进轮子，轮子的顺滑性得到保障。

淋浴房滑轮与轨道要配合紧密，缝隙小，在受到外力撞击时不容易脱落，也能有效避免安全事故。

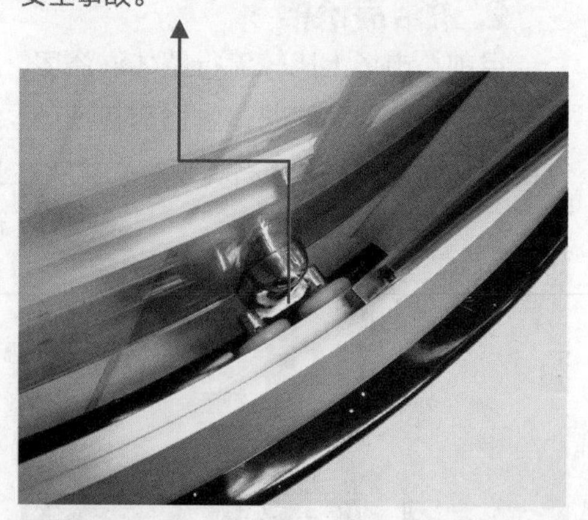

↑滑轨与轨道

（5）观察连墙配件的调节功能。墙体的倾斜与安装的偏移会导致玻璃发生扭曲，从而发生玻璃自爆现象。因此连墙配件要有纵横方向的调整功能，让铝材配合墙体与安装的扭曲，消除玻璃的扭曲，避免玻璃的自爆。

（6）观察淋浴房的水密性。主要观察的部位是淋浴房与墙的连接处、门与门的接缝处、合页处、淋浴房与底盆的连接处、胶条处等。此外，购买带蒸汽功能的淋浴房时应关注蒸汽机与电脑控制板的质量，在购买时一定要问清蒸汽机与电脑芯片的保修时间。

接缝处应做好防水及防锈处理，避免过度的压力而造成框架变形。

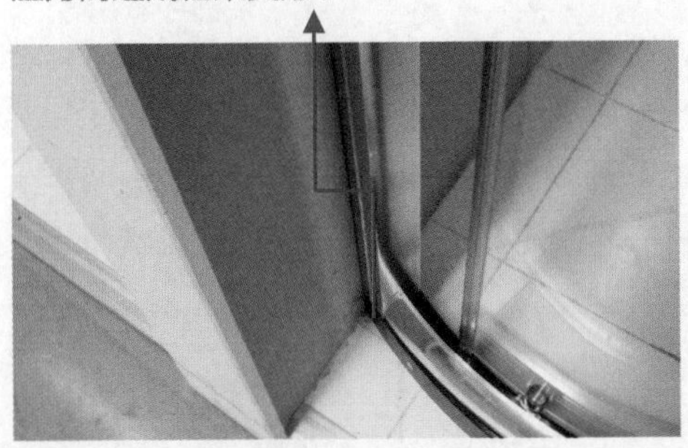

↑淋浴房门处接缝

内部接缝处要衔接紧密，材质间的连接处要做好防霉、防锈处理。

↑淋浴房内部接缝

8.1.4　浴缸

浴缸是安装在卫生间的洗浴设备，一般放置在面积较大的卫生间内，靠墙角布置，洗浴时需要注入大量的水，可根据不同生活习惯来选购使用。

1. 浴缸种类

（1）亚克力浴缸。采用人造有机材料制造，特点是造型丰富，质量轻，表面光洁度好，而且价格低廉。

（2）铸铁浴缸。采用铸铁制造，表面覆搪瓷，所以重量非常大，使用时不易产生噪声，便于清洁。

↑亚克力浴缸

亚克力浴缸耐高温能力差，不耐磨，表面易老化，但整体而言，性价比较高。

↑铸铁浴缸

铸铁浴缸由于铸造过程比较复杂，自重较大，所以造型比较单一且价格较贵。

（3）木质浴缸。常选用木质硬、密度大、防腐性能佳的材质，如云杉、橡木、松木、香柏木等，一般以香柏木最常见。木质浴缸具有容易清洗、不带静电、环保天然等特点。

（4）钢板浴缸。是制造浴缸的传统材质，钢板缸是由整块2～3mm厚的专用钢板经冲压成型，表面再经搪瓷处理，它具有耐磨、耐热、耐压等特点，重量介于铸铁缸与亚克力缸之间，保温效果低于铸铁缸，整体性价比较高。

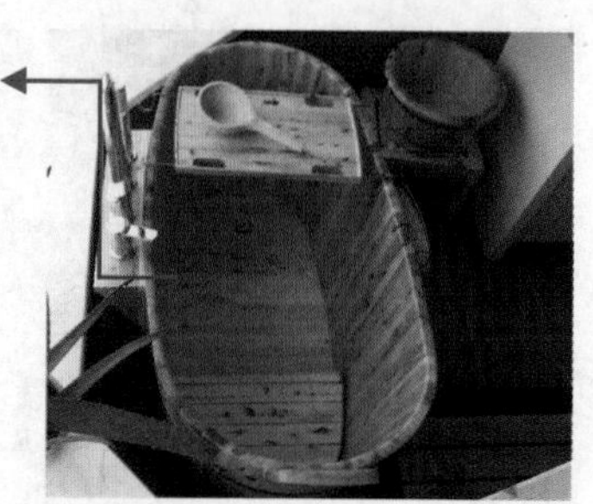

木材拼接整齐无缝隙、无虫眼、无渗漏。

↑木质浴缸

木质浴缸喜湿怕干，使用时要时常用清水浸润，避免暴晒。

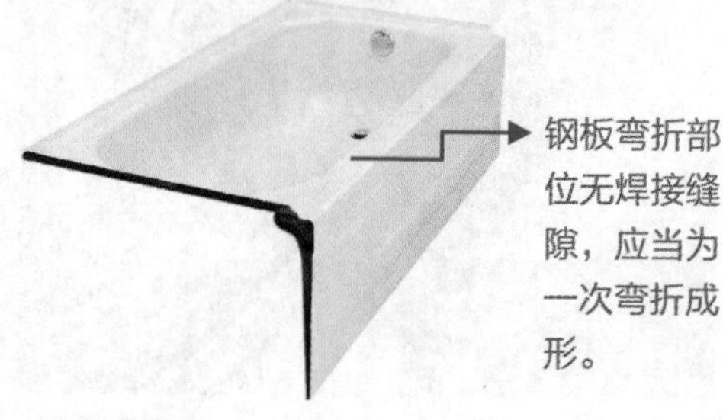

钢板弯折部位无焊接缝隙，应当为一次弯折成形。

↑钢板浴缸

钢板浴缸保温效果差，注水时噪声大，造型较单调，但使用寿命长。

2. 浴缸规格与价格

有搁置式、嵌入式、半下沉式三种。

（1）搁置式浴缸。一般将浴缸靠墙角搁置，施工方便，容易检修，适用于地面已装修完毕的卫生间。

（2）嵌入式浴缸。是将浴缸嵌入台面，台面有利于放置各种洗浴用品，但占用空间较大。

（3）半下沉式浴缸。是将浴缸的一部分埋入地下或带台阶的高台中，浴缸上表面比卫生间地面或台面高约300mm，使用时出入方便。中档浴缸价格为2000～3000元/件。

3. 浴缸鉴别

（1）观察表面。注意产品的光泽度，抚摸表面平滑度，通过表面光泽了解材质的优劣，适合于任何一种材质浴缸。劣质产品表面会出现细微的波纹。

（2）看尺寸。注意浴缸尺寸与卫生间面积是否匹配，同时也应与使用者的身高相适应，浴缸长度一般应大于1350mm。

（3）看承重力。可以按压浴缸，浴缸的坚固度关系到材料的质量与厚度，有重力的情况下，如用力按压浴缸表面，看是否有下沉的感觉。

（4）敲击浴缸。仔细听声音，优质产品应干脆、硬朗。对于按摩浴缸，可以接通电源，仔细听电动机的噪声是否过大。

手部按压浴缸底部，身体前倾，给予一定重力，出现下沉情况的为劣质浴缸。

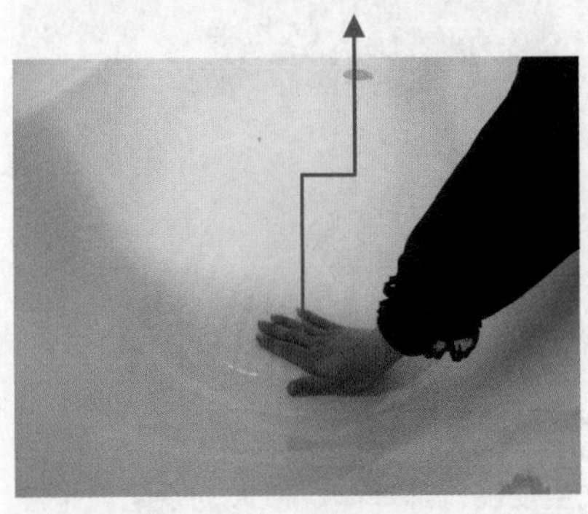

↑按压浴缸

轻敲浴缸，声音清脆的为优质浴缸，使用寿命也比较长，而声音沉闷的则为劣质浴缸。

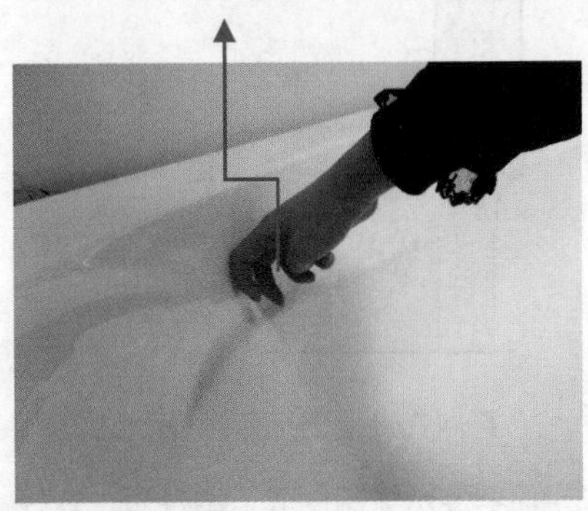

↑敲击浴缸

8.1.5 坐便器

坐便器是指使用时以人体为坐式特点的便器，坐便器一般为陶瓷制品。坐便器外观呈封闭结构，安装后造型美观，具有很高的卫生保洁功能，是卫生间装修的首选产品。

↑传统坐便器

传统坐便器主要有直冲式和虹吸式两种，两者各有各的优、缺点。

↑微电脑坐便器

微电脑坐便器是新出的一种智能坐便器，功能比较多，也比较便利。

1. 坐便器种类

坐便器价格差距很大，中档产品一般为800～1200元/件。根据工作原理，坐便器有以下两种。

（1）直冲式坐便器。是利用水流的冲力来排冲，一般池壁较陡，存水面积较小，这样水力集中，便圈周围落下的水力加大，冲污效率高。

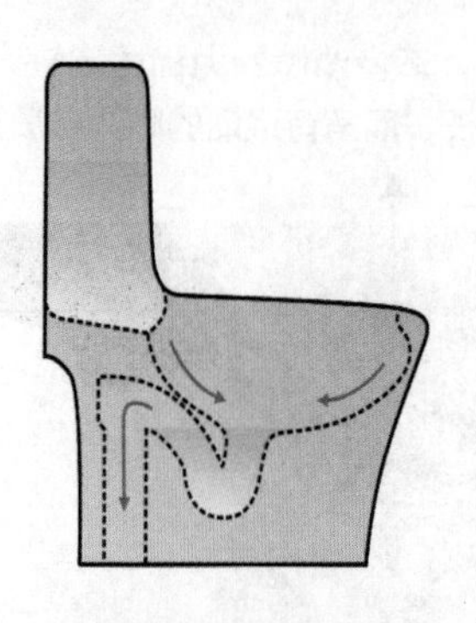

↑直冲式坐便器工作示意

直冲式坐便器冲水管路简单，路径短，管径粗，主要是利用水的重力加速度来达到排冲干净的目的，同时也不容易造成堵塞。

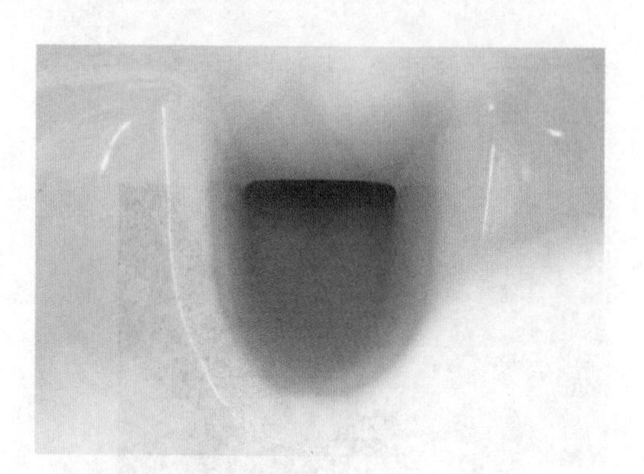

↑直冲式坐便器构造

直冲式坐便器构造单一，最大的缺陷就是冲水噪声大，还有由于存水面较小，易结垢，防臭功能不好。

（2）虹吸式坐便器。分为漩涡式虹吸、喷射式虹吸两种。漩涡式虹吸坐便器的水口设于坐便器底部的一侧，冲水时水流沿池壁形成漩涡，加大了水流对池壁的冲洗力度，更利于冲排。喷射式虹吸坐便器在底部增加一个喷射口，对准排污口中心，冲水时部分水从便圈周围的布水孔流出，部分由喷射口喷出，产生较大水流冲力，达到更好的冲排效果。

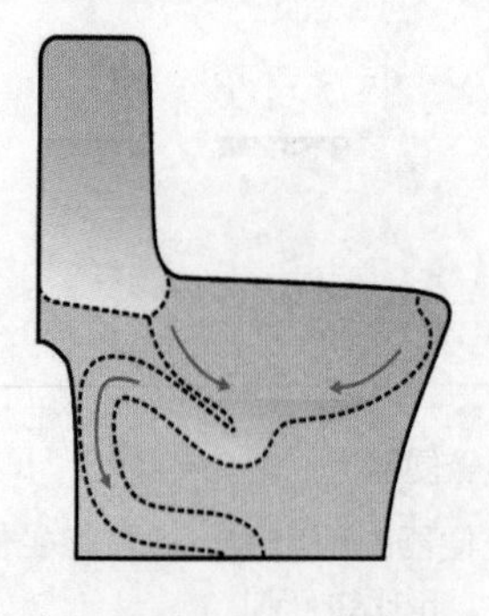

↑虹吸式坐便器工作示意

虹吸式坐便器在排水管道充满水后会产生一定的水位差，然后借冲洗水在便器排污管内产生的吸力，以此达到排冲目的。

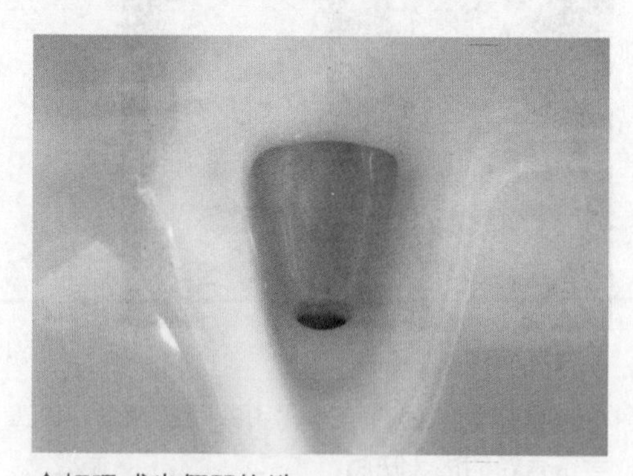

↑虹吸式坐便器构造

虹吸式坐便器的结构是排水管道呈横向S形弯管，由于虹吸式坐便器池内存水面较大，因而冲水噪声较小。

2. 虹吸式坐便器特点

虹吸式坐便器的最大特点就是冲水噪声小，存水较高，防臭效果优于直冲式，缺点是要具备一定水量才可达到冲净的目的，每次至少要用8～9L水，用水量较大。

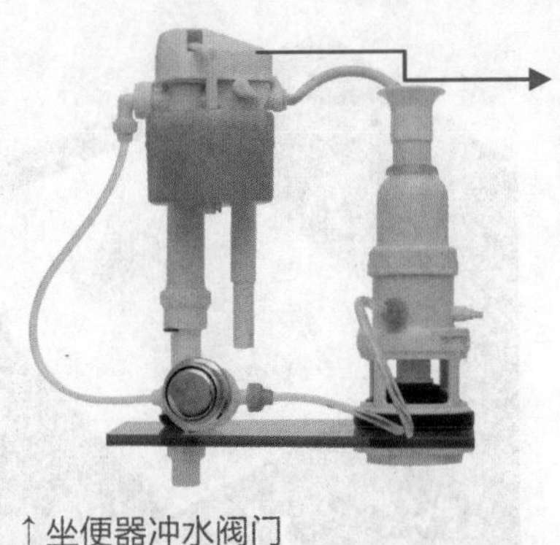

坐便器冲水阀门构造是上下一体的结构，虽然是塑料产品，但是密封性能高，使得水的冲洗力度更大，排冲更便捷。

↑坐便器冲水阀门

3. 坐便器选购

选购坐便器要注意识别质量，具体方法与蹲便器选购类似。

（1）看节水效果。选择节水效果较好的产品，市场上的坐便器冲水量一般为10L左右，对水源的污染与浪费极其严重，建议选用冲洗量为6L的节水型坐便器，一般以虹吸式坐便器为主。

（2）看尺寸配合度。购买前要确定安装尺寸，要预先测量下水口中心距毛坯墙面的距离，一般为300mm与400mm两种尺寸为主。

（3）看风格搭配。注意配套制品的风格、色调应与卫生间其他设备匹配，卫生间的陶瓷制品很多，如坐便器、洗面器以及皂盒等，其造型颜色只有一致或接近，才能和谐美观。

（4）看底部构造。注意坐便器的构造，坐便器有连体式与分体式两种，连体式坐便器外部没有连接部分，清洁方便，安装容易，但价格较贵。

分体式坐便器由水箱与底座两部分组成，在连接处可能会造成污垢，不易清洁，但价格便宜。

↑分体式坐便器

8.1.6 蹲便器

蹲便器是指使用时以人体为蹲式特点的蹲便器，蹲便器一般为陶瓷制品，结构简单、价格低廉。

1. 蹲便器结构与价格

蹲便器结构分有存水弯与无存水弯两种，有存水弯是利用横向S形弯管，造成水封构造，防止排水管中的气体倒流；带存水弯构造的蹲便器价格较高，安装时要在底部预留管道布设空间，其高度一般应大于200mm，蹲便器价格一般为60~200元/件。

蹲便器在装修中主要用于公共卫生间，选购时一般还需购置配套水箱。

↑蹲便器

2. 蹲便器购买

（1）看表面。触摸产品表面，优质蹲便器表面的釉面与坯体都比较细腻，在手电筒照射下，会发现有毛孔，釉面与坯体都比较粗糙。

手触摸蹲便器表面，感受表面是否存在有凹凸不平的感觉，且一般低档蹲便器的釉面比较暗。

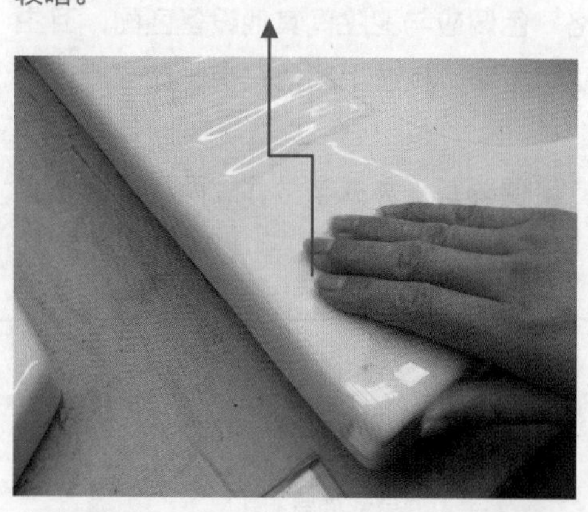

↑触摸釉面

在一定的光线条件下，使用手电筒照射蹲便器的釉面，釉面灰暗，有黑点的为劣质品。

↑手电筒照射釉面

（2）测量尺寸。可以用卷尺测量宽度是否一致，也可以掂量重量，优质蹲便器一般会采用高温陶瓷，材料结构致密，重量较大，而低档蹲便器重量较轻。

使用卷尺测量蹲便器的平面宽度是否和标签上所标明的信息一致。

↑测量尺寸

（3）检查吸水率。将酱油等有色液体滴落在蹲便器坯体表面，优质蹲便器应不吸水，因此不会发生釉面龟裂或局部漏水现象，而低档产品容易吸水。

（4）检验平整度。购买时要关注蹲便器的背部坯体的平整度。

购买时需要仔细查看蹲便器背部的平整度和光泽度，优质的蹲便器不会有凹凸现象。

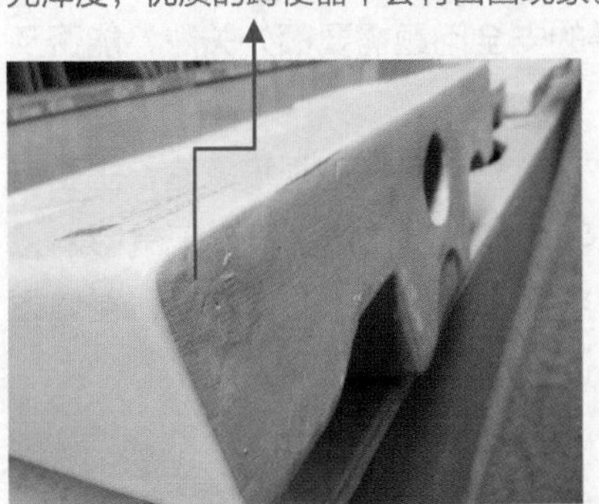

↑背部坯体

蹲便器安装时，要用水平尺校正平整，这是影响冲水后是否干净的最大因素。

↑安装平整

8.1.7 热水器

热水器是指通过各种物理原理，在一定时间内使冷水温度升高变成热水的设备。热水器一般安装在厨房、卫生间内，供日常清洗、淋浴使用，中档产品价格为2000～4000元/件，常见的热水器按照原理不同可分为电热水器、燃气热水器、太阳能热水器等三种。

1. 电热水器种类

（1）电热水器。特点是使用方便、节能环保，能持续供应热水。电热水器分为储水式与即热式两种，储水式电热水器容量为30～100L，安装简单，是目前市场消费首选；即热式电热水器出热水快，只需1分钟即可，热水量不受限制，可连续不断供热水，体积小，外形精致，但是即热式电热水器功率高，一般用于厨房，用于连接水槽上的水龙头。

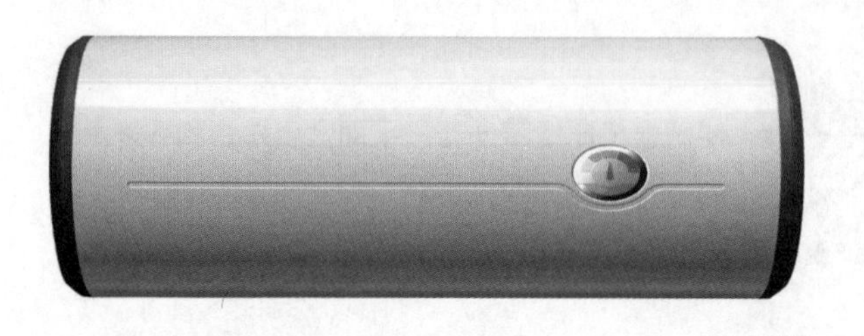

↑储蓄水式电热水器

储蓄水式电热水器使用方便，体积大，占空间，使用前要提前预热，等待时间比较长，容易长水垢，每年需要除垢。

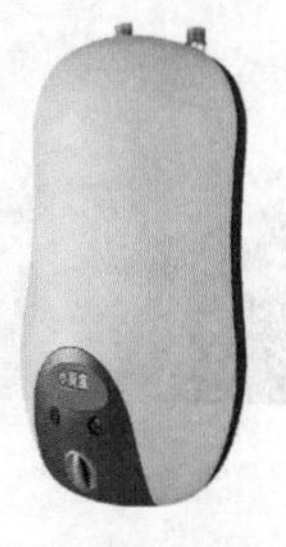

↑即热式电热水器

即热式电热水器又称为小厨宝，容量为5～10L，安装、使用都比较方便快捷，但比较耗电。

（2）燃气热水器。使用成本低，热效率高，温度调节稳定，价格低廉。一般家庭，使用8～12L的燃气热水器即可。燃气热水器的安全问题需要额外关注，能否及时排走有毒气体，成为燃气热水器安全性的关键。

（3）太阳能热水器。规格有12～24支管等产品，适用于不同规模家庭，主要可以分为屋顶式太阳能热水器与阳台式太阳能热水器两种，其使用主要受天气影响，一般在阴雨天就必须使用辅助电加热装置，对安装位置的要求也非常严格，在城市里一般只有顶层或别墅住宅中才安装。

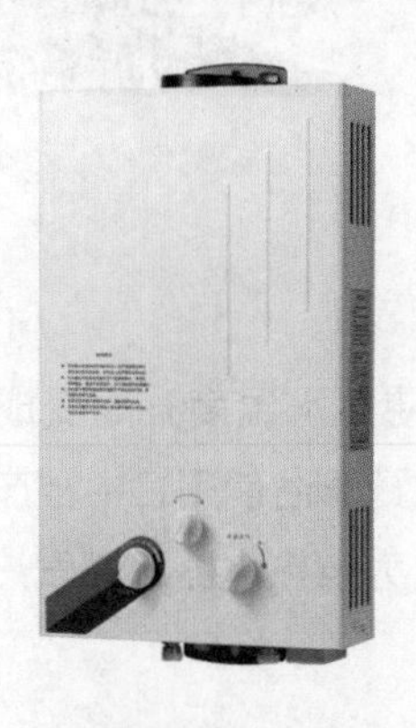

↑燃气热水器

燃气热水器加热速度快，水温恒定。目前，一般采用强制给排气式燃气热水器，即安装管道将燃烧气体排至室外，以此来保证室内环境的安全性。

↑太阳能热水器

太阳能热水器具有集热效率高、安全、清洁、节能、保温性能好、使用寿命长等特点，主要采用真空集热管组装，有光照便能产生热水。

2. 热水器选购

（1）看内胆。热水器的质量核心是内胆，目前知名品牌多采用钛金内胆，这也是电热水器市场的主流产品，内胆由含钛金属制成，具有强度高、耐高温、抗腐蚀等特点，性能稳定，有卧式、立式可供选择。

晶硅合成的内胆在目前的热水器中也有使用，它可以使水与内胆隔离，避免水与钢板直接接触，具有不生锈、强度高的优点。

↑晶硅薄膜组件

（2）看品牌。电热水器是目前市场消费的主流，选购热水器要注意质量，应选择知名品牌产品，并根据家庭成员数量来选择容量。

8.1.8 取暖器

取暖器是指用于取暖的设备，最常见的电取暖器是以电为能源进行加热供暖的取暖设备，也可叫作电采暖器。

1. 取暖器种类

（1）电热汀取暖器。又叫充油式取暖器，这种取暖器体内充有新型导热油，当接通电源后，电热管周围的导热油被加热，然后沿着热管或散片将热量散发出去。当油温达到85℃时，其温控元件即自行断电。电热汀取暖器适合在客厅、卧室、过道及有老人和孩子的家庭使用，具有安全、卫生、无尘、无味的特点。缺点是散热慢、耗电多。油汀散热片有7片、9片、10片、12片等，可通过选择散热片的多少来调功率的大小，使用功率在1200W左右。

（2）暖风机。利用风机鼓动空气流经PTC电热元件强迫对流，以此为主要热交换方式，其内部装有限温器，当风口被风机堵塞时，可自行断电。有的还装有倾倒开关，当暖风机倾倒时也能自行切断电源。暖风机的输出功率在800～1200W，可随意调温，工作时送风柔和，升温快，具有自动恒温功能。

↑电热汀取暖器

电热汀取暖器导热油无须更换，使用寿命长，售价一般在400～500元之间。

↑暖风机

暖风机一般都具有防水功能，适合在浴室使用，售价在300～500元之间，是目前理想的便携式家用取暖器。

（3）对流式取暖器。这种取暖器罩壳上方为出气口，下方为进气口，通电后电热管周围的空气被加热上升，从出气口流出，而周围的冷空气从进气口进入补充，如此反复循环，使室内温度得以提高。当进、出口被堵塞或环境温度过高时，温控元件会自动切断电热管电源。

（4）电热膜取暖器。电热膜取暖器采用全透明高温电热膜为发热材料，在工艺上处于世界先进水平，主要采用热风道结构，传热方式为强化对流，热启动速度快，出风温度3分钟内可达100℃以上，但断电后则迅速冷却。由于电热膜加热时是自身无氧化，使用寿命可在10万小时，同时具有体积小，造型美观等特点，属于取暖器一族的换代产品。虹吸管热管暖风机是今年新出现的一种取暖器，它采用“两相闭式热虹吸管”为热源，升温快，热效率高。

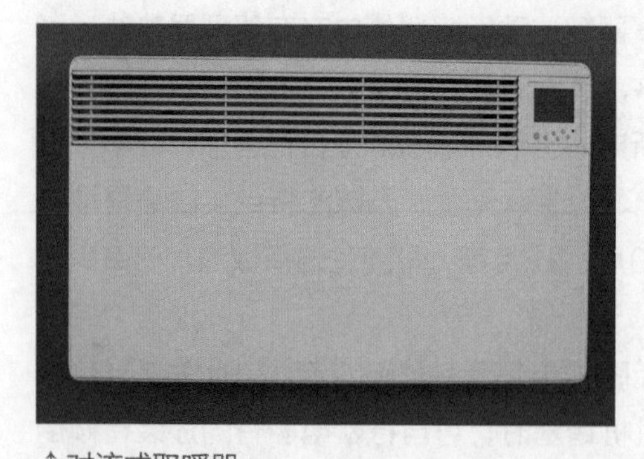

↑对流式取暖器

对流式取暖器使用功率在800W左右，可通过增减电热管的接通数量来调节功率，安全性能较高，运行宁静，缺点是升温缓慢。

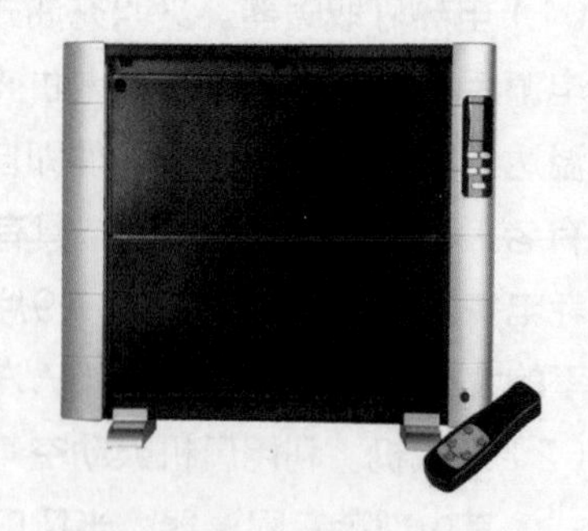

↑电热膜取暖器

电热膜取暖器工作时不发光、无明火、不怕水淋和蒸汽腐蚀，适合普通房间和浴室使用，售价在400元左右。

（5）高温超导热霸。高温超导热霸靠加热超导热油产生热量，利用风机传递热量，适合在会客室、浴室使用，售价较高。

2. 取暖器选购与鉴别

（1）看温度变化。挑选时将不同取暖器放在同一水平线上，在每一个取暖器前后1m处放置温度计预备测温，分别记录开机前、开机5分钟及开机30分钟不同温度计显示的温度，然后进行比较，即可选出热效率高的取暖器。

（2）看防水功能。如果选择浴用取暖器，应选用快速高效取暖器，并要求取暖器防水、防淋溅。防溅型的取暖器在其产品铭牌上应有三角形中有一滴水为图案的标志。不具防水功能的产品一定不要放在浴室中使用，以免发生意外。

（3）看合格性。取暖器的电源必须使用合格的、带地线的三孔插座，否则会有漏电的危险。由于取暖器功率较大，不宜与大功率的电器同时使用，否则容易损坏取暖器。

（4）看使用寿命。取暖器的使用寿命是消费者在购买取暖器时应当注意的一个问题。以小暖阳式取暖器为例，有些知名品牌如美的小暖阳因为使用了“X型”铝制发热体，使用寿命变长了很多。

（5）看功能是否齐全。在功能这方面，许多取暖器品牌做得都不错，较多暖风机可以台式、壁挂两用，有些暖风机还有遥控功能，即使行动不便的老人也可以远距离操作自如。

（6）看插座方向。插座不能位于取暖器正上方，以防热量上升烧烫电源。当居室中无人时，一定要把取暖器电源拔掉。

（7）看售后。售后服务也是消费者应关注的一个重要问题。一般来说知名度较大的品牌，售后服务做得相对较好。

★小贴士★

淋浴房注意事项

（1）合格的淋浴房均采用钢化玻璃，如果使用普通玻璃制作淋浴房，玻璃一旦损坏，出现大面积大体积破片，对人体会造成极大的伤害。

（2）淋浴房玻璃需要五金件夹固，半钢化玻璃由于坚固度明显下降，不但不能降低自爆率，反而在五金件的紧固作用下会增加自爆的可能性。

（3）由于钢化玻璃自爆是其固有特性，理论上不能排除这种可能性，因此可以选用防爆膜，或采用防爆夹胶玻璃，以降低对人体的伤害。

表8-1　卫浴设备一览

品种	性能特点	价格
洗面盆	陶瓷制品表面光洁，容易清理，形态多样，自重较大，不便安装，价格适中	单件500～1000元/件；成套2000元/套以上
淋浴房	形态多样，门类丰富，安装方便，节能环保，价格较高	普通2000～5000元/套；整体微电脑20000元/套
浴缸	形态多样，材质多样，体积大，不便安装，用水量大，价格较高	普通2000～3000元/件；微电脑按摩5000元/件以上
坐便器	陶瓷制品表面光洁，容易清理，形态多样，自重较大，安装方便，防污性好，价格较高	800～1200元/件
蹲便器	陶瓷制品表面光洁，容易清理，形态有变化，外观简陋，安装方便，价格低廉	60～200元/件

8.2 灯具：既要实用也要美观

识别难度： ★★☆☆☆

核心概念： 白炽灯、荧光灯、LED 灯

灯具不仅是一个装饰性的产品，更是一个实用性的产品，在选购电路线材的同时多会考虑灯具，在装修前应该预先规划好灯具的布局与种类，列出采购清单，配合电路线材一同采购，见表8-2。

8.2.1 白炽灯

白炽灯是常用的照明器具，它是将灯丝通电加热到白炽状态，利用热辐射发出可见光的电光源。

1. 白炽灯种类

白炽灯的灯泡外形有圆球形、蘑菇形、辣椒形等，灯壁有透明与磨砂两种，底部接口多为螺旋形，接口有大、小两种规格。施工时，白炽灯的安装位置应该保持相对空旷，安装完毕后，灯泡外壁不应与其他构造接触，避免发热过大而发生自燃。

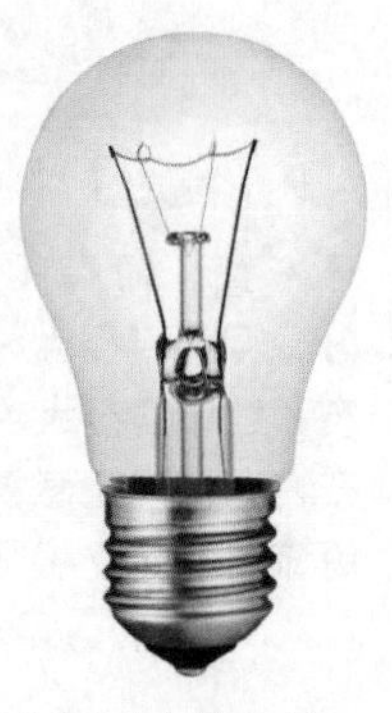

↑透明白炽灯泡

透明白炽灯泡照度比较高，在以前使用频率较高，但相对的耗电量也较大。

↑磨砂白炽灯泡

磨砂白炽灯泡的灯罩采用磨砂玻璃制作，使得灯光并没有直接照射到被照物体上。

2. 白炽灯规格和价格

常用白炽灯的功率有5W、10W、15W、25W、40W、60W等，其中25W的普通白炽灯价格一般为3～5元/个。

3. 白炽灯选购

（1）看价格。选择合适的价格，太便宜的也不要选择。

（2）看产品参数。包装上没有标注功率（W）、发光效率（lm/w）、色温（K）以及显色指数CRI的，不建议购买。

8.2.2 荧光灯

荧光灯又被称为低压汞灯，它是利用低气压的汞蒸气在放电过程中辐射紫外线，从而使荧光粉发出可见光的原理发光。

1. 荧光灯的种类

从外形上主要可以分为条形、U形、环形等种类。不同荧光粉发出的光线也不同，因此，荧光灯有白色与彩色等多种产品，荧光灯的发光效率远比白炽灯和卤素灯高，是目前最节能的环保光源。

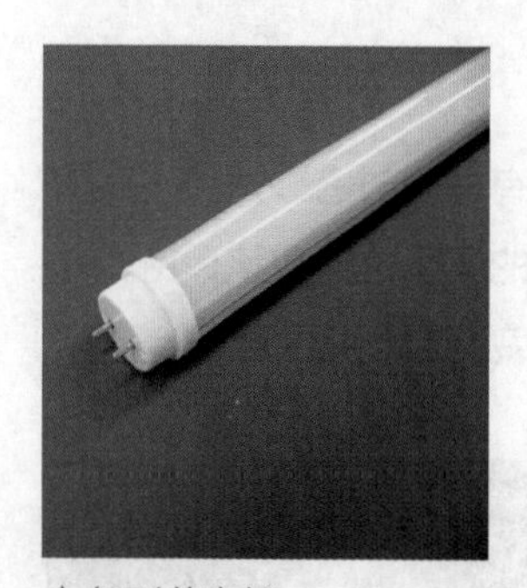

↑条形荧光灯

不同品牌的条形荧光灯价格也不一样，一般在120~200元之间。

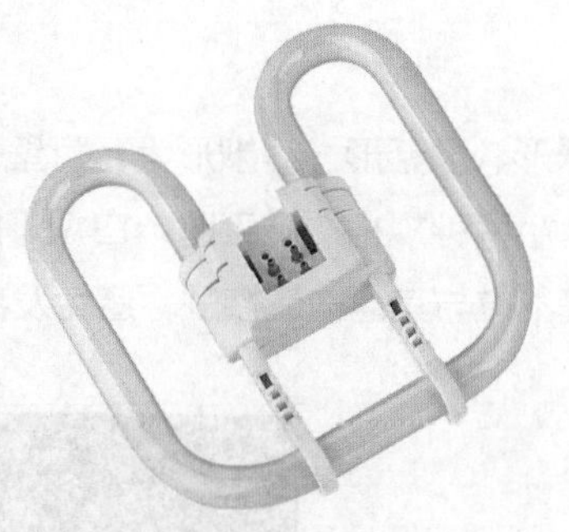

↑U形荧光灯

U形荧光灯形似双体的U，发光效果比较好，光照度也比较适宜。

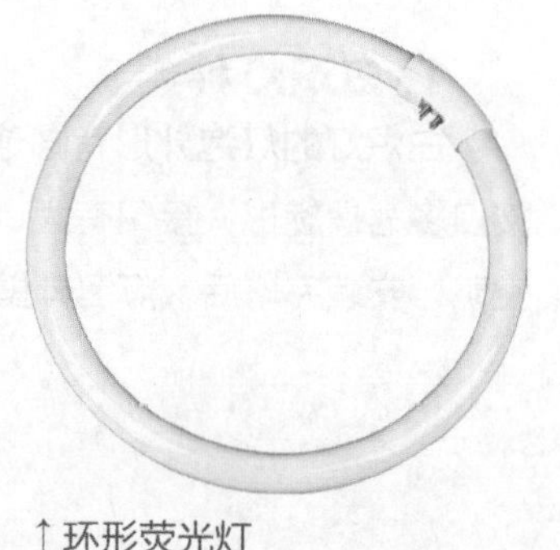

↑环形荧光灯

环形荧光灯有粗管和细管之分，粗管直径大约在30mm左右，细管直径大约在16mm左右，有使用电感镇流器和电子镇流器两种。

2. 荧光灯的规格和价格

条形荧光灯主要分为T2、T3、T4、T5、T6、T8、T10、T12等多种型号，其功率从6~125W不等。其中长600mm的T4型荧光灯管价格为15~20元/个。荧光灯品种繁多，选购时应该选择品牌、知名度较好且市场占有率较高的产品。

3. 荧光灯选购

（1）看灯管上的标识。通常正规的荧光灯上面都有电压、功率和生产日期以及厂名和厂址，并仔细查验这些信息与外包装上的是否一致，同时还需要注意是否有通过国家3C认证。

（2）看荧光灯管的外观。通常质量出色的荧光灯的外观应该平整光滑，外表上没有任何毛刺、气泡以及任何杂质，荧光灯管内部的光粉应分布均匀、厚度相同，色泽出众。

（3）看荧光灯灯头的固定性。环形荧光灯灯头的固定部分应不易拉开，受力时不易脱落，并具有一定的耐热性。可以用打火机烧烤灯头的塑料固定部分，如果塑料不能燃烧，就说明材料很好，如果在30秒内燃烧但没有自动熄灭，则说明灯头的塑料固定部分阻燃性差。

如果荧光灯安装在易燃部位，一定要记得做好通风散热处理，同时要注意做好防火隔热处理。暗装荧光灯时，其附件装设位置也要注意便于维护检修。

↑荧光灯安装

（4）根据型号选择。一般通用情况下可以采用细管径，即管径≤26mm的灯管，即T8、T5等类型来取代T12灯管，这类灯管有明显的节能环保效果。

8.2.3 LED灯

LED灯也被称为发光二极管，是一种能够将电能转化为可见光的半导体，它的基本结构是一块电致发光的半导体材料，置于一个有引线的架子上，四周用环氧树脂外壳密封，起到保护内部芯线的作用。

LED软管灯带表面由软质塑料封装，具有很好的防水效果，可随意安装。

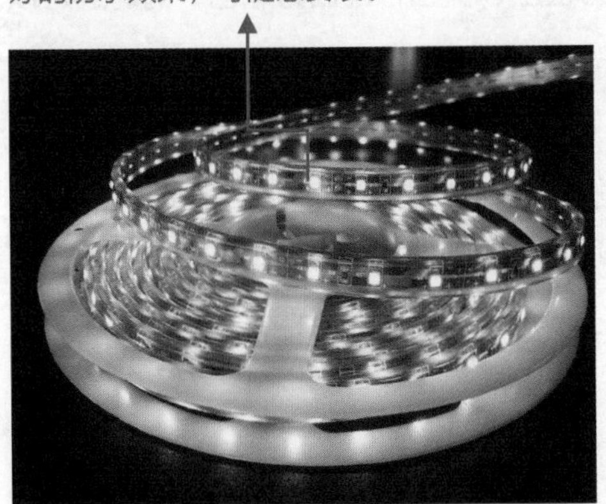

↑LED软管灯带

LED吊灯属于新型节能环保产品，可用于各类空间中，装饰效果也比较强。

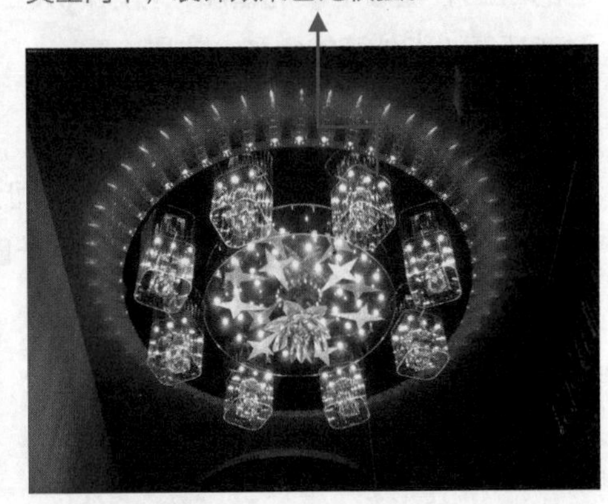

↑LED吊灯

LED灯带一般用于室内吊顶中，具有一定的照明作用，但更多的是起到一个装饰作用。

↑LED灯带

LED装饰灯可用于商店、道路等需要灯具装饰的区域，这类灯具节能效果好，也比较美观。

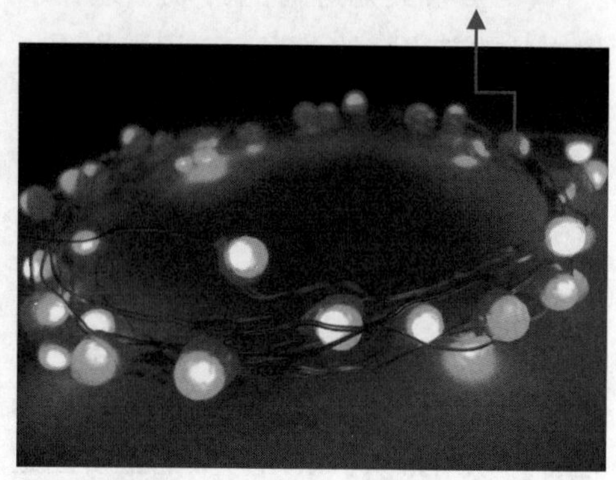
↑LED装饰灯

1. LED 灯的特点

LED灯点亮无延迟，响应时间快，抗震性能好，无金属汞毒害，发光纯度高，光束集中，体积小，无灯丝结构因而不发热、耗电量低、寿命长，正常使用在6年以上，发光效率可达90%。LED使用低压电源，供电电压在6～24V之间，耗电量低，所以使用更为安全。施工时特别注意，任何LED灯都要配置镇流器，发光二极管外部不能接触任何灯罩等材料，否则会因放置过热而自燃。

2. LED 灯的发光色

目前，LED灯的发光色彩不多，发光管的发光颜色主要有红色、橙色、绿色、蓝色以及白色等，其中绿色又可细分为黄绿、标准绿和纯绿。另外，有的发光二极管中包含2～3种颜色的芯片，可以通过改变电流强度来变换颜色，如小电流时为红色的LED，随着电流的增加，可以依次变为橙色、黄色，最后为绿色，同时还可以改变环氧树脂外壳的色彩，效果丰富。

3. LED 灯的规格和价格

LED灯的具体规格根据实际空间进行选用，常用的LED灯带的功率是3.6～14.4W/m，单色LED灯带的价格一般为10～15元/m。筒灯或射灯造型的LED灯价格一般为20～50元/个。

★小贴士★

灯具选购方法

（1）观察外观。仔细查看灯具上的标识信息是否齐全，如品牌、产地、商标、型号、额定电压、额定功率等，判断其是否符合使用要求，如果超出额定功率很有可能会发生危险。

仔细观察灯具外观，查看其表面灯罩是否存在磨损，是否有污垢等现象。

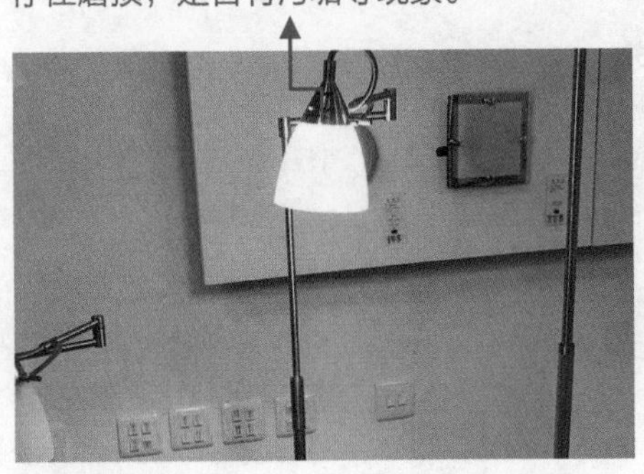

↑观察外观

查看灯具顶部的相关产品参数，检验其电压和电功率是否符合标准。

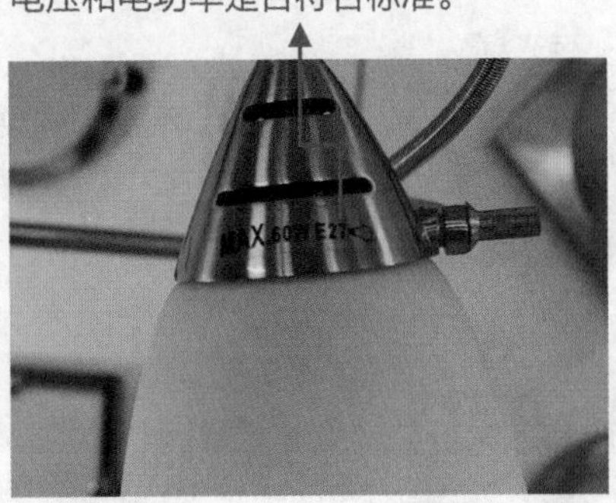

↑查看标识

（2）看防触电保护。注意灯具是否具备防触电保护功能，当灯具通电后，人应该触摸不到带电部件，不会存在触电危险。如果买的是白炽灯，将灯泡装上去后，在不通电情况下，用小手指应该触摸不到带电的部件，则说明其防触电性能是符合要求的。

（3）看灯具导线截面积。灯具上使用的导线最小截面为0.5mm^2，购买时应该仔细查看灯具内不同导线绝缘层上的文字信息，确定导线是否符合安全标准。

（4）关注灯具结构。仔细观察灯具的结构，尤其关注导线经过的金属管出入口处的状态，应该无锐边，以免管口割破导线，造成金属件带电，产生触电危险。

台灯、落地灯等可移动式灯具在电源线入口应该有导线固定架，其作用是防止电源线扭动时触及发热元件而导致危险。

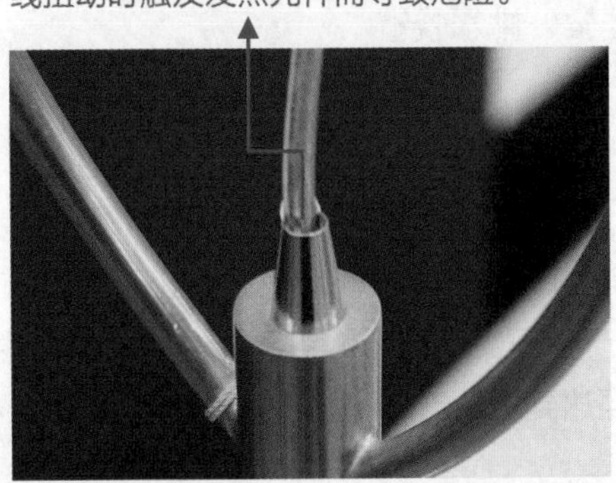

↑灯具结构

购买的灯具一般为分解状态，无法看出各部件之间的连接构造，但是可以关注灯具上各配件的生产工艺，看其是否精致。

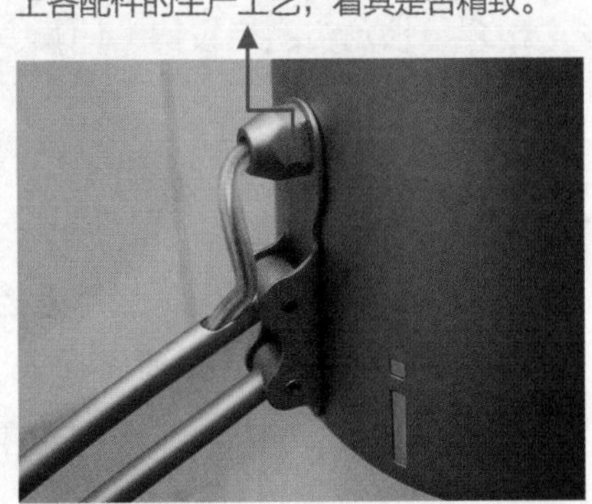

↑关注灯具结构

表8-2 灯具一览

品种	性能特点	用途	价格
白炽灯	结构简单，适用性强，光色具有亲和力，发热量大，不节能，价格低廉	各种灯具照明	灯罩15～20元/个；25W灯泡3～5元/个
荧光灯	结构简单，光色较冷，发光柔和，需要配置变压器，发热量小，节能环保，价格低廉	顶棚、灯箱等全局照明	长600mmT4灯管15～20元/个
LED灯	结构复杂，色彩丰富，光线可调节，自带变压器，发热量适中，节能环保，价格昂贵	各种灯具照明	单色灯带10～15元/m 筒灯或射灯20～50元/个

8.3 辅料配件：让你的生活更便捷

识别难度： ★★★☆☆

核心概念： 水龙头、晾衣架、地漏、挂架、排水软管

8.3.1 水龙头

水龙头又被称为水阀门，是用来控制水流开关、大小的装置，具有节水的功效。在装修中，水龙头的使用频率最高，产品门类丰富，价格差距也很大，普通产品的价格范围从50～200元，高档产品甚至达到上千元，选购时还须谨慎。

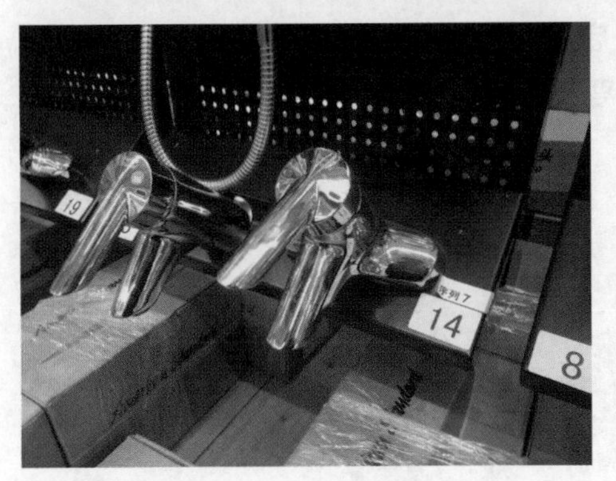

↑单件水龙头

水龙头可运用于各类区域中，开启方式多种多样，价格依据材料和品牌来定。

↑组合水龙头

和淋浴花洒组合一起出售的水龙头，其尺寸规格必定要与花洒相符合，出水也需顺畅。

1. 水龙头种类

（1）按照结构分。水龙头种类较多，按结构主要可以分为单联式、双联式以及三联式等。

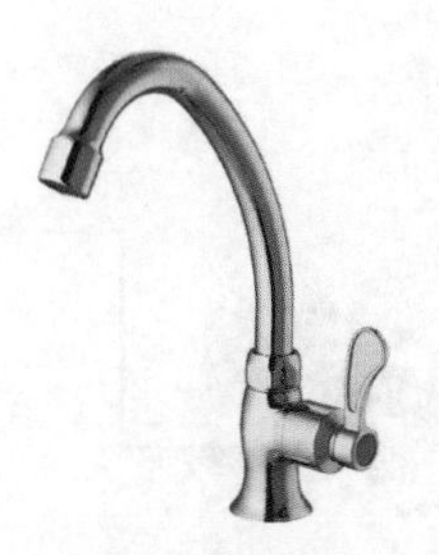

↑单联式水龙头

单联式水龙头采用单联式连接冷水管或热水管，多用于厨房水槽。

↑单联式加热水龙头

单联式加热水龙头可以单独提供热水，且上温快，使用方便。

↑双联式水龙头

双联式可同时连接冷、热两根管道，多用于卫生间洗面盆以及有热水供应的厨房水槽水龙头。

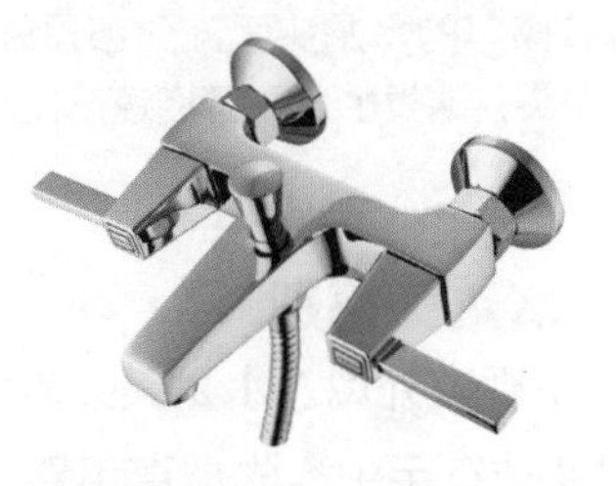

↑三联式水龙头

三联式水龙头除了连接冷、热水两根管道外，还可以连接淋浴喷头，主要用于浴缸以及淋浴房等区域。

（2）按开启方式分。水龙头按照开启方式可以分为螺旋式、扳手式、抬启式、感应式等。其中螺旋式手柄打开时，要旋转很多圈；扳手式手柄一般只需旋转90°；抬启式手柄只需往上抬即可出水。

↑感应水龙头

感应式水龙头只要将手伸到水龙头下便会自动出水。

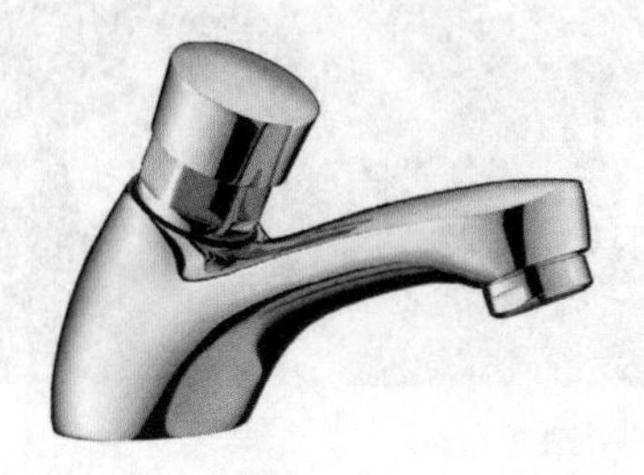

↑延时水龙头

延时水龙头在关闭水龙头后水还会再流几秒钟，可用于再次短时清洗。

（3）按阀芯分类分。水龙头按阀芯可以分为橡胶阀芯（慢开阀芯）、陶瓷阀芯（快开阀芯）、不锈钢阀芯等，水龙头的质量关键在于阀芯。

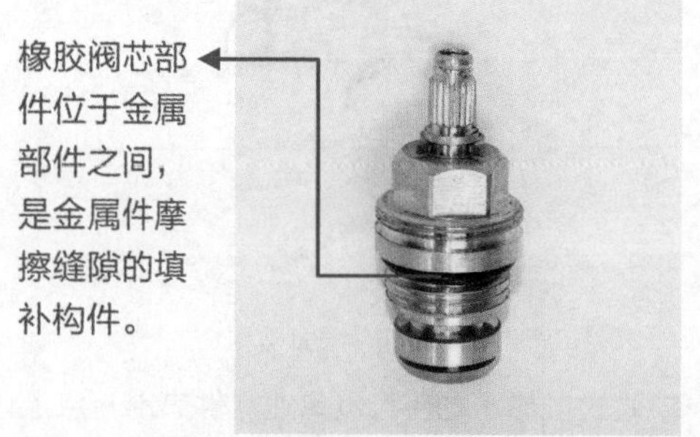

橡胶阀芯部件位于金属部件之间，是金属件摩擦缝隙的填补构件。

↑橡胶阀芯

使用橡胶阀芯的水龙头大部分都是螺旋式开关的水龙头，这类水龙头开启速度比较慢。

陶瓷阀芯部件位于塑料构造内部，从给水孔中可以看到。

↑陶瓷阀芯

陶瓷阀芯的水龙头开关速度快，现在比较普遍，而不锈钢阀芯则更适合水质差的地区。

2. 水龙头鉴别

（1）观察外观。水龙头外表面一般经过镀铬处理，可以在光线充足的情况下，将水龙头放在手中，先伸直手臂远距离观察，优质产品的表面应该乌亮如镜，无任何氧化斑点、烧焦痕迹。

（2）注意材质。水龙头的主要部件一般用黄铜铸成，有些厂家选用锌合金代替以降低生产成本。可以采用估重的方式来鉴别，黄铜较重较硬，锌合金较轻较软。

用手指按一下龙头表面，指纹如果能很快散开，则说明水龙头不易附着水垢，属于优质品。

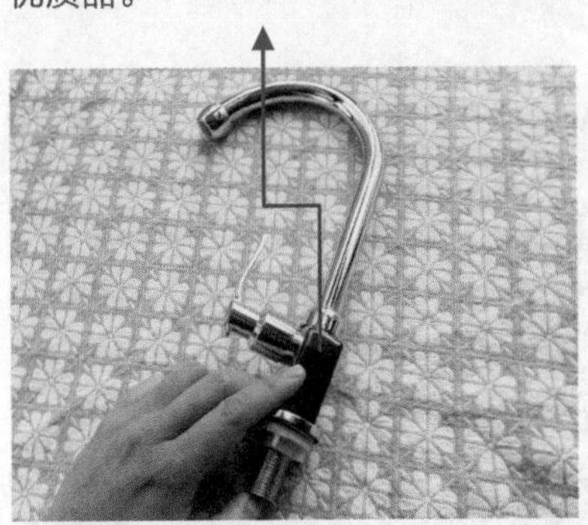

↑触摸表面

在光线充足的情况下使用小手电筒照射水龙头内部，察看内部材质的颜色。

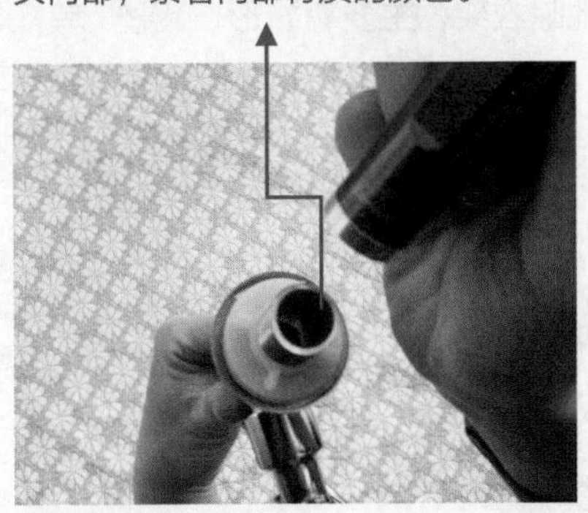

↑观察管内

（3）阀芯配件。阀芯的质量是水龙头的关键，目前水龙头普遍使用陶瓷阀芯。优质的陶瓷阀芯开启、关闭迅速，温度调节简便。

可以用手臂内侧皮肤突然接触水龙头，如果感到特别冰凉，那么该水龙头为铜质产品。

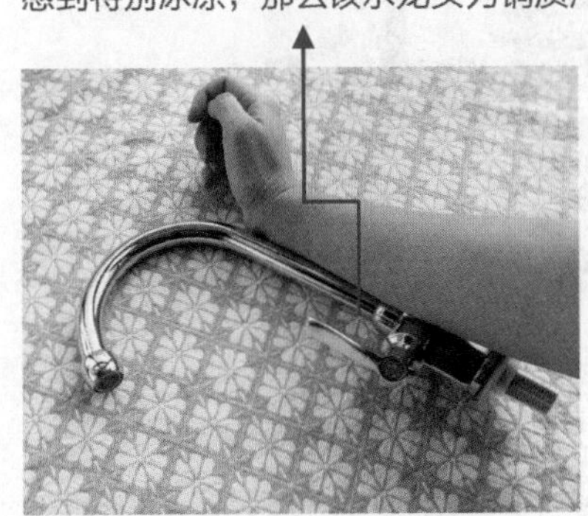

↑皮肤接触

转动水龙头管身，在转动手柄与管身时应感到轻便、无阻滞感。

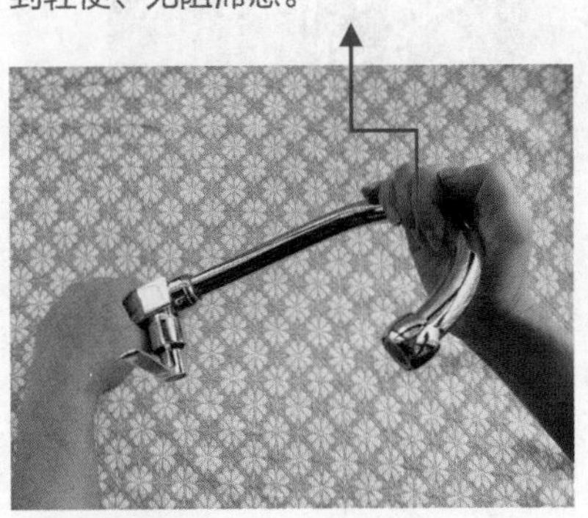

↑转动管身

（4）识别包装。水龙头产品应该采用柔软的面料包装，外部套装一层聚苯乙烯泡沫毡，包装盒内应该有生产厂家的品牌标识、质保证书等资料，正规厂家在水龙头的包装盒内有产品的质量保证书及售后服务卡，质保期一般为3年，生产高档产品的厂家甚至能够保证终身更换。

8.3.2　晾衣架

晾衣架已经成为许多家庭的生活必需品，它的基本组成包括升降器、钢丝、转向器、顶座、晾杆、衣架。

1. 晾衣架分类

在国内，晾衣架可以分为两类，一种是升降晾衣架，分为手动和电动；另一种是落地晾衣架，主要有翼形、X形、单杠、双杠等。

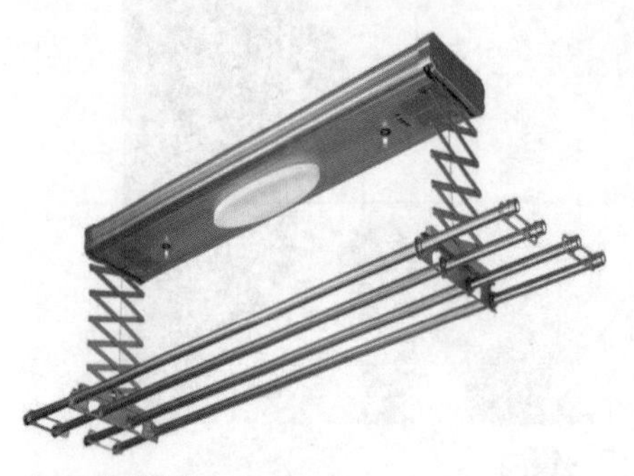

↑自动晾衣架

自动晾衣架使用起来比较方便，主要通过电力带动绳索进行工作。

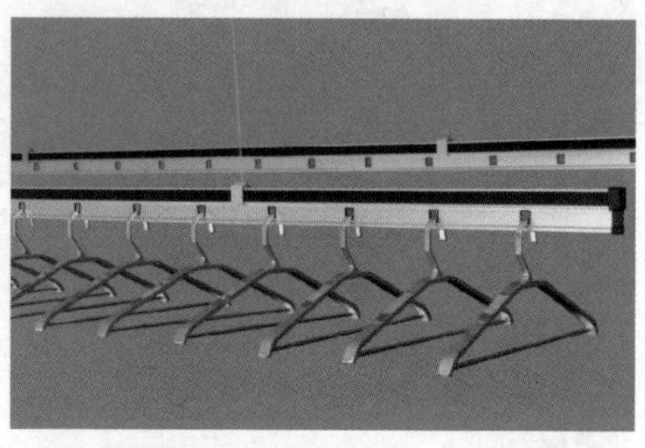

↑手动晾衣架

手动晾衣架主要通过手动移动升降器来达到控制晾衣架升降的目的。

↑双杠晾衣架

双杠晾衣架可以自由伸缩，同时底座能晾晒鞋子，有一定的承重能力。

↑X型晾衣架

X形晾衣架由不锈钢管以及塑料连接件构成，拆卸方便，可自行安装。

2. 晾衣架选购

（1）看防锈能力。不生锈的晾衣架才是优质品，才能保证晾衣的干净、整洁，现今市场上多数是铝合金材质制作的晾衣架，基本不会生锈。

（2）看钢丝绳。钢丝绳是决定产品使用安全的最主要因素之一，劣质的钢丝绳易断裂、易出毛刺，容易生锈，建议在购买时仔细确认。

（3）看电机。电机是自动晾衣架的核心部件，一般根本无法从表面看出其质量到底如何，购买晾衣架时要查看其是否能正常均速升降、有无异响、钢丝上下是否磨边等。

（4）看滑轮。要仔细查看滑轮的材质，滑轮的防锈性能以及滑轮的承重能力，建议选择用纯铜滑轮的产品，一方面不容易生锈，另一方面内固的高强度胶体耐磨性强，无声音、有质量保证。

（5）看晾杆。晾杆表面处理要精细、挂衣孔圆滑、无毛刺、有光泽、档次高，晾杆的厚度要适中，如果太重则在正常晾衣过程中较费力，最后要观察整条晾杆，美观大方、无弯曲或变形、做工精细、包装合理的才是优质品。

（6）看保修。一般情况下品牌产品保修时间比较合理、也比较有保证，建议最好是选择知名品牌的晾衣架。

8.3.3 地漏

地漏是连接排水管道与室内地面的接口材料，是厨房、卫生间、阳台中排水的重要器具。

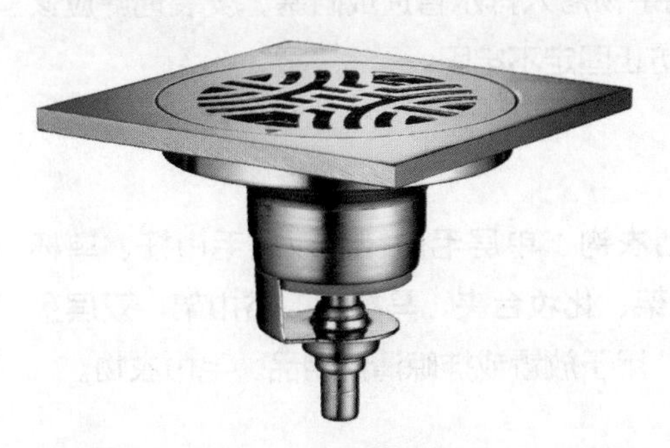

地漏的好坏直接影响了室内的空气质量，优质的地漏中间带有防臭挡板，能够有效地消除室内异味。

↑地漏

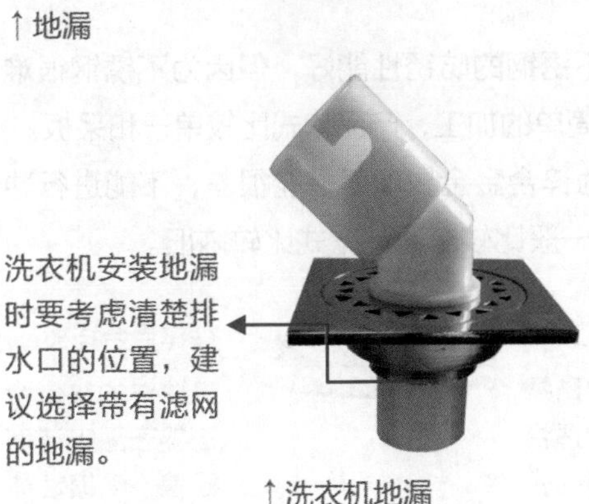

洗衣机安装地漏时要考虑清楚排水口的位置，建议选择带有滤网的地漏。

↑洗衣机地漏

地漏要安装在最低处，这样也能方便排水，建议安装于最低处瓷砖的中心处，也比较美观。

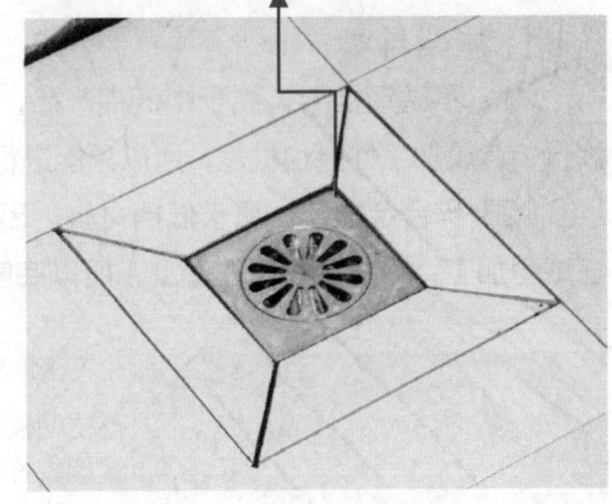

↑地漏安装

1. 地漏规格

优质地漏具备排水快、防臭味、防堵塞、免清理等优势。其中防臭地漏带有水封，这是优质产品的重要特征之一，水封深度可以达到50mm。侧墙式地漏、带网框地漏、密闭型地漏一般不带水封。

防溢地漏、多通道地漏大多数带水封，选用时应该根据安装部位来选择。对于不带水封的地漏，应该在地漏排出管处制作存水弯。地漏的规格一般为80mm×80mm，带水封的不锈钢地漏价格为20～30元/件，高档品牌的产品可达50元/件以上。

2. 地漏鉴别

（1）选购地漏时要注意识别质量，识别和保养方法与水龙头相当，地漏的使用效果主要与安装方式相关。

（2）卫生间、厨房的干区地漏可以设置在不显眼的位置，因为地面不会有太多积水。卫生间的湿区为了要保证下水通畅，应当安装在地面中央醒目的位置，地漏的上表面须低于地砖表面5mm左右，周边地砖铺贴应向地漏中心倾斜，坡度为2°左右。

（3）安装时要避免破坏防水层，避免杂物落入排水管造成阻塞，安装地漏应该尽量使用水泥材料，而避免使用玻璃胶，防止固定不牢固。

8.3.4 挂架

卫浴挂架一般为五金制品，主要包括衣钩、单层毛巾杆、双层毛巾杆、单杯架、双杯架、皂碟、皂网、毛巾环、毛巾架、化妆台夹、马桶刷、浴巾架、双层置物架等，主要安装在卫生间、浴室墙壁上，用于放置或挂晾清洁用品、毛巾衣物。

1. 挂架种类

（1）不锈钢挂架。属于中低档产品，不锈钢的防锈性能好，但因为不锈钢很难焊接，金属加工性能也很差，所以只能进行简单的加工，产品款式比较单一和呆板。

（2）锌合金挂架。属于低档材料，因为锌合金金属加工性能很差，不能进行冲压成型加工，一般只能浇注造型，所以底座一般比较笨重，款式比较陈旧。

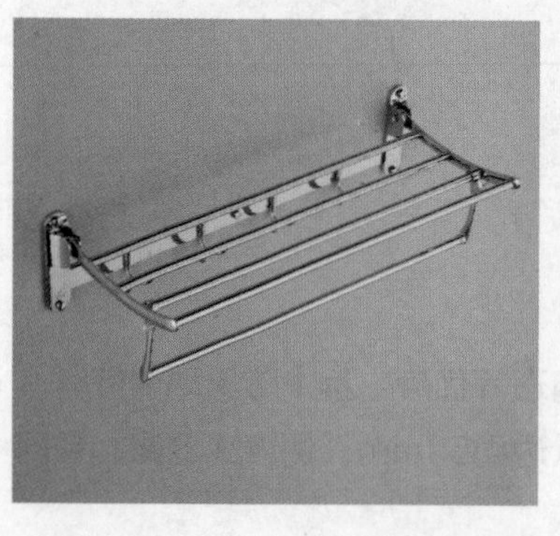

←不锈钢挂架

不锈钢挂架防锈性能较好，适合在比较潮湿的空间内使用，且承重性也不错。

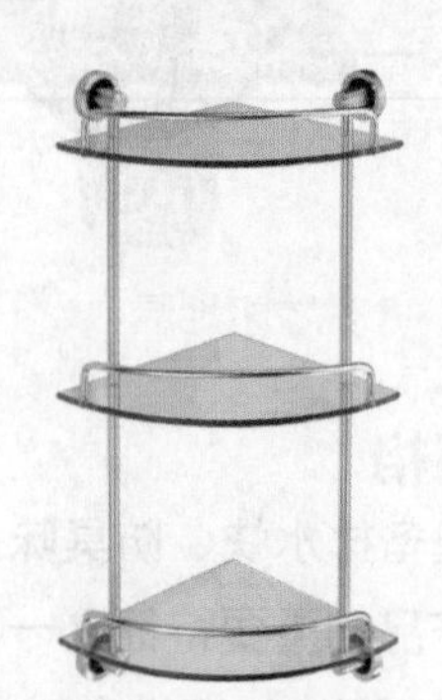

←锌合金挂架

浇注过的锌合金挂架表面光洁度很差，电镀性能不好，镀层易脱落，比较低档。

（3）铝合金挂架。属于中低档材料。表面一般是氧化或拉丝处理，不能电镀，所以只能买到亚光的产品，亚光产品最大的问题就是难于清洁。

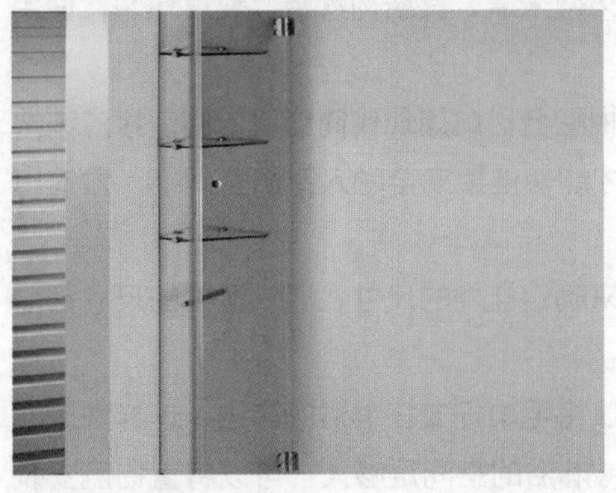

铝合金挂架质量很轻，方便安装，施工简单，但抗弯曲性能不是特别好。

↑铝合金挂架

（4）铜合金挂架。是目前比较好的一种挂架，自古至今，铜都是很多装修材料用品的首选材料，合金铜有良好的金属加工性能，可以根据不同的模具冲压成不同的产品形状，在产品造型上有更大的突破和创新。

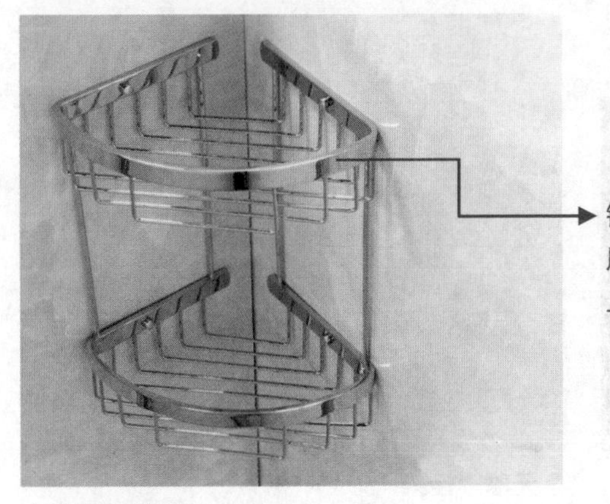

铜合金挂架对电镀层有良好的附着性，光洁度非常好，附着力也非常强，可以确保5年以上的良好电镀效果。

↑铜合金挂架

2. 挂架选购

（1）看配套。选购挂架要选择与自己配置的卫浴三件套即浴缸、马桶、台盆的立体格调相配套，也要与水龙头的造型及其表面镀层处理相吻合。

（2）看材质。卫浴配件用品既有铜质的镀塑产品，也有铜质的抛光铜产品，更多的是镀铬产品，其中以钛合金产品最为高档，再依次为铜铬产品、不锈钢镀铬产品、铝合金镀铬产品、铁质镀铬产品乃至塑质产品，选购时注意鉴别。

（3）看镀层。挂架用品的框架表面镀层，大多采用抛光铜处理，更多的是采用镀铬处理。在镀铬产品中，普通产品镀层为20微米厚，时间长了，里面的材质易受空气氧化，而做工讲究的铜质镀铬镀层为28微米厚，其结构紧密，镀层均匀，使用效果好。

（4）看风格。挂架要与自己装修风格相融合。比如现代简约风格的装修应该选用银色表面的简洁挂件，风格搭配得当，才能使挂架完全融入卫浴空间中，营造出舒适典雅的卫浴环境。

（5）看实用性。要根据卫生间的大小来确定挂件的尺寸，通常挂件的尺寸都差不多，比如毛巾杆，差不多都在约600mm。

（6）看位置。如果卫生间很小，不建议将毛巾杆安在淋浴的旁边，这样洗澡时很容易碰到，为了方便又为了最大化地保持淋浴的空间足够大，可以将置物篮安装在这个空间即可，这样能保证洗澡的时候伸手就能够着。

3. 挂架鉴别

（1）优质产品的涂层细腻发亮，有一种润泽感，而劣质的涂层则光泽暗淡。

（2）优质产品的涂层比较耐磨，可以仔细观察那些商家出的样品，同样每天擦拭，好的产品表面基本不会磨损。

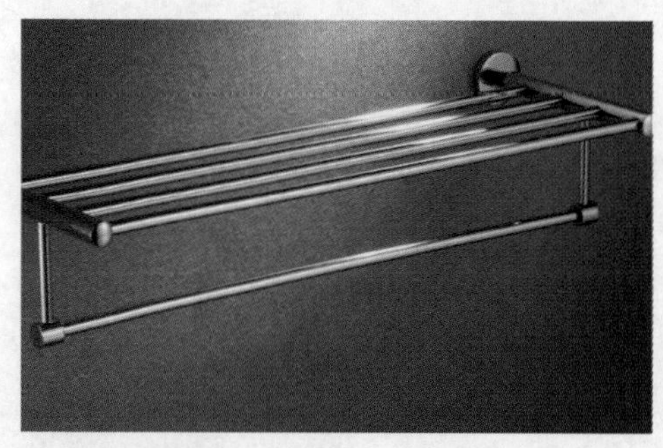

↑涂层发亮挂架

选购挂架时可以仔细观察表面，查看表面是否有镀层不均匀的现象。

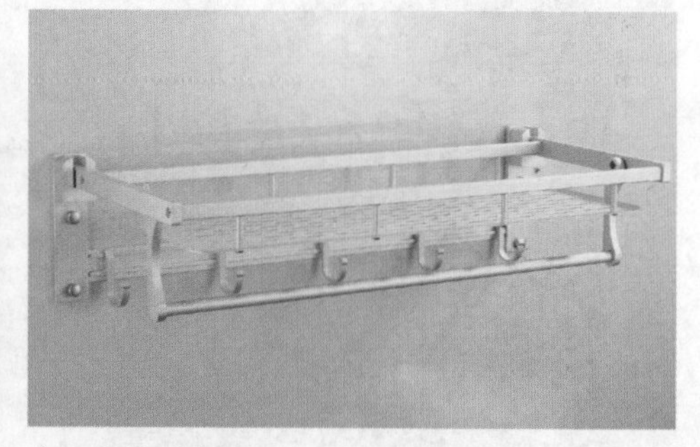

↑无磨损挂架

优质的挂架表面不会轻易被磨损，整体十分洁净，且色泽亮丽。

（3）好的涂层非常平整，劣质的涂层仔细看会发现表面有波浪状的起伏，还有些劣质产品表面有凹陷。

★小贴士★

各种挂件选购与安装

（1）浴巾架。浴巾架主要装在浴缸外边，离地约1800mm的高度，上层放置浴巾，下管可挂毛巾。

（2）双杆毛巾架。双杆毛巾架可装在卫生间中央部位的空旷的墙壁上，单独安装时，离地约1500mm。

（3）单杆毛巾架。单杆毛巾架可装在卫生间中央部位的空旷的墙壁上，一般离地约1500mm。

（4）单杯架、双杯架。单杯架、双杯架一般装在洗脸台双侧的墙壁上，与化妆架成一条线，多用于放置牙刷和牙膏。

（5）马桶刷。马桶刷多装在马桶后侧方的墙壁上，杯底离地约100mm。

（6）肥皂网、肥皂烟灰缸。肥皂网、肥皂烟灰缸多装在洗脸台双侧的墙壁上，与化妆台成一条线，可与单杯架或双杯架组合在一起。肥皂网也可以装在浴室的内墙上，以方便沐浴。肥皂烟灰缸多装在靠近马桶的一侧，方便掸烟灰。

（7）单双层置物架或化妆架。单层置物架或化妆架安装在洗脸台上方、化妆镜的下部，离脸盆的高度以300mm为宜，双层置物架或化妆架多安装在洗脸台双侧。

（8）衣钩。衣钩可安装在浴室外边的墙壁上，离地应在1700mm的高度，用于在沐浴时挂放衣服。亦可多个衣钩组合在一起使用。

（9）墙角玻璃架。墙角玻璃架主要安装在洗衣机上方的墙角上，架面与洗衣机的间距以350mm为宜，用于放置洗衣粉、肥皂、洗涤剂之类，也可安装在厨房内的墙角上，放置油、酒等调味品。

（10）纸巾架。纸巾架安装在马桶侧，用手容易够到，且不太明显的地方，一般以离地600mm为宜。

8.3.5 软管

软管是现代工业中的重要部件。软管主要用作电线民用淋浴软管，规格从3mm到150mm。螺帽样式多样，材料为铜或不锈钢，接头样式有固定型和360°旋转型，材料为铜或不锈钢，结构样式牢固，通过抗压、抗拉、抗扭测试，长度一般为1200mm、1500mm、1800mm、2000mm。

塑料排水软管多用于排水，软管规格为ϕ35、ϕ38、ϕ45，表面处理一般为波纹皱褶处理，便于拉伸。

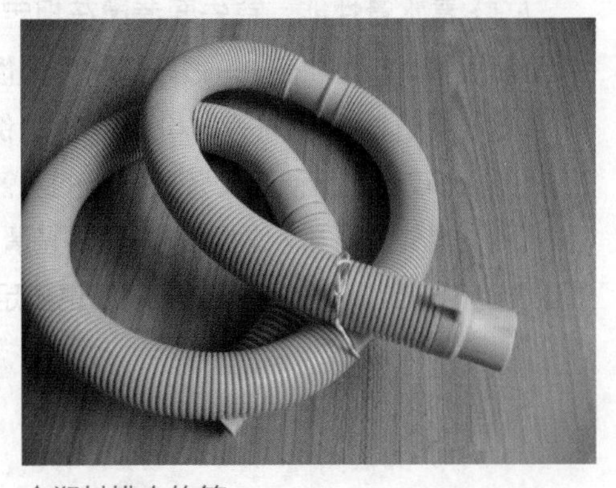

↑塑料排水软管

1. 软管特点

（1）节距之间灵活，有较好的伸缩性，无阻塞和僵硬，重量轻、口径一致性好，柔软性、重复弯曲性、绕性好。

（2）耐腐蚀性、耐高温性好，防鼠咬、耐磨损好，防止内部电线受到磨损，耐弯折、抗拉性能、抗侧压性强，柔软顺滑、易于穿线安装定位。

外部为不锈钢或镀铬金属螺旋件，内部为橡胶管。

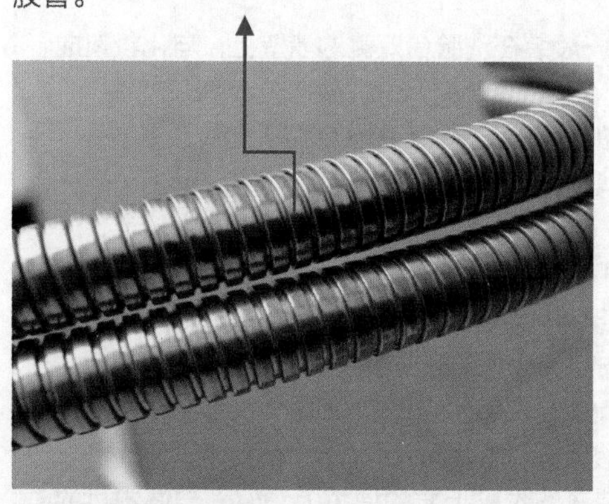

↑不锈钢给水软管

不锈钢给水软管具有良好的防锈功能，且韧性佳，在装修中使用频率较高。

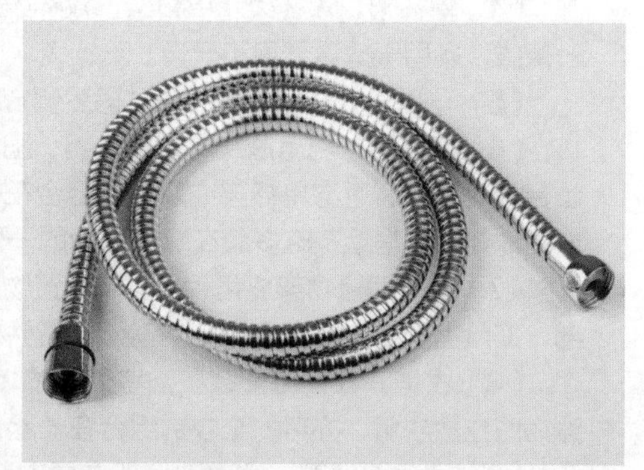

↑花洒给水软管

不锈钢给水软管常用于卫生间花洒，选购时需要检验软管的出水状况以及检查软管周边有无破裂现象等。

2. 软管选购

（1）选择有执行国标的。要仔细查看管材上面是否有表明执行国标，如果只是表明执行企标那么不建议购买。

（2）看水管性能。首先要考虑在规定的压力和温度下都具有足够的机械强度，并且能对内部流动的液体有很好的耐腐蚀性。

（3）看价格。在同等的价格或者是价格相差不大的情况下，最好选择管材卫生、性能比较优越又便于安装和维修的水管。

（4）看外观。排水软管的外观要光滑、平整，不会出现气泡和变色等现象，色泽也要均匀一致。此外，管材的刚度也要足够，这样使用时受按压也不会产生变形。

Chapter 9

成品构件细节定品质

章节导读： 成品构件是装修后期安装工程的重点，主要包括卫生洁具、成品设备以及成品门窗等。在选购时除了关注各种构件的外观、样式，还要注重产品质量，在安装之前就要正确识别各种构件的品质，避免安装以后才发现上当受骗。

9.1 橱柜：格局合理，环保还美观

识别难度：★★★☆☆

核心概念：基础板材、柜门饰面板材、橱柜台面、五金件、胶粘剂

橱柜又被称为厨房家具，选购橱柜的基本要求是它能够把厨房内的能源、上下设施合理的结合在一起，既完成了烹饪的工作，又同时具备美化厨房环境的功能，达到对人体无害的标准，见表9-1。

整体橱柜包括上下所有柜体与设备。

↑整体橱柜

整体橱柜主要有地柜、吊柜、高柜三大类，功能主要包括洗涤、料理、烹饪以及存贮。

↑整体橱柜组成

橱柜一般由台面、门板、柜体、电器、水槽、五金配件构成，中档整体橱柜的价格一般为2000～3000元/m。

9.1.1 基础板材

橱柜的柜体多采用中密度防潮纤维板制作，在材料与品质上存在很大差异。

1. 板材种类

（1）实木制作橱柜门板。多为古典风格，通常价位较高。实木门的门芯为中密度板贴实木皮或实木门芯，制作中一般在实木表面加工成凹凸造型，外部喷漆，从而保持了原木本色且造型优美。

（2）覆面型门板。表面色彩、造型丰富，不开裂不变形，耐划、耐热、耐污、防褪色，是最成熟的橱柜门板，日常维护简单。较高档的橱柜还采用金属板或仿金属板，具有极好的耐磨、耐高温、抗腐蚀性。

镂空门板为机械雕刻成型后镶嵌进入门框中。

↑实木门板

实木门又分为实木芯板门与实木贴皮门，一般门框都为实木，以樱桃木色、胡桃木色、橡木色为主。

覆面型门板以饰面刨花板为主。

↑覆面门板样本

覆面型门板是在中密度防潮纤维板的表面涂覆胶粘剂后，将各种装饰板、贴纸粘贴在门板表面，周边再采用塑料、金属边框进行密封装饰。

（3）烤漆门板。烤漆板的特点是色泽鲜艳易于造型，具有很强的视觉冲击力，非常美观时尚且防水性能极佳，抗污能力强，易清理。但是价格较高，怕磕碰与划痕。

烤漆表面虽然光亮，但是容易受到划伤磨损。

↑烤漆门板样本

烤漆门板是以密度板为基础，在表面经过6次油漆喷涂，并经过高温烤制而成，一般商场里都有相对应的样板。

板材内侧为PVC模压层。

↑门板内部

烤漆门板的内部一般为普通覆面装饰层，一旦出现损坏就很难修补，在油烟较多的厨房中易出现色差。

2. 橱柜门板选购

（1）看综合性能。优质的橱柜门板应当是具有良好的耐磨性和耐污性的，且门板表面也极易清洁，门板也不会轻易变色、开裂。

（2）看环保性。优质的橱柜门板应当是绿色环保的，在购买时要注意检查其产品参数和环保指数，确认达到标准的才可以购买。

（3）看封边。优质橱柜门板的封边应当细腻光滑、手感好，因为采用的是进口全自动封边机，可以一次完成封边，而劣质橱柜门板的封边凹凸不平、容易吸潮变形。

9.1.2 柜门饰面板材

饰面板是将天然木材刨切成一定厚度的薄片，粘附于胶合板表面，然后热压而成的一种用于室内装修或家具制造的表面材料。

较薄的饰面板材为中密度纤维板饰面板。

↑柜门饰面板材样品

柜门饰面板样品拥有各种色彩和花纹样式，给消费者提供了更多可选择的机会。

↑柜门饰面板材

选购柜门饰面板材时要注意检查表面饰面层是否与板材贴合紧密，表面是否存在翘曲现象。

1. 饰面板规格

饰面板最薄的只有0.3mm，厚的也不过2～3mm，常见木皮的色彩从浅到深，有樱桃木、枫木、白榉、红榉、水曲柳、白橡、红橡、柚木、花梨木、胡桃木、白影木、红影木等数十个品种，价格不菲。饰面板采用的材料有石材、瓷板、金属、木材等等。

2.饰面板鉴别

（1）看表皮厚度。看饰面板的厚度程度，越厚的性能越好，油漆后实木感越真、纹理也越清晰、色泽鲜明饱和度好。

（2）看平整度。观察饰面板表面是否翘曲变形，能否自然平放，如果发生翘曲或者板质松软不挺拔、无法竖立者则为劣质底板。

↑饰面板厚度

取饰面板样品，用卷尺测量饰面板厚度，查看同类型饰面板厚度是否一致。

↑自然平放饰面板

在光线充足的情况下，将饰面板样品自然平放，观察饰面板周边是否存在凹凸不平的现象。

（3）看板的边缘。仔细查看饰面板的边缘是否存在沙透现象，板面有无渗胶，涂水实验看有无泛青现象，如果存在上述问题，则属于面板皮较薄。

（4）看纹理。可以根据板面纹理的清晰度和排布来分等级，纹理清晰、色泽协调的为优，色泽不协调，出现有损伤的面板则为劣，如果有变色、发黑者则要据其严重程度分为一等、合格或者不合格。

（5）看售后。良好的售后服务能够为产品增添更多的保障，由于贴面板自身的一些特点，其质量问题的显现需要一定的时间，在选购的时候看经销商的经营实力和售后服务保证。

9.1.3 橱柜台面

橱柜的台面追求平整、坚固，由以往的天然石材逐渐变为人造石材或不锈钢板。

1. 台面种类

（1）人造石材台面。主要有石英石与普通人造石两种，石英石台面是利用碎玻璃与石英砂制成，优点是耐磨不怕刮划，不受污染，耐热好，无毒无辐射。人造石台面应用最广泛，具有耐磨、耐酸、耐高温、抗冲、抗压、抗折、抗渗透等优势，其变形、黏合、转角等部位的处理精致，无任何接缝，表面无孔隙，油污、水渍不易渗入其中，因此抗污力强。

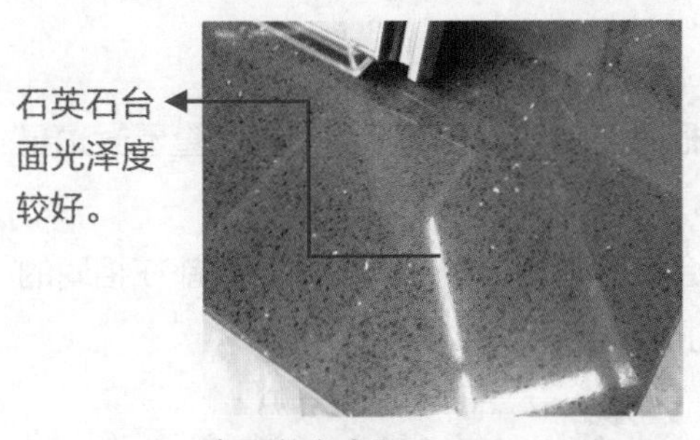

↑石英台台面

石英台台面可大面积铺地贴墙，拼接缝不明显，经久耐用，但台面硬度太强，不易加工，形状过于单一，且价格较高。

↑人造石台面

人造石台面可任意长度无缝粘接，但台面比较容易断裂，硬度不高，品种质量参差不齐，不易分辨好坏。

（2）不锈钢台面。光洁明亮，各项性能较为优秀，一般是在高密度防火板的表面再加1层1.2mm厚的不锈钢板，但在橱柜台面的转角部位与各结合部缺乏合理的、有效的处理手法。

不锈钢台面的板材厚度应当大于1.2mm。

↑不锈钢台面

不锈钢台面坚固易于清洗，实用性较强，但是视觉效果较硬。

↑不锈钢台面

不锈钢台面易于清洁适用于经常从事烹饪的家庭，耐污性能不错。

2. 橱柜台面选购

（1）观察表面。优质的橱柜台面色泽应该是清纯不混浊的，通透性好，表面也没有类似塑料的胶质感，板材反面也没有细小气孔。

（2）看触感。用手触摸橱柜台面，表面有丝绸感、无涩感，无明显高低不平感的为优质橱柜台面。

（3）查看相关标识。检查产品有无ISO质量体系认证、环保标志认证、质检报告，有无产品质保卡及相关防伪标志。

3. 集成橱柜选购

（1）观察板材的封边。在选购集成橱柜时要仔细查看橱柜的封边，查看封边是否平齐，表面处理是否做到位等。

（2）观察板面打孔。优质橱柜的打孔会十分整齐，彼此间的间距也都在相同的距离内，无论是横向查看还是纵向查看，孔位都相同。

封边条采用工厂预制加工，采用热敏胶粘贴而成，手工无法剥离。

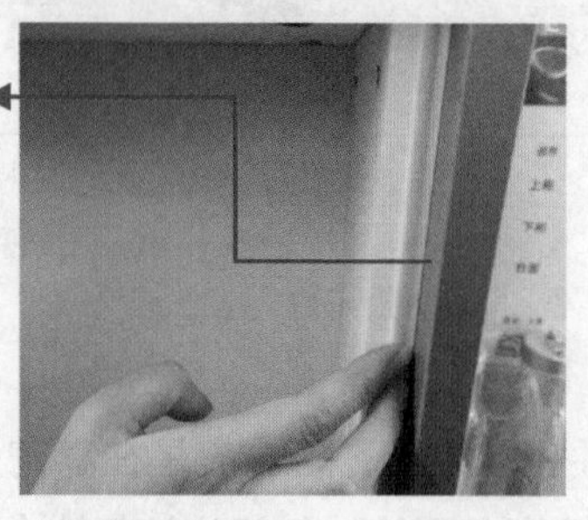

↑柜门板封边

优质橱柜的封边细腻、光滑、手感好，封线平直光滑，接头精细。

板面内打孔可以安装承板件，用于放置活动搁板。

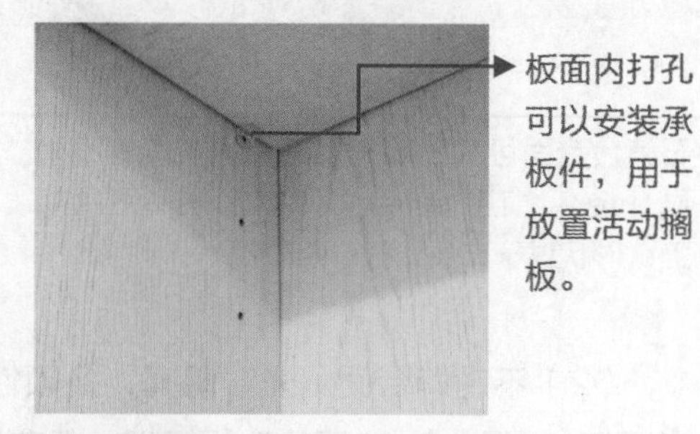

↑板面打孔

板式家具是组装构造，孔位的配合与精度会影响橱柜箱体的结构牢固性。

（3）观察门板。大型企业通过电脑输入加工尺寸，由电脑控制选料尺寸精度，一次能加工成若干张板，设备的性能稳定，开出的板材尺寸精度非常高。

（4）观察整体橱柜的五金配件。五金配件直接影响橱柜质量，由于孔位与尺寸误差造成滑轨安装尺寸配合上出现误差，可能会造成抽屉或门板拉动不顺畅的状况。

门板缝隙应当小于3mm。

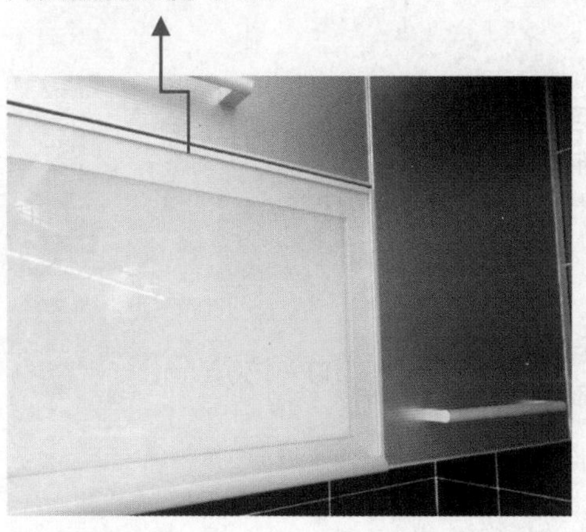

↑门板接缝

优质的橱柜，门板接缝处会十分平滑，板材表面不会存在凹凸不平的现象。

成品构件应当预先订购，统一设计并制作入柜体中。

↑不锈钢米桶

不锈钢米桶能存储大米，同时也具有良好的防潮和防腐性能，使用也比较方便。

隐藏式拉手不会被撞击受到磨损。

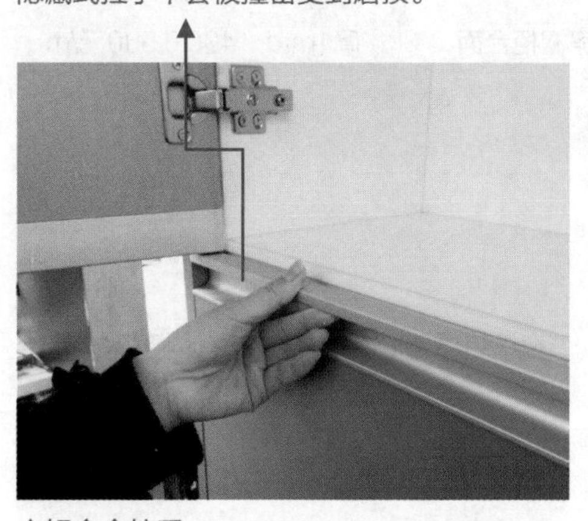

↑铝合金拉手

铝合金拉手耐摩擦，开合对其影响不大，且具有较好的防水、防潮功能，使用寿命长。

古典式拉手尽量圆滑，避免磕碰。

↑镀铜拉手

镀铜拉手造价较高，但花纹样式比较丰富，可以很好地装饰橱柜，同时也比较耐用。

表9-1 集成橱柜一览

品种	性能特点	用途	价格
实木型门板	质地厚实、均衡，质感真实，稳重大方，变形概率较小，色彩纹理不多，价格较高	橱柜门板，其他家具饰面	杉木150~200元/m^2
覆面型门板	质地均衡，质感真实，不变形，色彩纹理丰富，时尚感强，价格低廉	橱柜门板，其他家具饰面	80~120元/m^2
烤漆型门板	质地均衡，质感华丽，不变形，色彩纹理丰富，时尚感强，价格较高	橱柜门板，其他家具饰面	100~150元/m^2
人造石材台面	质地厚实，表面光洁，易维护保养，色彩纹理丰富，价格适中	厨房橱柜、一体餐桌、吧台、其他家具台面	石英石300~500元/m；人造石200~300元/m
不锈钢板台面	质地坚固，表面光滑，抗压性、耐磨性较强，易清洁维护，价格昂贵	厨房橱柜台面	厚1mm 400~500元/m

9.1.4 五金件

五金配件主要包括铰链、滑轨、拉手、压力装置等，直接影响整体橱柜的综合质量，见表9-2。

1. 拉手

拉手是安装在门窗或抽屉上便于用手开关的五金件，方便操纵门窗或抽屉的用具，在装修中主要用于家具、门窗的开关部位。现在主流产品多为不锈钢或铝合金材料，高档铝合金拉手要经过电镀、喷漆或烤漆工艺，具有耐磨与防腐蚀作用，拉手除了要与家居装饰风格相吻合外，还要能够承受较大的拉力，一般拉手要能承受大于6kg的拉力。

纯铝合金拉手表面无电镀着色处理，呈哑光状，耐久性好。

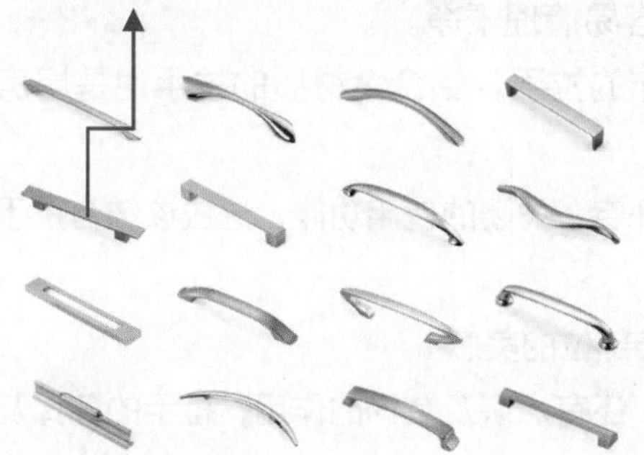

↑家具拉手

家具拉手是必不可少的功能配件，为了与家具配套，拉手的形状、色彩更是千姿百态。

仿古拉手多为电镀着色产品，容易褪色。

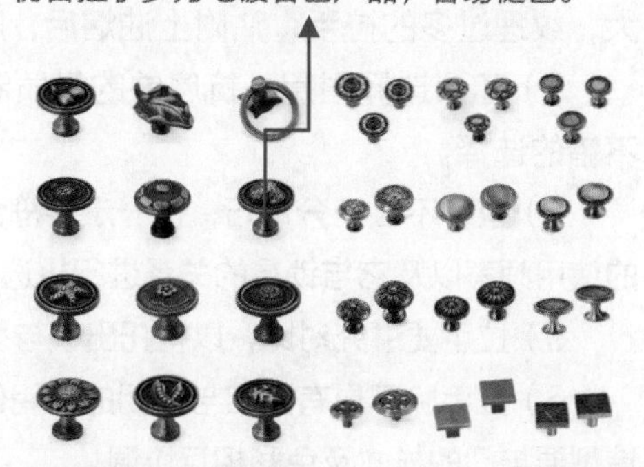

↑家具拉手材质样式

制作家具拉手的材质多种多样，拉手的样式也随着科技的进步越来越丰富。

（1）拉手种类。拉手依据安装方式的不同，可以分为明装拉手和暗转拉手，暗转拉手比较隐蔽，美观性更强，也更节约空间。拉手在选配时必须注意家具的款式、功能与摆放环境，拉手与家具的关系或是醒目，或是隐蔽；还应特别注意观察拉手的面层色泽及保护膜，有无破损及划痕；各种不同样式的拉手在安装时，需要使用不同规格直径的电钻头提前钻孔。

↑明装拉手

明装拉手比较适用于空间面积较大的区域，且明装拉手的样式选择也十分丰富。

↑暗装拉手

暗装拉手比较适用于空间面积较小的区域，也适用于以使用功能为主的家具。

（2）拉手选购。

1）根据厨房的风格选择拉手的颜色和样式，并依据橱柜的材质来选择合适的拉手材质。

2）厨房橱柜拉手不要选纹理过多的，这是因为厨房使用频率较高，油烟较大，纹理过多的拉手，沾附上油烟后，不容易清理干净。

3）建议选择耐用、抗腐蚀的材质制作的拉手，铝合金材质的拉手也是厨房不错的选择。

4）拉手不必十分奇巧，但一定要符合开启、关闭的使用功能，这应该结合拉手的使用频率以及它与锁具的关系进行挑选。

5）拉手要讲究对比，以衬托出锁与装饰部位的美感。

6）拉手除了具有开启与关闭的作用外，还有点缀及装饰的作用，拉手的色泽及造型要与门的样式及色彩相互协调。

7）选购时要确定拉手的材质、牢固程度、安装形式，以及是否有较大的强度，是否经得起长期使用。

2. 铰链

铰链又被称为合页，是用来连接两个构件，并允许二者之间进行转动的机械装置。

（1）家具铰链。在家具制作中使用最多的是家具体与柜门之间的弹簧铰链，又被称为烟斗铰链，铰链材质有镀锌铁、锌合金、不锈钢。家具铰链附有调节螺钉，可以上下、左右调节板的高度、厚度。

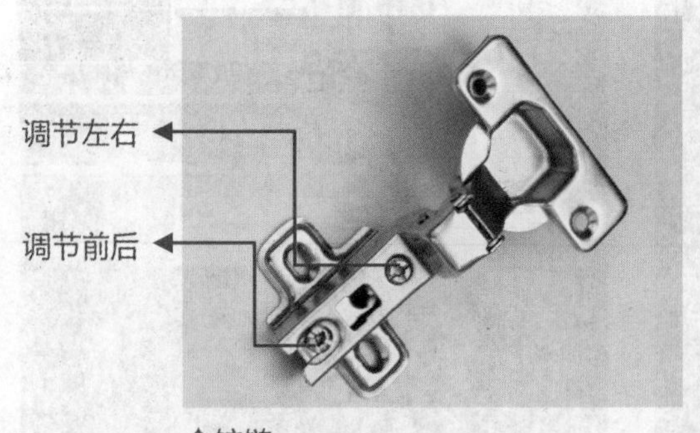

↑铰链

铰链更多地会安装于橱柜上，在柜门关闭时能够带来缓冲功能，也能最大限度地减小柜门关闭时与柜体碰撞发出的噪声。

↑柜门铰链

柜门铰链具有开合柜门与扣紧柜门的双重功能，主要用于家具门板的连接，它一般要求板材的厚度为16～20mm。

家具铰链有全遮、半遮、内藏等三种形式。全遮又被称为直弯，安装后家具门板能全部覆盖住柜侧板；半遮又被称为中弯，当两扇门共用一个侧板时，每扇门的覆盖距离应相应减少；内藏又被称为大弯，当需要柜门关闭后停于柜内时，就要采用这种铰臂非常弯曲的铰链。

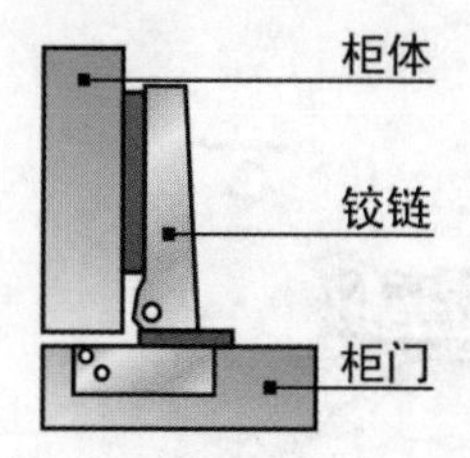

↑全遮铰链

全遮铰链使得家具门板和侧板之间有一个间隙，能方便柜门顺畅地打开。

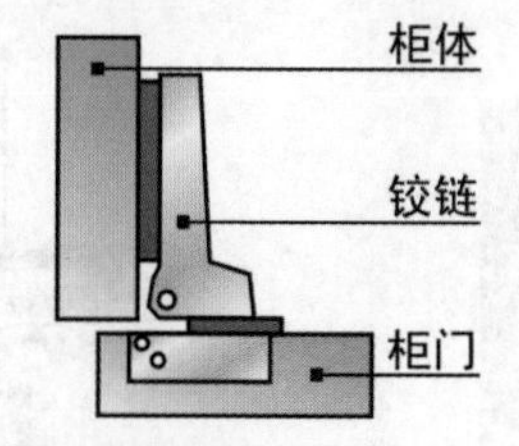

↑半遮铰链

半遮铰链可以很好地保留柜板与侧板之间的间隙，使用频率较高。

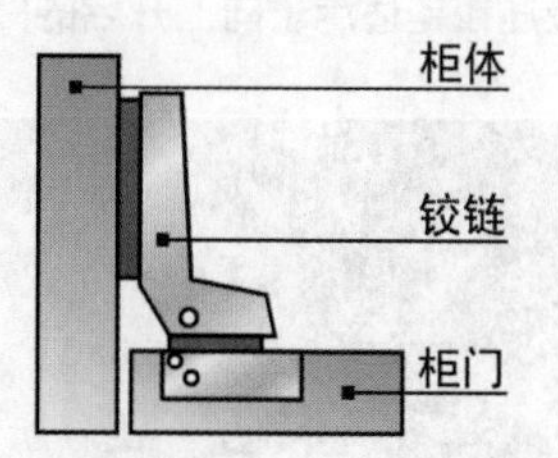

↑内藏铰链

内藏铰链使得家具的开合程度加大，柜板与侧板之间的间隙也变得较大。

家具铰链的特点可以根据空间，配合柜门开启角度，除了完全开启90° ~115°外，30° 、45° 、60° 等均有锁定点，使各种柜门有相应的伸展度。铰杯深度为11.5mm左右，铰杯直径为35mm左右，杯孔距离为48mm。

（2）门扇铰链。普通门扇铰链主要用于橱柜门、窗、门等，材质有铁、铜与不锈钢等多种，其中以纯不锈钢材料为佳。普通扇面铰链的缺点是不具有弹簧铰链的功能，安装合页后必须再装上各种碰珠，否则风会吹动门板。普通门扇铰链的外观规格标准为100mm×30mm与100mm×40mm，中轴直径为11~13mm，合页壁厚为3mm以上。

厚度应为3mm以上，过于单薄会造成变形脱落。

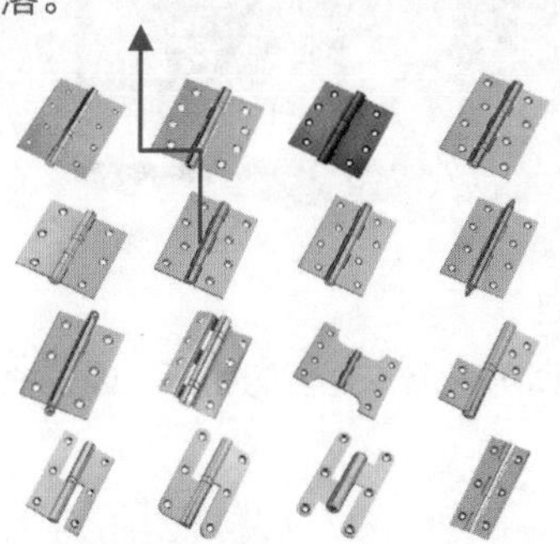

↑门扇铰链样式

门扇铰链制作材质多种多样，打孔位置也多有变化，但使用不便。

安装内藏式门扇铰链，无需在门框、门扇上切割凹槽，安装更方便。

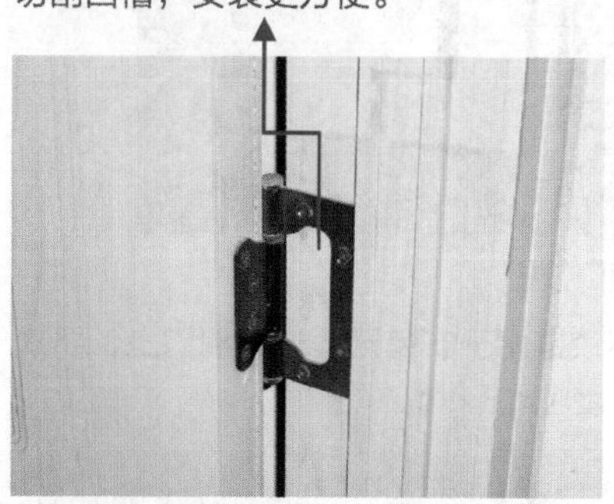

↑门扇铰链应用

门扇铰链多选用铜质轴承铰链，式样美观、亮丽，价格适中。

（3）液压铰链。是利用液体（液压油）的缓冲性能制作的一种铰链，缓冲效果非常理想。液压铰链中的缓冲器包含有活塞杆、壳体、活塞，在活塞上设有通孔，活塞杆带动活塞移动时，液体通过通孔可以从一边流向另一边，从而起到缓冲作用。

↑缓冲液压铰链

缓冲液压铰链主要包括支座、门盒、缓冲器、连接块、连杆与扭簧，缓冲液压铰链因其缓冲器而具有人性化、柔顺无声以及不易夹伤人的特点。

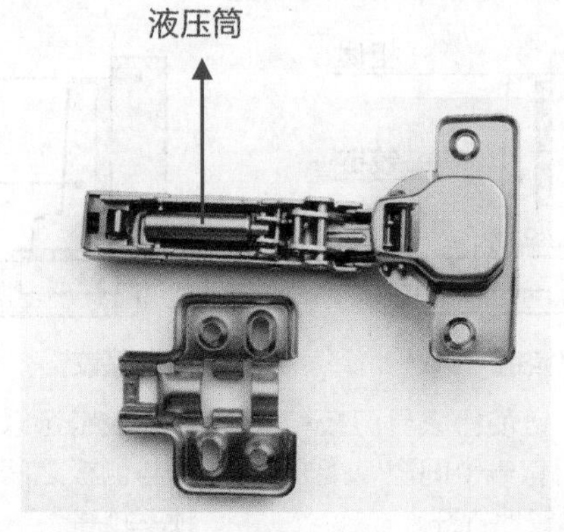

↑液压铰链

液压铰链适用于对噪声控制有要求的室内外空间、门窗等，也可以用于高档家具门板。

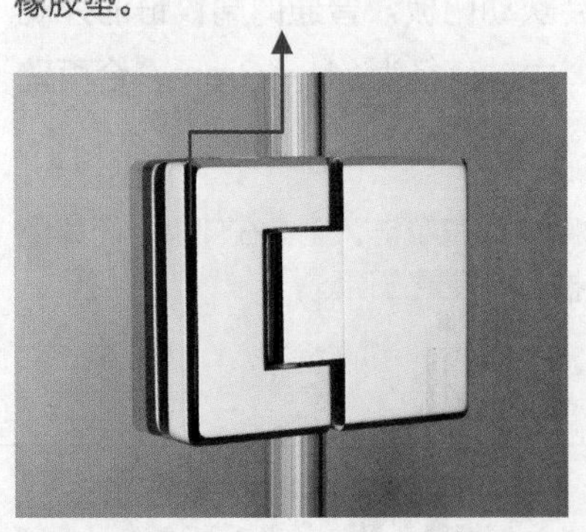

金属件不能直接与玻璃接触，中间应当间隔橡胶垫。

↑玻璃门铰链

玻璃门铰链用于安装无框玻璃橱门上，要求玻璃厚度应≤8mm。

对柜体尺寸进度要求较高。

↑翻门铰链

翻门铰链适用于上下开合的橱柜，因开合角度较大。

工艺成熟的厂家所生产的产品在外观上都会比较注意，线条表面的处理会比较好，除了一般性的刮花外，不会有很深的刮伤痕迹，在日常使用中，要避免铰链受到外界撞击、破坏，定期检查，防止液压油泄漏。

（4）铰链选购。

1）为了在使用时开启轻松无噪声，应选铰链中轴内含滚珠轴承的产品，安装铰链时应该选用配套螺钉。

2）除了目测、手感铰链表面平整顺滑外，还要注意复位性能，可以将铰链打开95°，用手将铰链两边用力按压，观察支撑弹簧片是否变形或发生折断，十分坚固的为质量合格的产品。

3）可以仔细观察缓冲液压铰链开合是否有卡的感觉，如果听到有异声，或开合速度相差太大，则不能选用。

3. 滑轨

滑轨为装修家具、构造的配套产品，主要分为轨道与滚轮两个组成部分，两者既有分离，又有合并，是家具抽屉或柜门、房间推拉门或折扇门等构造的开关装置。

（1）抽屉滑轨。是用于各种家具抽屉的开关活动配件，多采用优质铝合金、不锈钢制作。抽屉滑轨常用规格长度有300mm、350mm、400mm、450mm、500mm、550mm，价格为10～50元/套。选购时注意以下几点：

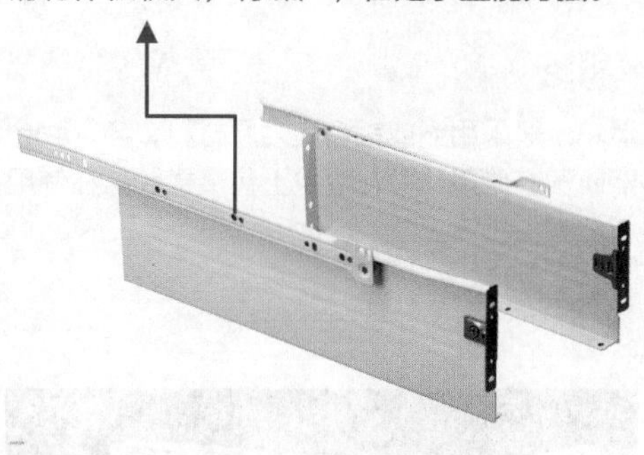

滑轮体积较大，有噪声，但是承重能力强。

↑滚轮滑轨

抽屉滚轮滑轨由动轨与定轨组成，分别安装在抽屉与柜体内侧两处。

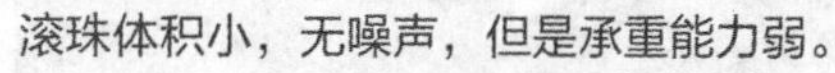

滚珠体积小，无噪声，但是承重能力弱。

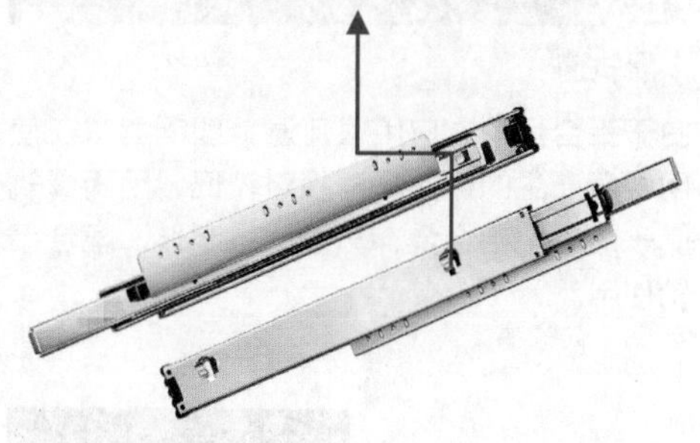

↑滚珠滑轨

新型滚珠抽屉导轨可分为二节轨和三节轨两种，适用于不同要求的橱柜。

1）观察外表油漆与电镀质地是否光亮，承重轮的间隙是否紧密，检验抽屉的灵活度。

2）挑选耐磨及转动均匀的承重轮，抽屉能否自由顺滑地推拉，全靠滑轨的承重轮支撑。

3）从滑轨的材料、结构、工艺等方面综合判定产品质量，其中滑轨轨道材质不一，滑轨多为合金质地，高档产品为不锈钢或铜质，而且有普通型与加厚型之分。

4）注重滑轨的轴承与外轮，外轮多为尼龙纤维或全铜质地，铜质滑轮较结实，但拉动时有声音，尼龙纤维质地的滑轮拉动时没有声音，但不如铜质滑轮耐磨。

（2）推拉门滑轨。是带凹槽的导轨，主要供梭拉门、窗运动的开关使用。推拉门滑轨是由滑轨道与滑轮组合安装于梭拉门上方的活动构件，滑轨道厚重，滑轮粗大，可以承载各种材质门扇的重量。滑轨单根型材的长度规格为1200～3600mm。滑轨的价格为10～30元/m，价格为20～50元/个。

滑轨道内光滑平整，可注入少量液态润滑油。

↑滑轨道

由于铝合金型材应用很普遍，塑钢型材在使用中所产生的摩擦噪声相对较低，因而滑轨道一般采用铝合金、塑钢材料制作，配合吊轮使用。

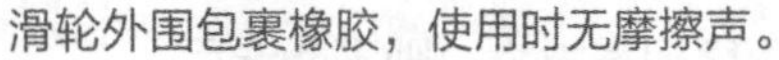

↑滑轮

滑轮一般采用铜或铝合金为原材料，与30mm滑轨配套使用，并在滚轮上包裹橡胶，在使用中能降低噪声。

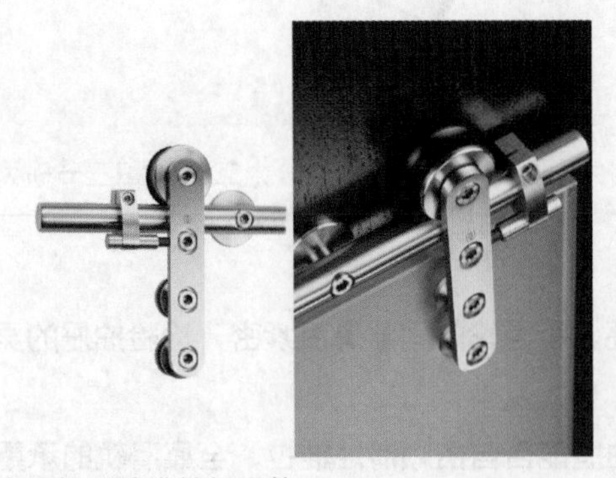

↑无框玻璃推拉门滑轨

推拉门滑轨常用于衣柜门以及梭拉门等，一般建议购买材质硬度较好，耐摩擦的滑轨。

↑有框推拉门滑轨细节

推拉门滑轨的截面一般边长为30mm，壁厚在1.5mm以上，吊轮的滚轮数量一般为双数，如2、4、6、8等。

表9-2 五金配件一览

品种	性能特点	用途	价格
拉手	品种、材质、风格多样，连接强度较高，价格差距大	家具、构造、门板、抽屉安装	宽120mm铝合金 5~15元/件
家具铰链	开关有锁止功能，连接紧凑，可作细微调节，品种较多，价格低廉	家具门板安装	3~5元/件
门扇铰链	开关轻松自如，承载性能好，质地厚重，安装紧密牢固，价格较高	木质房间门扇安装	15~30元/件
液压铰链	开关有锁止功能，连接紧凑，可作细微调节，回弹力度缓和，静音效果好，价格较高	家具门板安装	6~10元/件
抽屉滑轨	抽拉自由，承载性能好，质地厚重，安装紧密牢固，价格适中	家具抽屉安装	10~50元/套
推拉门滑轨	抽拉自由，承载性能好，质地厚重，安装紧密牢固，有锁止功能，价格较高	家具、构造、空间隔门安装	滑轨10~30元/m 吊轮20~50元/个

9.1.5 黏结剂（见表9-3）

1. 云石胶

云石胶基于不饱和聚酯树脂，适用于各类石材间的粘接或修补石材表面的裂缝和断痕，常用于各类型铺石工程及各类石材的修补、粘接定位和填缝。

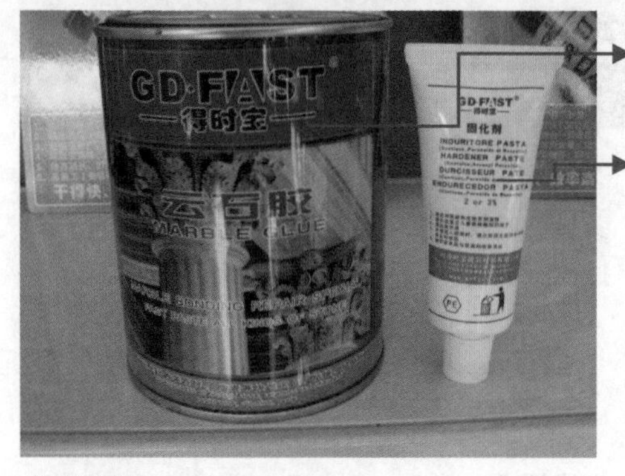

云石胶分为环氧树脂和不饱和树脂两种原料制作，不饱和树脂制作的云石胶可以在潮湿的环境中固化，效果也很好。

↑云石胶

（1）云石胶特点。

1）云石胶性能的优良主要体现在硬度、韧性、快速固化、抛光性、耐候、耐腐蚀等方面。

2）石材行业的云石胶触变性强，柔滑细腻，不带胶，拉出的胶线长。

3）耐候性强，不黄变。耐水煮性强，云石胶固化24小时后，水浸泡10小时，然后沸水蒸煮5小时，仍然能保持强劲的黏结力。

（2）云石胶使用注意事项。

1）切忌将混合好后剩余的胶放入桶内，一般应将云石胶贮存于阴凉、避光处，用后及时将桶盖合紧。

2）云石胶的保质期为12个月，施工后被黏结物不要频繁接触潮湿和霜冷，工具使用后，应立即用溶液清洗。

2. 玻璃胶

玻璃胶粘剂是专用于玻璃、陶瓷、抛光金属等表面光洁材料的胶粘剂，由于应用较多，也是一种家居常备胶粘剂。玻璃胶粘剂的主要成分为硅酸钠、醋酸、机性硅酮等。

（1）玻璃胶种类。

1）酸性玻璃胶。主要用于玻璃和其他材料之间的一般性粘接，粘接范围广，对玻璃、铝材、不含油质的木材等具有优异的粘接性，但是不能用于粘接陶瓷、大理石等。

2）中性玻璃胶。克服了酸性胶易腐蚀金属材料，易与碱性材料发生反应的缺点，因此适用范围更广，可以用于粘接陶瓷洁具、石材等。

3）中性防霉胶。是目前装修的应用趋势，防霉效果较好，耐候性更强，粘接更牢固，不易脱落，特别适用于一些潮湿、容易长霉菌的环境，如卫生间、厨房等，其市场价格比酸性胶要高。

（2）玻璃胶规格和价格。主要用于干净的金属、玻璃、抛光木材、加硫硅橡胶、陶瓷、天然及合成纤维、油漆塑料等材料表面的粘接，也可以用于光洁的木线条、踢脚线背面、厨卫洁具与墙面的缝隙等部位。玻璃胶粘剂常用规格为每支250ml、300ml、500ml等，其中中性硅酮玻璃胶500ml价格为10～20元/支。

硅酮玻璃胶有多种颜色，常用颜色有黑色、瓷白、透明、银灰、灰、古铜等6种。

↑硅酮玻璃胶

（3）玻璃胶鉴别。

1）选购玻璃胶粘剂要注意品牌，用于用量不大，一般应选用知名品牌产品。

2）硅酮玻璃胶的固化过程是由表面向内发展的，不同特性的玻璃胶粘剂表干时间和固化时间都不尽相同，所以若要对表面进行修补必须在玻璃胶粘剂表干前进行。

3）注意控制好干固时间，优质的酸性胶、中性透明胶一般为5～10分钟，中性彩色胶一般应在30分钟内。

4）玻璃胶的固化时间是随着粘接厚度增加而增加的，如涂抹12mm厚的酸性玻璃胶，可能需3～4天才能完全凝固，但约24小时左右就会有3mm的外层固化。

施工动作、力度保持均衡。

↑打胶器施工

在施工时应使用配套打胶器，并可用抹刀或木片修整其表面，打胶器出胶比较均匀，使用时对准所需部位施工即可。

施工前采用美纹纸修饰边缘，施工后整齐光洁。

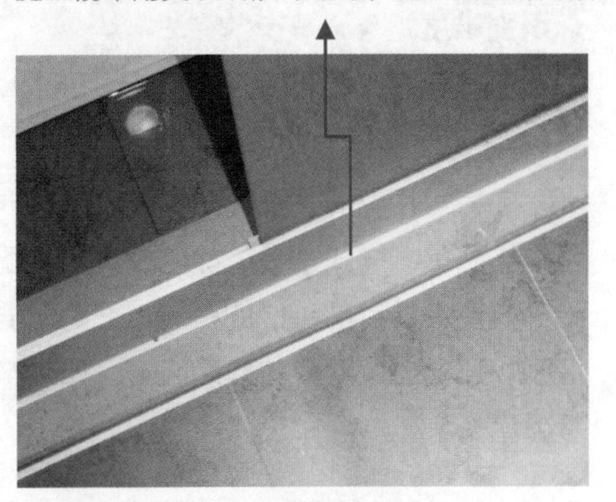

↑硅酮玻璃胶粘剂封闭边缘

玻璃胶粘剂未固化前可用布条或纸巾擦掉，固化后则须用美工刀刮去或使用二甲苯、丙酮等溶剂擦洗。

（4）玻璃胶存放。玻璃胶粘剂应存放于阴凉、干燥处，30℃以下，优质酸性玻璃胶可确保有效保存期在12个月以上，一般酸性玻璃胶可保存6个月以上，中性耐候胶可保存9个月以上，如果瓶已打开，应在短期内使用完，如果未用完，胶瓶必须密封，再次使用时应旋下瓶嘴，并去除所有堵塞物或更换瓶嘴。

表9-3 黏结剂一览

品种	性能特点	用途	价格
云石胶	硬度、韧性、抛光性、耐候和耐腐蚀性能都很不错，且能快速固化	石材间的粘接或修补石材表面的裂缝	0.7L、3L、4L、5L、18L，30~200元
硅酮玻璃胶	质地特别黏稠，呈膏状，气味较大，干燥快，粘接表面质地光滑的材料效果好	玻璃门窗、陶瓷等光滑界面缝隙填补、粘接	中性500ml 10~20元/支

9.2 成品门：样式新颖还耐用

识别难度：★★★☆☆

核心概念：实木门、复合门、模压门、辅料

成品房门又称为成品木门，在装修中用于室内房间安装的成品构造，成品房门结构简单，样式繁多，除门板外，还配有门套、合页、拉手、门锁等配件，安装十分方便，是目前装修的主流。选购时要记住不仅要比较不同种类成品门的特性与区别，还要注意厂家的售后服务，如生产资质证书、产品保修期、施工员安装水平等，见表9-4。

9.2.1 实木门

实木门采用致密度较高的原木制作，经过高温脱脂、烘干等工艺将木材的含水率控制在8%~12%，通过拼接制作。

↑实木门样式

实木门厚重结实、环保性能好，方便各种造型，生产时要求原木致密度高，否则容易变形，受原材料限制价格较贵。

1. 实木门特点

（1）为了降低成本，还可以将原木通过加工成指接板门芯，用5～8mm厚的实木面板做饰面，经过冷压工艺制作，门板厚重结实，不容易变形，方便各种造型，环保性能好。

（2）实木门硬度高、光泽好、不变形、抗老化，属高档豪华产品。

（3）实木门还具有良好的防蛀、防潮、防污、耐热以及抗裂性能，坚固不变形，隔音隔热效果好，属于经久耐用产品。

（4）实木门无毒、无味、不含甲醛、甲苯、无辐射污染，环保健康，属于优秀绿色环保产品。

（5）实木门富有艺术感，一定程度上能起到点缀居室的作用。

2. 实木门价格

经过冷压的实木门价格比全实木门稍低，产品质量主要取决于门芯材料的质量，中档实木门的价格为3000～4000元/套。

9.2.2 复合门

复合门的内部门芯是实木指接板，外部为3mm厚实木板，这类产品是目前装修的主流产品，质量稳定，价格较低，也有一些低价产品中间板芯为实木指接板，表面铺装3mm厚的高密度板纤维板，表面再铺贴0.2~0.6mm厚的木皮，或涂装油漆。

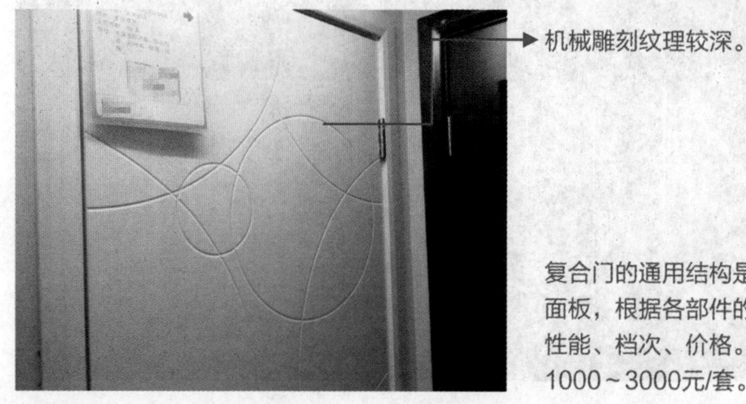

机械雕刻纹理较深。

复合门的通用结构是内框架、门芯以及饰面板，根据各部件的材质、做法决定各种性能、档次、价格。中档复合门的价格为1000~3000元/套。

↑复合门

复合门不用刷漆，比较节约成本，而且省油漆，关键是没有油漆的污染，不易变形。门面花色多、线条流畅、色泽鲜明、自然纹理清晰、质地坚固、具有优美视觉立体感。复合门具备良好的防潮、防虫蛀性能，且不易变形、不开裂、坚固耐用、保温性能好，可以配以各种型号的门框，适合不同厚度的墙体，且安装便捷，其颜色多样。

复合门质量比较重，对门套和合页的要求要高得多，免漆的门套也容易出问题。复合门容易开裂或变形，漆面一般都为聚酯漆，门边和上下码头与门芯板接缝处容易出现油漆拔裂现象。

9.2.3 模压门

模压门由高密度纤维板冷压而成，外观造型漂亮，不易变形。模压门中间无板芯，只有木质龙骨作为框架，表面由两张纤维板冷压而成，外面贴PVC板，无须涂饰油漆。

机械冲压纹理较浅。

↑模压门

模压门门板内是空心的，自然隔音效果相对实木门来说要差些，并且不能湿水和磕碰，但价格低廉，造型品种繁多，价格为600～1500元/套。

1. 模压门特点

按照模压纹理的不同可以分为单色模压门和花色模压门，单色模压门的表面只有一种色彩，而花色模压门的表面花纹比较丰富。

模压门经济实惠，且安装方便，使用也十分安全，适用于中等收入的家庭。模压门具有防潮以及不变形、膨胀系数小的特点，表面可以自由上色，个性化比较强。

2. 成品门选购

（1）看款式。要关注房门的款式与色彩，应该室内风格协调搭配。房门的色彩一般应接近家具颜色，只是在细节上有所区别即可，如房门的纹理与木地板纹理应有所区别，至于具体色彩要根据实际情况来选择。

（2）看细节部位。观察房门质量，用手抚摩房门的边框、面板、拐角处，要求无刮擦感，且柔和细腻，站在门的侧面迎光观察门板的表面是否有凹凸波浪。

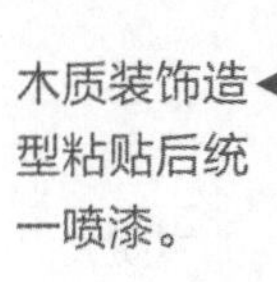

木质装饰造型粘贴后统一喷漆。

↑门板表面

选购时要观察门板表面是否存在色泽不均的情况，房门的纹理和色泽是否与室内空间的色彩相搭配等。

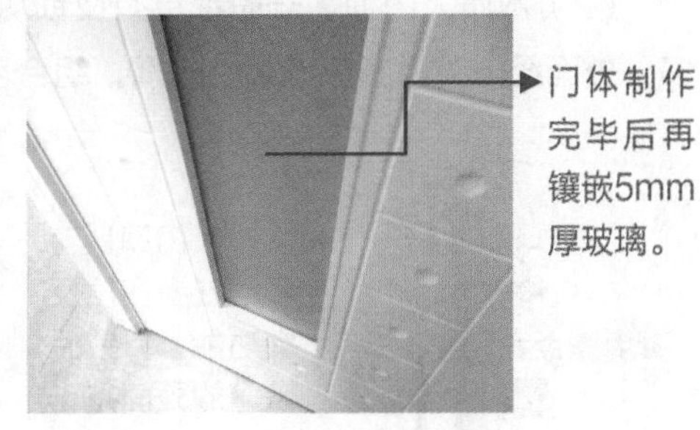

门体制作完毕后再镶嵌5mm厚玻璃。

↑门板玻璃

购买带有玻璃的房门要注意检查玻璃的完整性以及透光性，确保玻璃不会轻易碎裂。

（3）看配件。注意配件质量，锁具、合页等配件质量直接影响门的舒适度，内门应有专用密封条，安装时门框与墙体之间应严格密封。

左右拧动门锁，检查拉手的灵活性以及牢固性，门锁拉手的色彩和纹样也要与门板相搭配。

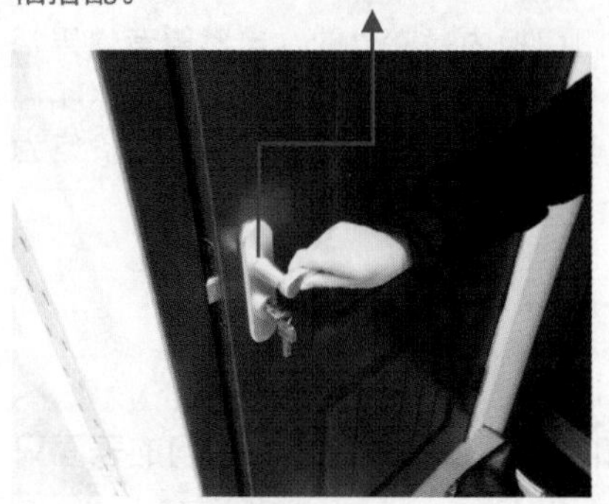

↑门锁拉手

仔细查看成品门的合页，检查螺丝是否都完全钉入，并检查其牢固性和防锈、防水性能。

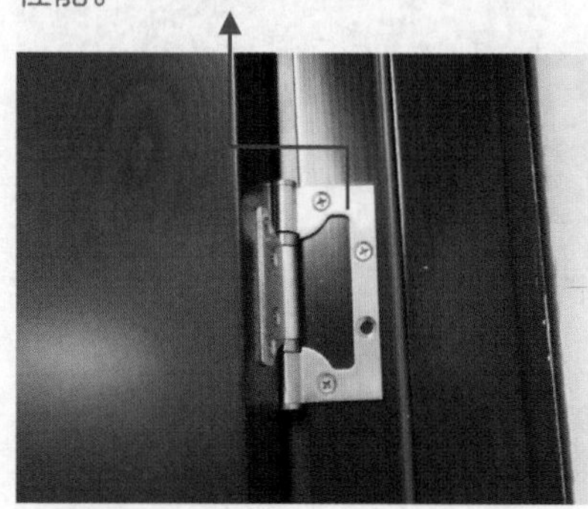

↑合页

9.2.4 辅料

1. 门锁

门锁就是用来把门锁住以防止他人打开的五金设备，现在主要有机械与电子两类产品。市场上所销售的门锁品种繁多，传统锁具又可以分为复锁与插锁两种。复锁的锁体装在门扇的内侧表面，插锁又被称为插芯锁，装在门板内。

（1）金属大门锁。一般为原子磁性材料或电脑芯片的锁芯，面板的材质是锌合金或不锈钢，舌头有防手撬、防插功能。

（2）木质大门锁。一般都具有反锁功能，面板材质为锌合金，因为锌合金造型多，外面经电镀后颜色鲜艳、光滑，组合舌的舌头有斜舌与方舌。

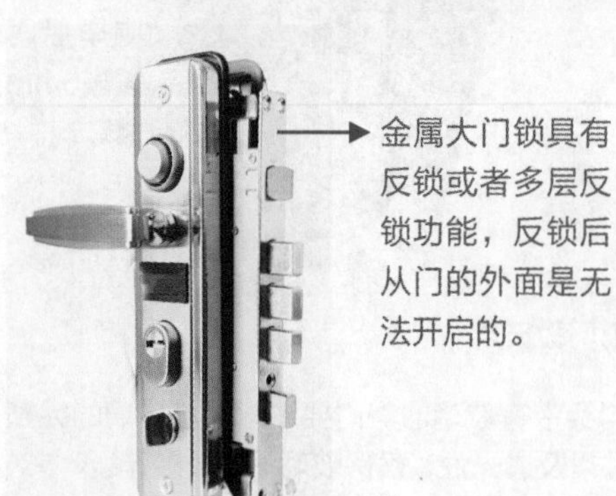

金属大门锁具有反锁或者多层反锁功能，反锁后从门的外面是无法开启的。

↑金属大门锁

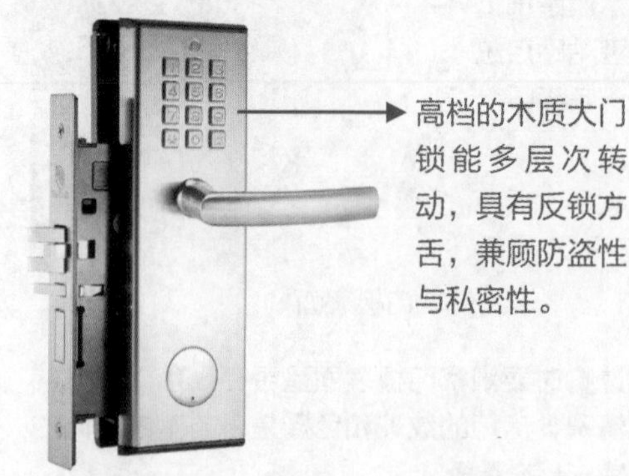

高档的木质大门锁能多层次转动，具有反锁方舌，兼顾防盗性与私密性。

↑木质大门锁

（3）房门锁。防盗功能并不是太强，主要要求装饰、耐用、开启方便、关门小声，具有反锁功能与通道功能。

（4）浴室锁与厨房锁。更多的作用是装饰、固定门扇位置或随手开关，特点是在内部锁住，在外面可用螺丝刀等工具随意拨开，门锁的材质一般为陶瓷材料，把手为不锈钢材料。

↑房门锁

房门锁表面处理随意选择，把手附合人体力学的设计，手感较好，容易开关门。

反锁机构

↑浴室锁

还有一部分浴室锁采用金属材质制作，防水、防锈性能都较好。

2. 门压条

在地板铺到门口的时候，一般会和过门石相接或者和另一个房间的地板、瓷砖相接，这个时候就会用到门压条。能起到密封、隔声、防尘等作用。

↑门压条材质

门压条的材料有很多，常见的有PVC的，塑钢的以及实木的等。

↑门压条应用

门压条作为地板的辅料是额外收费的，买地板时需要和商家协商价格。

表9-4 成品门窗一览

品种	性能特点	用途	价格
实木门	厚实稳重，质感强，基本不变形，隔声、保温效果好，价格昂贵	室内房间门	3000～4000元/套
复合门	厚实均衡，质感较强，变形概率小，隔声、保温效果较好，价格适中	室内房间门	1000～3000元/套
模压门	质轻灵活，表面纹理较浅，色彩丰富，形式多样，隔声、保温效果较弱，价格低廉	室内房间门	600～1500元/套

9.3 玻璃：选择实用且需要的

识别难度：★★★☆☆

核心概念：普通玻璃、钢化玻璃、夹层玻璃、彩釉玻璃、聚晶玻璃、玻璃砖

玻璃材料具有良好的透光性，并具有一定强度，是现代装修必不可少的装饰材料，玻璃在门窗、家具、灯具、装饰造型上都会有所应用。选购玻璃主要选择花型、样式，此外还要关注是否为钢化产品。光亮、晶莹质地的玻璃在室内空间不宜应用过多，以免令人感到眩晕，见表9-5。

9.3.1 普通玻璃

1. 平板玻璃

平板玻璃又称为白片玻璃或净片玻璃，是最传统的透明固体玻璃，它是未经过进一步加工，表面平整而光滑，具有高度透明性能的板状玻璃的总称，是现代装修中用量最大的玻璃品种，也是各种装饰玻璃的基础材料。

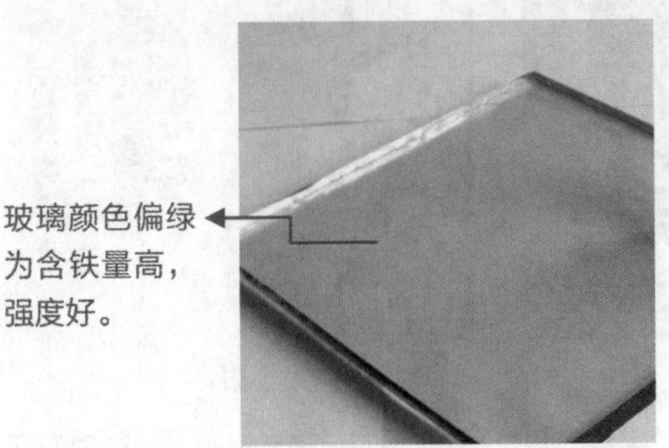

↑平板玻璃

平板玻璃具有透光、透明、保温、隔声，耐磨、耐气候变化等性能。

过于透明的玻璃厚度较薄，为4mm以下。

↑平板玻璃书柜门

平板玻璃做柜门通透性较好，且比较美观，还能有效防尘。

平板玻璃的规格一般不低于1000mm×1200mm，厚度通常为2~20mm，其中厚度为5~6mm的产品最大可以达到3000mm×4000mm。目前，常用平板玻璃的厚度有0.5m~25mm多种，应用方式均有不同。目前，在装修中，5mm厚的平板玻璃应用最多，常用于各种门、窗玻璃，价格为35~40元/m^2。

↑客厅平板玻璃窗

平板玻璃窗透光性较好，且具有广阔的视野，适用于对阳光要求比较高的区域。

↑阳台平板玻璃窗

大部分阳台都采用了平板玻璃窗，平板玻璃具备良好的隔音效果，且比较耐高温。

2. 镜面玻璃

镜面玻璃又称为涂层玻璃或镀膜玻璃，它是以金、银、铜、铁、锡、钛、铬或锰等的有机或无机化合物为原料，采用喷射、溅射、真空沉积、气相沉积等方法，在玻璃表面形成氧化物涂层。

镜面玻璃稍许偏蓝。

↑镜面玻璃色彩

镜面玻璃的涂层色彩有多种，常用的有金色、银色、灰色、古铜色等。

↑带涂层的镜面玻璃

带涂层的玻璃，具有视线的单向穿透性，即视线只能从有镀层的一侧观向无镀层的一侧。

目前，在现代装修中运用的镜面玻璃分为铝镜玻璃与银镜玻璃。铝镜玻璃背面为镀铝材质，颜色偏白、偏灰，一般用于背景墙、吊顶、装饰构造的局部，价格较低。银镜玻璃背面为镀银材质，经敏化、镀银、镀铜、涂漆等系列工序制成，成像纯正、反射率高、色泽还原度好，一般用于家居卫生间、梳妆台上的镜面，价格较高。

镜面玻璃的规格与平板玻璃一致，厚度通常为4～6mm，其中5mm厚的银镜玻璃价格为40～45元/m^2，选购时应注意观察镜面玻璃是否平整，反射的影像不能发生变形。

9.3.2 钢化玻璃

钢化玻璃是安全玻璃的代表，它是以普通平板玻璃为基材，通过加热到一定温度后再迅速冷却而得到的玻璃。

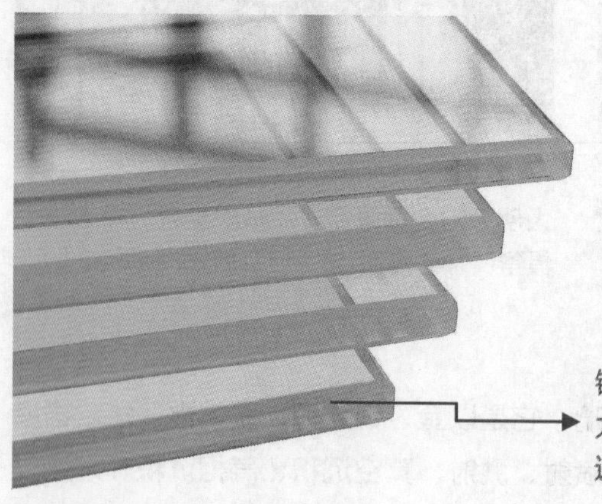
钢化玻璃属于安全玻璃，具备很强的抗冲击力，主要采用钢化方法对玻璃进行强化，周边应预先进行磨边处理。

↑钢化玻璃

1. 钢化玻璃特点

（1）强度比普通玻璃提高数倍，抗弯强度是普通玻璃的3～5倍，抗冲击强度是普通玻璃5～10倍，提高强度的同时也提高了安全性。

（2）钢化玻璃具有很高的使用安全性能，其承载能力增大能改善易碎性质，即使钢化玻璃遭到破坏后也呈无锐角的小碎片，大幅度降低了对人的伤害。

（3）钢化玻璃的表面会存在凹凸不平现象，厚度会有轻微变薄，变薄的原因是因为玻璃在热熔软化后经过快速冷却，使其玻璃内部晶体间隙变小，所以玻璃在钢化后要比在钢化前要薄。一般情况下，4～6mm厚的平板玻璃经过钢化处理后会变薄0.2～0.5mm。

2. 钢化玻璃规格和价格

在现代装修中，钢化玻璃主要用于淋浴房、玻璃家具、无框玻璃门窗、装饰隔墙、吊顶等构造。钢化玻璃的规格与平板玻璃一致，厚度通常为6～15mm，其中厚度为6mm的钢化玻璃价格为60～70元/m^2。钢化玻璃的价格一般要比同规格的普通平板玻璃高20%～30%。

↑钢化玻璃台柜

钢化玻璃台柜因其高硬度的特点，故而承重力十分不错，耐久性也较好。

↑钢化玻璃茶几

钢化玻璃茶几全部由钢化玻璃组成，十分通透，各细节部位熔接也很紧密。

钢化玻璃淋浴房四面由钢化玻璃构成，具有良好的稳定性，安全系数较高。

←钢化玻璃淋浴房

3. 钢化玻璃选购

（1）钢化玻璃可以透过偏振光片在玻璃的边缘上看到彩色条纹，而在玻璃面层观察，可以看到黑白相间的斑点。

（2）偏振光片可以借用照相机镜头或眼镜来观察，观察时注意调整光源方向，这样更容易观察。

（3）钢化玻璃上有3C质量安全认证标志的才可购买。

9.3.3 夹层玻璃

夹层玻璃是在两片或多片平板玻璃或钢化玻璃之间，嵌夹以聚乙烯醇缩丁醛树脂胶片，再经过热压黏合而成的平面或弯曲的复合玻璃制品。

夹层玻璃中间有胶，安全性能好，但是透光度略低。

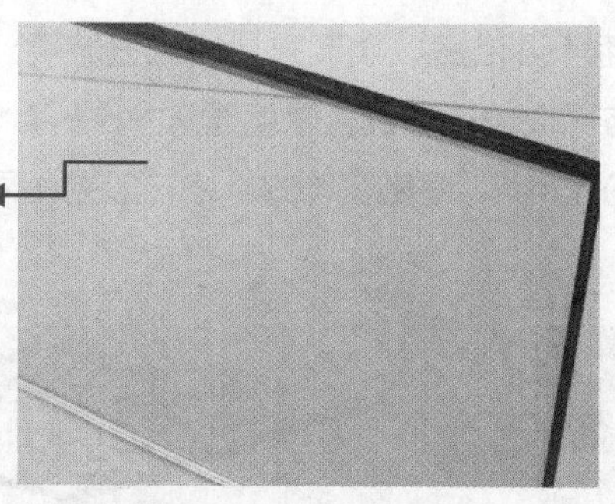

↑夹层玻璃

夹层玻璃根据中间膜的熔点不同，可分为低温夹层玻璃、高温夹层玻璃以及中空玻璃。

↑夹层玻璃栏板

夹层玻璃制作的栏板具有很好的透光性，玻璃即使碎裂，碎片也会被粘在薄膜上，破碎的玻璃表面仍保持整洁光滑，安全系数较高。

1. 夹层玻璃特点

（1）安全性好。一般采用钢化玻璃加工，破碎时玻璃碎片不零落飞散，只产生辐射状裂纹，不至于伤人，抗冲击强度优于普通平板玻璃，防范性好，并有耐光、耐热、耐湿、隔音等性能。

（2）样式丰富。夹层玻璃属于复合材料，还可以采用彩釉玻璃加工，甚至在中间夹上碎裂的玻璃，形成不同的装饰形态。夹层玻璃具有可设计性，即能根据性能要求，自主设计、制作出新的使用形式，如隔声夹层玻璃、防紫外线夹层玻璃、遮阳夹层玻璃、电热夹层玻璃等品种。

（3）隔声节能。夹层玻璃可减弱太阳光的透射，降低制冷能耗，且夹层玻璃受大撞击破损后，其碎块与碎片仍与中间膜粘在一起，不会发生脱落造成伤害。夹层玻璃能阻隔声波，维持安静、舒适的起居环境，能过滤紫外线，保护皮肤健康，避免贵重家具、陈列品等褪色。

夹层玻璃的缺点是被水浸透后，水分子更容易进入玻璃夹层中，使玻璃表面模糊。

2. 夹层玻璃规格与价格

夹层玻璃的规格与平板玻璃一致，厚度通常为4～15mm，其中厚度为4mm加4mm的夹层玻璃价格为80～90元/m^2。如果换用钢化玻璃制作，其价格比同规格的普通平板玻璃要高出40%～50%。

3. 夹层玻璃鉴别与选购

（1）看外观查质量。查看产品的外观质量，夹层玻璃不应有裂纹、脱胶；爆边的长度或宽度不应超过玻璃的厚度；划伤和磨伤不应影响使用;中间层的气泡、杂质或其他可观察到的不透明物等缺陷不应超过GB/T 15763.3标准要求。

（2）看证书。企业必须在出售的产品本体上丝印或粘贴3C标志，或者在其最小外包装上和随附文件中加施3C标志。

（3）查看相关产品标识。选购产品时首先要查看是否有3C标志，并根据企业信息、工厂编号或产品认证证书等通过网络查看购买的产品是否在该企业已通过强制认证的能力范围之内，认证证书是否有效。

9.3.4　彩釉玻璃

彩釉玻璃又称为烤漆玻璃，是在平板玻璃或压花玻璃表面涂敷一层易熔性色釉，然后加热到釉料熔化的温度，使釉层与玻璃表面牢固地结合在一起，经烘干、钢化处理而制成的玻璃装饰材料。

彩釉玻璃的颜色多样，但是整体色彩偏粉。

↑彩釉玻璃

彩釉玻璃适合小范围使用，如装饰背景墙、立柱等，背后应衬托其他装饰材料才能完美体现玻璃的质地，如壁纸或木纹板材等。

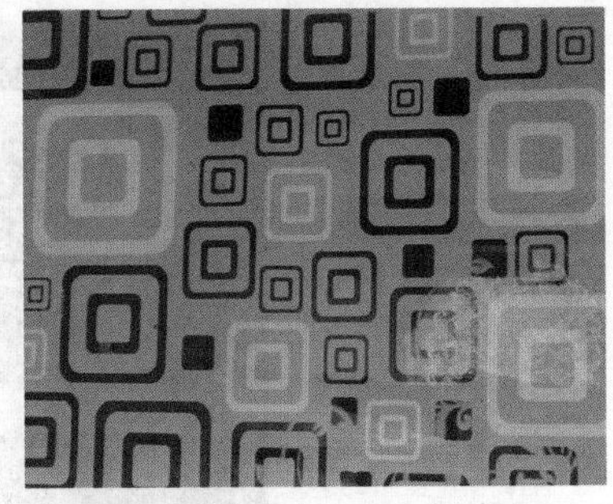

↑彩釉玻璃细节

彩釉玻璃花纹和图案样式比较多，且表面触感良好，光泽亮丽，装饰效果强。

1. 彩釉玻璃特点

彩釉玻璃釉面永不脱落，色泽及光彩保持常新，背面涂层能抗腐蚀、抗真菌、抗霉变、抗紫外线，能耐酸、耐碱、耐热、防水、不老化，更能不受温度与天气变化的影响。它可以制成透明彩釉，聚晶彩釉、不透明彩釉等品种。彩釉玻璃颜色鲜艳，个性化选择余地大，超过上百余种可供挑选。

2. 彩釉玻璃规格与价格

目前市面上又出现了烤漆玻璃，工艺原理与彩釉相同，但是漆面较薄，容易脱落，价格相对较低。彩釉玻璃的规格与平板玻璃相当，5mm厚的彩釉玻璃价格为100～120元/m^2。彩釉玻璃以压花形态的居多，具体价格根据花形、色彩、品种不等，但整体较高。

9.3.5 玻璃砖

玻璃砖是用透明或彩色玻璃制成的块状、空心玻璃制品或块状表面施釉的玻璃制品。由于玻璃制品的特性，常用于需要采光及防水功能的区域，如门厅、厨房、卫生间、走道等空间的隔墙。

1. 玻璃砖种类

（1）空心玻璃砖。空心玻璃砖一直以来是玻璃砖的总称。空心玻璃砖主要有透明玻璃砖、雾面玻璃砖、纹路玻璃砖几种产品。空心玻璃砖在生产中可以根据设计要求来定制尺寸、大小、花样、颜色，且无放射性物质与刺激性气味元素，属于绿色材料。空心玻璃砖可提供良好的采光效果，并有延续空间的感觉。如果将玻璃砖用于外墙、外窗砌筑，可以将自然采光与室外景色融为一体，并带入室内。

玻璃砖为两半粘接在一起，中间为密封中空，周边侧面刷白色乳胶漆。

↑空心玻璃砖

空心玻璃砖因其制作方式和内部组成方式的不同，光线的折射程度也会有所不同。

↑彩色空心玻璃砖

空心玻璃砖还可以拥有各种各样的色泽，透光性和美观性都十分好。

↑空心玻璃砖卫生间隔墙

空心玻璃砖具有隔声、隔热、防水等特点，装饰效果好。

↑空心玻璃砖卫生间隔断

空心玻璃砖砌筑隔墙，既能区分空间，也能将光引入室内。

↑空心玻璃砖走道隔墙

空心玻璃砖可以依照尺寸的变化可以设计出直线墙、曲线墙及不连续墙，所制作的隔墙也具有很好的装饰效果。

↑空心玻璃砖楼梯隔断

空心玻璃砖强度高、耐久性好，能经受住风的袭击，不需要额外的维护结构就能保障安全性。

空心玻璃砖不仅可以用于砌筑透光性较强的墙壁、隔断、淋浴间等，还可以应用于外墙或室内间隔，为使用空间提供良好的采光效果，并有延续空间的感觉。无论是单块镶嵌使用，还是整片墙面使用，皆可有画龙点睛之效。玻璃砖的边长规格一般为195mm，厚度为80mm，价格为15～25元/块。

（2）实心玻璃砖。构造与空心玻璃砖相似，由两块中间为圆形的凹陷玻璃体粘接而成。由于是实心构造，这种砖质量比较重，一般只能粘贴在墙面上或依附其他加强的框架结构才能安装，一般只作为室内装饰墙体而使用，用量相对较小。实心玻璃砖也可以砌筑，但是砖体周边没有凹槽，不能穿插钢筋，砌筑高度一般小于

1m，砌筑过高容易造成墙体变形、坍塌。实心玻璃砖的边长规格一般为150mm，厚度为60mm，价格为20～30元/块。

实心玻璃砖为一体化铸造而成，结实厚重。

↑实心玻璃砖

在设计时，实心玻璃砖周边一般会布置灯光，在夜间或采光较弱的空间中起到点缀装饰。

↑实心玻璃砖的色彩

实心玻璃砖的颜色比较多，但是大多没有内部花纹，只是表面有磨砂效果。

（3）玻璃饰面砖。又称为三明治玻璃砖，它是采用两块透明的抗压玻璃板，在其中间的夹层随意搭配其他材料，最终经热熔而成。玻璃饰面砖其中夹入金属、贝壳、树皮等各种具有装饰效果的物品，装饰效果特别独特，晶莹透亮，很多厂商都将设计作为这种产品的开发重心。玻璃饰面砖离不开墙体或框架结构的依托，因此用量不大，一般都与常规墙、地砖配套使用，镶嵌在墙、地砖的铺装间隙。玻璃饰面砖的边长规格一般为150～200mm，厚度为30～50mm，具体规格根据厂商设计开发来定，价格为50～80元/块。

↑玻璃饰面砖样式

玻璃饰面砖饰面多采用自然图案或生活中常见物作为表面纹案，装饰效果非常好。

2. 玻璃饰面砖鉴别

（1）外观识别。玻璃砖的表面品质应当精致、细腻，不能存在裂纹，玻璃坯体中不能有不透明的未熔物，两块玻璃体之间的熔接应当完全密封，不能出现任何缝隙。

（2）测量尺寸。可以用卷尺测量砖体各边的长度，看是否符合产品包装上标称的尺寸，误差应小于1mm。

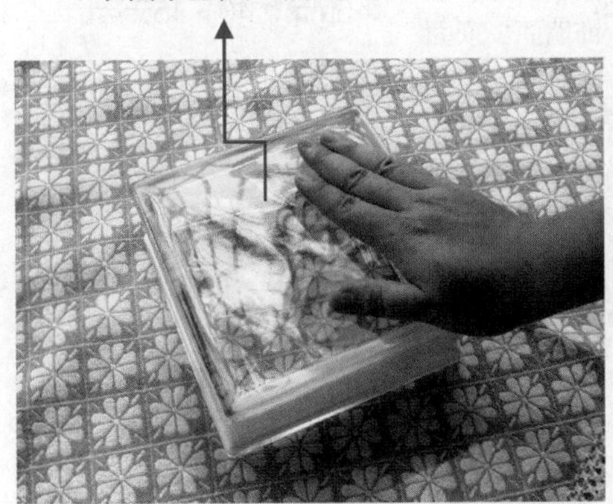

↑抚摸表面

在阳光充足的情况下目测砖体表面，没有出现涟漪、气泡、条纹等瑕疵的为优质品，还可以抚摸其表面感受表面纹理。

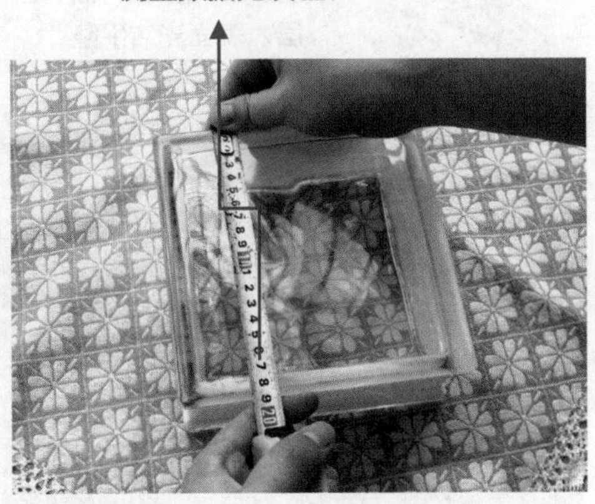

↑测量边长

玻璃砖表面的内心面里凹陷应小于1mm，外凸应小于2mm，外观无翘曲及缺口、毛刺等缺陷，角度应平直。

★小贴士★

玻璃使用注意事项

（1）位于室内一侧的平板玻璃可以选用中性硅酮玻璃胶，环保性能较好，位于室外一侧可以选用聚氨酯玻璃胶，耐候性能较好。

（2）普通平板玻璃不能用于无框构造制作，以防破裂。

（3）在使用钢化玻璃过程中，应尽量避免外力冲击，尤其是钢化夹层玻璃要避免尖端受力冲击。

（4）清洁玻璃时注意不要划伤或擦伤、磨伤玻璃表面，以免影响其光学性能、安全性能及美观。

（5）夹层玻璃在安装时应使用中性胶，严禁与酸性胶接触。

表9-5 玻璃一览

品种	性能特点	用途	价格
平板玻璃	透光率高，清亮透明，能隔风挡雨，表面光洁平整，价格较低	住宅门窗，家具柜门，小面积隔板	厚5mm，35~40元/m^2
镜面玻璃	能反射光影，背面有涂层，表面光洁平整	梳妆镜面，装饰墙面、顶面	厚5mm，40~45元/m^2
钢化玻璃	强度较高，安全性高，定制加工产品，成型后不能裁切	大面积无框门窗，玻璃隔墙，家具构造	厚6mm，60~70元/m^2
夹层玻璃	隔热保温性能较好，安全性更高，可定制加工	住宅外墙门窗，玻璃隔墙	厚4mm+4mm 80~90元/m^2
彩釉玻璃	色彩图样丰富，时尚性较强，装饰效果好，价格较高	家具、构造、背景墙装饰	厚5mm，100~120元/m^2
空心玻璃砖	可定制尺寸、样式和色彩，无放射性物质和刺激性气味元素	砌筑透光性较强的墙、壁、隔断以及淋浴间等	长195mm，厚80mm 15~25元/块
实心玻璃砖	无放射性物质和刺激性气味元素	做室内装饰墙体，用量较小	长150mm，厚60mm 20~30元/块
玻璃饰面砖	具有一定的透光性，表面图案丰富，装饰性强	个别区域的墙面装饰	长150~200mm， 厚30~50mm， 50~80元/块

参 考 文 献

[1] 安素琴. 建筑装饰材料识别与选购. 北京：中国建筑工业出版社，2010.

[2] 康超. 室内装饰装修材料应用与选购. 北京：机械工业出版社，2014.

[3] 赵利平. 室内设计手册材料选购与应用. 南京：江苏科学技术出版社，2017.

[4] 张乘风. 家庭装饰装修材料选购. 北京：中国计划出版社，2009.

[5] 李吉章. 家装选材一本就go. 北京. 中国电力出版社，2018.

[6] 吴燕. 家庭装饰材料选购指南. 南京：江苏科学技术出版社，2004.

[7] 王旭光，黄燕. 装饰材料选购技巧与禁忌. 北京：机械工业出版社，2008.

[8] 张清丽，李本鑫. 室内装饰材料识别与选购. 北京：化学工业出版社，2013.

[9] 李继业，夏丽君等. 建筑装饰材料速查手册. 北京：中国建筑工业出版社，2016.

[10] 吝杰，郭清芳等. 建筑与装饰材料. 南京：南京大学出版社，2016.

[11] 杨东江，杨宇. 装饰材料设计与应用. 沈阳：辽宁美术出版社，2015.

[12] 杜丙旭，李婵. 室内装饰设计. 沈阳. 辽宁科学技术出版社，2016.

[13] 石珍. 建筑装饰材料图鉴大全. 上海：上海科学技术出版社，2012.

[14] 张琪. 装饰材料与构造. 上海. 上海人民美术出版社，2016.

[15] 陈亮奎. 装饰材料与施工工艺. 北京：中国劳动社会保障出版社，2014.